水産遺伝育種学

中嶋正道・荒井克俊

岡本信明・谷口順彦　編

東北大学出版会

Fish Genetics and Breeding Science

Masamichi NAKAJIMA   Katsutoshi ARAI
Nobuaki OKAMOTO   Nobuhiko TANIGUCHI

Tohoku University Press, Sendai
ISBN978-4-86163-270-9

通常発生　　　　　第二極体放出阻止型　　　　第一卵割阻止型
　　　　　　　　　雌性発生二倍体　　　　　　雌性発生二倍体

口絵1-1　染色体操作により作出されたアユ

左から通常発生，第二極体放出阻止型雌性発生二倍体，第一卵割阻止型雌性発生二倍体（倍加半数体）。
第一卵割阻止型雌性発生二倍体は全ての遺伝子座がホモ接合となるため，この世代を親としてさらにもう一度雌性
発生させ作成した次世代は親として用いた個体のクローンとなる。

コブラ斑無雄（上）とコブラ斑有雄（下）　　　　コブラ斑有雌（上）とコブラ斑無雌（下）

口絵2-1　コブラ斑無雄とホルモン処理によりコブラ斑が出現した雌

雌では通常コブラ斑は観察されないが組み換え個体をホルモン処理するとコブラ斑が観察
されるようになる。

口絵 2-2　グッピーにおいて観察される様々な変異
左上：野生型，右上：フラミンゴレッド，左下：リアルレッドアイアルビノ，
右下：背曲がり個体

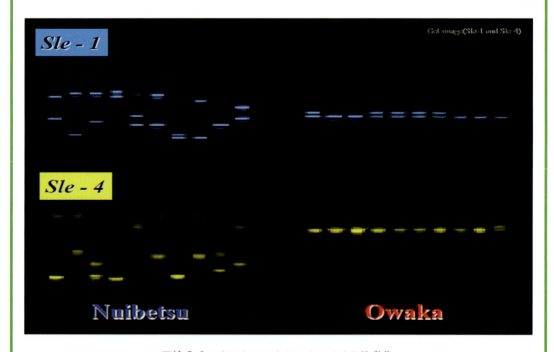

口絵 3-1　イワナのマイクロサテライト泳動像
スラブゲル（平板ゲル）による泳動であるため各個体のアリルがバンドとして観察でき，
バンドパターンがアリルタイプとして判別できる。（山口光太郎氏撮影）

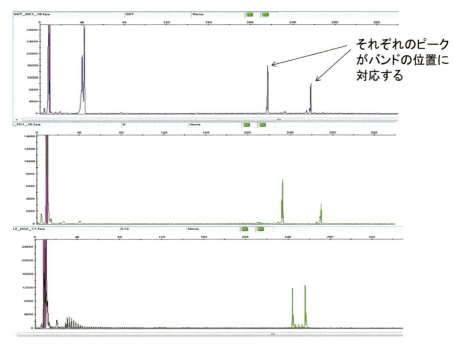

口絵 3-2 キャピラリー電気泳動法による断片長多形の検出
各個体のアリルは波形のピークとして観察される。ピークのパターンがアリルタイプとなる。

口絵 6-1 信州サーモン（全雌異質三倍体　ニジマス×ブラウントラウト）
年齢　3＋，体重　5.1kg，全長　65cm（写真撮影と提供は長野県水産試験場による）

口絵 6-2　美深チョウザメ館で養殖中のベステル（オオチョウザメ×コチョウザメ）交雑魚（一歳魚）
（足立伸次北海道大学教授撮影）

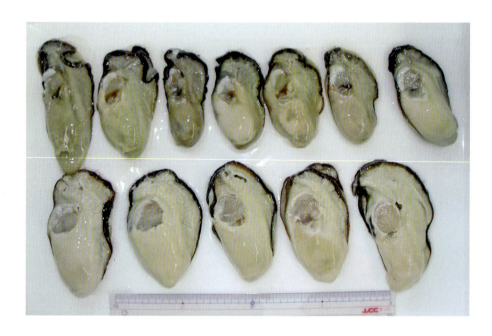

口絵 6-3　かき小町（三倍体マガキ）
上列は対象となる二倍体，下列は三倍体（写真撮影と提供は広島県立総合技術研究所水産海洋技術センターによる）

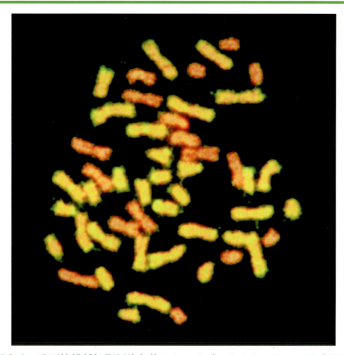

口絵10-1　致死性雑種初期胚染色体のクロモゾームペインティング（GISH法）
両親種各々のゲノムをプローブとして染色体を識別している。サクラマス♀×ニジマス♂雑種ではサクラマス由来の染色体が黄色に，ニジマス由来染色体がオレンジ色に染まっている。（阿部周一北海道大学名誉教授撮影提供）

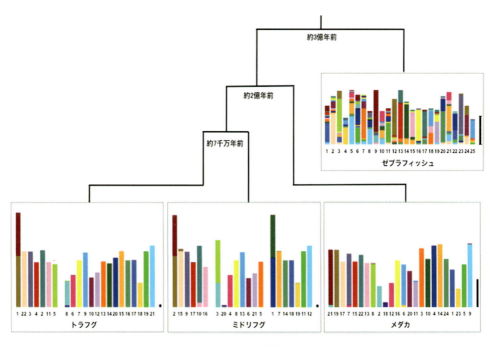

口絵11-1　真骨魚類の染色体構造の比較と染色体進化
初めにフグ類とメダカの最終共通祖先が持っていた24個の染色体を推定し，これに異なった色を割り当てた。トラフグ，ミドリフグ，メダカ，ゼブラフィッシュの染色体において，上記24個の染色体とシンテニー構造が保存されている領域を同じ色で示した。染色体の長さは解析に用いた遺伝子の数に比例する。
ゼブラフィッシュを除いて，各魚種のシンテニー構造が著しく保存されていることがわかる。（Kai et al. 2011から引用）

www.glofish.com

口絵 12-1 蛍光タンパク質遺伝子が導入されたブラックテトラ
オワンクラゲ由来の緑色蛍光タンパク質（GFP）やイソギンチャクモドキの赤色蛍光タンパク質の遺伝子を導入させた個体は通常の可視光下でも赤や緑の体色を呈する。

はじめに

　水産生物における育種は主に観賞魚において行われてきた。キンギョの品種改良は1000年近い歴史を持ち，ニシキゴイも400年近い歴史を有している。しかし，食料としての価値が高いマダイ，サケ，ヒラメなどにおいて科学的理論に基づいた選抜や交配が行われるようになったのはごく最近50年ほどのことである。水産生物における育種が急速に展開されるようになったのは，200カイリ経済水域の設定にともない世界各国が海洋での漁獲に対する厳しい制限を設け，さらには天然漁業資源の漁獲の停滞と減少傾向のなかで，養殖漁業による生産性の向上が求められる社会情勢が関わっている。

　日本水産学会において水産生物における遺伝育種に関するシンポジウムが初めて開催されたのは半世紀前の1965年であった。さらに1978年には再び遺伝育種関連のシンポジウムが開催され，その内容は水産学シリーズVol.29「水産生物の遺伝と育種」として恒星社厚生閣より刊行されている。このシンポジウムの3年後（1982年）に，水産生物遺伝育種に関する世界的シンポジウム（International Symposium on Genetics in Aquaculture）の第一回目がアイルランドのゴールウエイにて開催され，このことは日本の水産研究に携わる人々が世界に先駆けて遺伝育種の重要性を認識していたことを物語るものである。

　その後タンパク分子やDNA等の遺伝情報の分析および解析技術に長足の進歩が遂げられ，それらと並行してコンピューターの飛躍的な発展があった。このような技術発展により得られた膨大なデータの解析の進展は水産生物の遺伝育種研究の飛躍的発展をもたらした。他方，魚介類の飼育技術の研究開発研究も顕著な進歩が見られ，それまでは飼育が困難であったマグロやウナギなどの完全飼育が現実味を帯びるなかで，従来の飼育困難種が育種対象種として浮上する時代になりつつある。

　水産育種はこのようにして発展してきたが，これまで水産生物の遺伝研究や育種に関わる人々にとって適切な教科書が存在しなかった。今回，水産育種研究会に属し，水産育種の研究，教育に携わっておられる多くの方々のご協力を得て，「水産遺伝育種学」を刊行することができた。水産遺伝育種学は比較的新しい学問で，遺伝学を主として，生態学や分類学，生理学，統計学，生殖・発生生物学など様々な学問をベースに成り立っている。

　本書でははじめの5章で遺伝育種の基礎について解説する。まず日本と世界における水産生物の育種研究の歴史（第1章）について述べた後，遺伝学の基礎（第2章），遺伝マーカー（第3章），集団遺伝（第4章），量的遺伝（第5章）について知識を整理した。そして次に，これらの技術の応用研究と実例について解説する。すなわち，染色体操作と育種（第6章），連鎖解析とQTL（第7章），遺伝資源の利用と保全（第8章），選抜育種の実例（第9章），交雑と育種（第10章）の各章である。終りに最新の育種技術としてゲノム情報の育種への利用（第11章），遺伝子操作技術（第12章）を加えた。なお，章とは別に関連するトピックスを話題として加えた。

　本書は水産，海洋系の大学の学部・学科等において水産遺伝育種学を志そうとする学生を対象とするよう構成されている。学生諸氏には本書を基礎とし，水産生物の遺伝育種に対し更なる興味を抱き，より高度な研究へと進展してもらえることを祈念する。

　本書を刊行するに当たり多数の方々のご協力，ご配慮を頂いた。これらのご協力，ご配慮に対して深甚なる敬意と感謝の意を表する

編集者

中　嶋　正　道
荒　井　克　俊
岡　本　信　明
谷　口　順　彦

2016 年 10 月

目　　次

はじめに …………………………………………………………………………… i

第1章　魚類育種の歴史と発展 ……………………………………………… 1

1．育種と育種学　1
2．家魚化の歴史　2
3．形質と育種素材　4
4．魚類養殖と育種の始まり　7
5．育種技術体系と養殖業との関わり　10
6．育種に関連のある科学分野　14
7．魚類育種学の進歩　15
8．バイオテクノロジーと魚類育種学　17
9．育種の進歩とリスク管理　18

第2章　遺伝子から形質へ ………………………………………………… 23

1．遺伝子の本体　23
2．形質と変異　23
3．メンデルの法則　24
4．様々な遺伝様式　25
5．遺伝要因と環境要因　31
6．連鎖と組換え　32
7．遺伝子から形質へ　40

〈話題1〉養殖魚にみられる形態異常を防ぐには？ ……………………… 43

第3章　遺伝マーカーと多型の検出 ……………………………………… 45

1．はじめに　45
2．解析対象領域と検出法　46
3．核ゲノム　46
4．ミトコンドリアゲノム　50

第4章　集団における遺伝の法則 ………………………………………… 53

1．生物集団の遺伝的多様性　53
2．集団の遺伝的組成　遺伝子型頻度と遺伝子頻度　53
3．ハーディ・ワインベルグの法則　54
4．ハーディ・ワインベルグの法則の応用　55
5．ハーディ・ワインベルグの法則を乱す要因　57
6．遺伝的多型と遺伝的変異性の定量化　64
7．集団の有効な大きさ　66

第5章　量的形質における遺伝の法則　$\cdots\cdots$　69

1．量的形質と質的形質　69

2．量的形質をどのように捉えるか　72

3．遺伝率と遺伝相関　77

4．遺伝相関　83

5．遺伝率推定の実際　84

6．近親交配と近交弱勢　91

7．ヘテロシスと雑種強勢　94

〈話題2〉環境適応能力評価手法の開発　$\cdots\cdots$　97

第6章　染色体操作と育種　$\cdots\cdots$　99

1．染色体操作の原理と技術　99

2．倍数体　107

3．雌性発生と雄性発生　112

4．クローン　116

第7章　連鎖解析とマーカーアシスト選抜　$\cdots\cdots$　119

1．目的　119

2．連鎖解析の原理　119

3．QTL 解析の原理　126

4．マーカーアシスト選抜　127

第8章　遺伝資源の利用と保全　$\cdots\cdots$　135

1．生物多様性と遺伝資源　135

2．生物多様性条約と絶滅リスク管理　136

3．生物種の絶滅リスクと対策　137

4．遺伝的多様性保全の意義　138

5．遺伝資源の保全単位　143

6．生物集団の調査法　144

7．水産生物における遺伝的多様性保全　146

8．放流事業による遺伝的攪乱防止　149

〈話題3〉荒川水系と利根川水系のイワナは，深い関係にある　$\cdots\cdots$　153

第9章　水産養殖における選抜育種　$\cdots\cdots$　155

1．マダイ　155

2．ヒラメ（マーカーアシスト選抜）　163

3．グッピーにおける品種改良の歴史　166

目 次　　v

第 10 章　交雑と育種　　……………………………………………… 171
　　1．雑種の生物学　　171
　　2．サケ科魚類　　179
　　3．コイ科魚類　　180
　　4．その他の魚介類　　183

第 11 章　水産育種におけるゲノム情報の利用　　………………… 187
　　1．水産遺伝育種の目標とゲノム情報　　187
　　2．ゲノム解読計画の歴史　　188
　　3．ゲノム解読の方法　　191
　　4．バイオインフォマティクスと DNA 配列データベースの活用　　196
　　5．原因遺伝子の探索：連鎖マッピングと連鎖不平衡マッピング　　198
　　6．機能ゲノミクス　　207
　　7．エコゲノミクス　　208
　　8．補足としての海外事情　　209

〈話題 4〉ヒラメ・カレイ類における眼位の左右制御と逆位の発生メカニズム
　　　　　　　　　　　　　　………………………………………… 213

第 12 章　遺伝子・細胞操作と水産育種における応用　　………… 215
　　1．水産生物における遺伝子操作　　215
　　2．水産生物における細胞操作　　222
　　3．水産応用に向けた課題と展望　　226

χ^2 分布表　　………………………………………………………… 229

あとがき　　………………………………………………………… 231

執筆者紹介　　……………………………………………………… 233

第1章

魚類育種の歴史と発展

1. 育種と育種学

育種とは生物種が備える形質の多様性（変異性）を利用して有益で特徴のある品種を作出することを指し，品種改良とほぼ同じ意味である。育種活動において新品種として認知されるためには，養殖などの生産活動において何らかの優れた特性を備え，かつ形質発現において均質性（個体差が小さいこと）が求められ，さらにその特性が継代的に維持される必要がある。

育種は，人類が狩猟生活から定住生活に移り，野生種を人為管理下において飼育するところから始まった。さらに対象生物が動物であれば家畜，植物であれば栽培，魚であれば養魚といった生産様式が確立されるまでは，人類は育種というチャレンジをはじめることができなかった。つまり，人が野生種を飼い慣らし継代的に繁殖させるだけでは育種は始まらないが，当初，特別の育種目標がなくても，人間が野生種に飼料や環境を提供し，継代的飼育するだけで，対象生物は人が与えた生活条件に適応し，無意識のうちに遺伝的変化がもたらされたであろう。

人為的管理下において生産様式が安定化すると，飼育技術や生産物の利用性に関する選抜が働いたであろう。このような家畜化の初期段階において人が与えた飼育条件に対応する緩やかな遺伝的改変は無意識的選択と称される。また，このような野生生物から家畜化に移行する初期段階は導入育種と称されている。

当初はこれといった明確な育種目標が設定されなくても，安定的生産様式が確立すると，次第に高成長率や多産性といった明確な育種目標が設定されるようになり，それに向けた選抜が継代的に実施される。ここで初めて生産活動の中で意識的な育種目標に向けた選抜育種段階に至るのである。

育種活動においては，育種目標を設定し，目標達成度を評価・確認する作業を通して新しい品種が確立され，その後初めて市場へ提供されるというのが育種の理想的な姿とされる。しかし，通常，育種目標に向けた改良の途上にあっても，生産現場においては未完成な継代的系統を代々実用に供しながら選抜の効果を次第に向上させるという方式が採用されている。

育種学は育種の理論を体系化し合理的育種法を究明する学問とされる。今後，水産生物育種現場においても導入育種，選抜育種，交雑育種，雑種強勢育種，染色体操作育種など様々な技術が採用されるであろう。また，育種学は遺伝学，量的遺伝学，集団遺伝学などの理論を応用し，種々の育種技術を理論化しながら応用科学分野の一つとして発展してきた。また，対象生物によって動物育種，植物育種，家畜育種，作物育種，水産育種，魚類育種といった学問分野に分かれている。

2．家魚化の歴史

　動物や植物など陸上生物を対象とする育種は人間が長い狩猟生活から定住生活へ移行し，野生植物を栽培し，野生動物の飼育を始めた時に遡り，およそ1万年の歴史があると言われる。これに対し魚類など水生生物の飼育を始めたのは遙かに後に始まり，家魚化の歴史はおよそ2400年程度と言われる。

1）家畜化の起源

　人による陸上動物の飼育は，イヌではおよそ1万年前の西ユーラシアのオオカミ（原種）に始まり，ウマは6000年前のウクライナの野生馬に，ウシは9000年前の西南アジアの大型で気の荒い野生牛に，ブタは6000年前の南西アジアのイノシシに，ヒツジは7000年前の西南アジアの原種に，ネコは4500年前のリビア山猫に遡ると言われる。

　当初は多数の動物種の飼育が試みられたが，それらのうち家畜として飼育が続けられた種はそれらの一部である。家畜化の初期段階では，それらを人間の生活環境下で飼い慣らすことから始まったが，家畜となるまでには対象種ごとにクリアすべき飼育技術上の課題があったであろう。野生種はいずれも気が荒く，警戒心がつよく，神経質であったりするのが普通で，それぞれを飼育環境に馴染ませ制御できるようになるまでに種々の困難を伴ったことは想像に難くない。

　育種の目標は対象種によって著しく異なり，人間にとって好ましい特徴を備える個体を意識的または無意識的に選抜することにより改良が進められてきたと考えられる。育種目標については，イヌでは，当初は狩猟の助手，野獣からの防衛用，後に愛玩用動物として利用されるようになった。ウマの場合は，乗用，役用，運搬用，生物兵器などと育種目標は時代とともに変遷した。ウシでは野生牛は気が荒く大型であったため飼育においてより制御しやすい小型化を目標とする育種が行われた。さらには肉用牛と並行して搾乳用牛の育種が行われた。ブタはユーラシア各地で肉用として家畜化された。ヒツジはヨーロッパ各地で放牧され，羊毛生産用として育種された。寒冷地での需要が高く，毛織物生産を押さえる国が覇権国となっていったほどに重要な位置を占めていた。ネコの育種目標は，当初はネズミ対策の役用として，後に愛玩用動物として育種された。

　以上のような家畜育種の事例にみられるように対象種毎にさまざまな育種目標が設定され，それに対応する選抜や交配などの育種技術が駆使される中で有用品種が作出・固定されてきたのである。

2）魚類育種のはじまり

　魚類における家魚化の歴史はさほど古くない。食用として最も古くから飼育されていたのがコイ（*Cyprinus carpio*）である。中国ではおよそ2400年前，日本ではおよそ1900年前には養殖が始まったとされる（鈴木亮，1979）。コイを素材とする食文化が定着している東ヨーロッパではウロコゴイ，カガミゴイ，カワゴイ（Leather carp）など種々の食用品種が作出されていた。ハンガリー，ブルガリアなど東欧では，体形，成長，肉質といった特徴のある形質を備えた品種が開発され，それらは現在でも人間の日常生活において利用されている。

　インドネシアにはオランダの植民地時代に導入され引き続き植民地で改良されたマジャラヤ，プンタン，ドマス，シニョーニャなどのコイの品種が作出され，現存している。それらは際立った形態的特徴があるだけでなく，年間の水温が高いこともあるが成長が著しく早く，1年魚で800gとなる（日本では1年魚で200g以下）。それらは流水式養殖池や農家の庭前養殖で利用されている。それらの品種の種苗はジャワ島中部の種苗市場で流通している。

　観賞魚の代表種であるニシキゴイの養殖は江戸時代に新潟県の小千谷市を中心とする溜池を利用した養殖に始まったと言われる。野生ゴイから色彩，斑紋，光沢などの体色変異に注目して改良が進められ，種々の系統が作出された。

ニシキゴイとはこのような色彩変異系統の総称である。最もポピュラーな系統は紅白（コウハク），大正三色（タイショウサンケ），昭和三色（ショウワサンケ）などだが，それらが完成した時代は意外に浅く，長く見積もってもおよそ150年前後とされる。

これらの色彩の遺伝様式に関してはそれぞれの色彩ごとに複数の遺伝子座が関与していることが確かめられている。新潟県，埼玉県，広島県などの内水面試験場において交配試験が長年実施され，色彩変異に関する遺伝モデルが検討されたが，各系統の体色や斑紋型が遺伝的に固定されたという事例は確認されていない。このような体色や模様については同義遺伝子が複数関与（少なくとも2座）しており，そのことが色彩の配色型の遺伝的固定を困難にしている一つの要因と考えられている。それを裏つけるように紅白，大正三色，昭和三色のそれぞれの型付率（一腹子から出現するそれぞれの型に対応する個体の割合）は著しく低く5％以下である。ニシキゴイにはこれら以外に赤無地，白無地，赤ベッコウ，白ベッコウ，赤ウツシ，白ウツシ，黄ウツシ，黄金，プラチナ，浅黄，秋翠などの系統がある。それらの型付率は，黄金とプラチナを除いて著しく低い。

観賞魚の中でその歴史が最も古いキンギョは1600年前の中国に遡るといわれる。しかし，松井佳一博士によれば日本へ到来したのは三百数十年前頃であり，さほど古くはない。キンギョはもともとフナ（*Carassius auratus*）から育種されたもので，種々の形態形質における突然変異型が選抜・固定され，多様な品種が創出されている。キンギョには19の品種があり，それぞれの品種に特徴があるだけでなく形質の固定がニシキゴイに比べ進んでいるといわれる。しかし，トサキンはその艶やかさゆえに著しく人気のある系統だが，一腹子から出現するトサキンの特徴を備える個体の出現割合（型付率）は著しく低い。且つトサキンの特徴を引き出すためは特殊な形をした飼育鉢と飼育技術（餌や水質）が必要とされる。トサキンの例に見られるように

キンギョの品種特性の固定度（型付率）は品種によりかなりの幅がある。

3）家魚化の条件と育種の遅れ

魚類は，海，川，湖沼などの多様な水圏環境に適応して分化を遂げた極めて多様な種により構成されている。しかし，魚類の種の多様性にも関わらず飼育可能な魚類は必ずしも多くはない。したがって養殖対象種も限られており，育種の対象となる魚種も制約されている。したがって，開発された新品種の事例数もさほど多くなく，生産効率の改良といった事例も少ない。家畜における育種の現状に比べて著しく遅れをとっている理由は，家魚化のための条件が家畜化のそれに比べるとはるかに厳しいといった事情によるものであった。その原因の一つとして，選抜育種にかかわる個体識別の困難性とその開発の遅れが決定的要因と考えられる。

魚類の養殖生産を開始する過程においては，家畜化の過程で人々が経験したのと同様，野生種を人間が構築した生産施設において飼い慣らし，肥育するといった技術開発が必要であったであろう。淡水魚か海水魚かを問わず，それらの飼育環境が水中（水圏）にあり，特に海水魚養殖においては海面下での飼育となるため，施設に関わる構造物の腐食，動力確保の困難性，活魚の搬送手段，生産物の鮮度保持や輸送などに係るコストや労力はけた違いに大きい。対象種が海産の場合には海面上の施設や運搬船などの機械化のコストも莫大となる。

これら魚類育種の遅れの原因は対象生物が水中生活者であることに起因している。魚類の生態的特性が家魚化を阻む要因であったことを考えれば，その遅れは当然のことではある。視点を変えれば，魚類育種は，特に海産魚の育種はまだ始まったばかりなのである。近年，開発されたDNAマーカー（マイクロサテライトDNA多型）は個体識別技術として注目され，水生生物の育種において重要な役割を果たす可能性が考えられる（谷口・高木，1997）。

3．形質と育種素材

1）個体変異

　形質とは育種対象の個体に観察される種々の特性のことである。形質には形態学的な特性のみならず生理学的，生態学的，生化学的な特性が含まれる。それぞれの形質はそれらに関わる遺伝子と環境要因の相互作用の結果として発現する。このような形質とそれに含まれる個体変異はまさしく育種における素材をなすものである。他方，個体変異を含まないクローン集団には個体間の遺伝的変異が含まれない。このため，当然のことではあるが育種的完成集団であってももはやその集団には育種的変化を望むことはできない。

　形質がメンデル型の不連続変異を示す場合，個々の表現型は環境の影響をほとんど受けない。この形質の表現型間の変異は不連続的であるため質的形質（qualitative trait）と称される。他方，個体差が遺伝子型と環境要因の相互作用により一定の範囲の連続的な変異を示す場合，この形質は量的形質（quantitative trait）と称される。質的形質の変異は主働遺伝子（major gene）の支配を受け，対立遺伝子の組み合せにより決る。これに対し量的形質は一つ一つ効果は小さいが同じ遺伝情報と機能を備える多数の遺伝子（これを同義遺伝子（polygene）と呼ぶ）の支配を受けるので連続的に変異し，かつ環境要因の影響も受けるため，変異幅（個体差）はさらに大きくなる。育種の目標は，このような質的形質と量的形質における遺伝変異を素材とし，いくつかの育種技術を駆使して効果的に標的形質の改良と固定を成し遂げることにある。

2）質的形質（qualitative trait）

　形態・色彩：体の形状や色彩に見られる表現型変異（多型）で，複数の対立遺伝子に支配される。多型の発現において対立遺伝子に優劣関係が認められる場合が多い。このような質的形質はメンデルの遺伝法則に従って挙動することから，その発見者の名前に因んでメンデル形質とも呼ばれる。魚類では，アルビノニジマスや無斑ニジマス（鳳来マスの名がある）の遺伝子は野生型の遺伝子に対して優性，アルビノグッピーや無斑アマゴ（イワメの名がある）の遺伝子は野生型の遺伝子に対して劣性である。ヒオウギガイの多様な色彩は1遺伝子座の複対立遺伝子の組み合わせにより決定される。

　ニシキゴイの色彩については，赤色（R）と白色（W）の2対立遺伝子が2つ以上の座にわたって存在すると考えられている。黒色は，赤一白系とは独立系で，黒色（B）と非黒色（b）の2種類の対立遺伝子の支配を受けると考えられている。しかし，紋様や色彩の量と色調などについては，遺伝様式が不明で，未解明な部分がまだまだ多く残されている。デメキンの眼球突出の遺伝子は正常眼に対し劣性である。ニシキゴイやキンギョには特徴的色彩や形態により区別される多数の系統があるが，それらの遺伝様式は勿論のこと，遺伝的に固定された系統は多くはない。

　分子多型：血液型，酵素の分子多型（アロザイム）などの変異は分子多型と言われるもので，これらも質的形質の典型的事例である。アロザイムにおいては対立遺伝子間に優劣の関係がない（codominant）ので表現型から直接遺伝子型を判読することが可能である。LDH，MDHなどの解糖系の脱水素酵素の分子多型は，凍結した標本からの浸出液を粗酵素試料としデンプンゲルを支持体として電気泳動法により分離し，基質特異的酵素反応液に浸けて容易に検出される。ここで，基質特異的酵素反応液を用いて標的分子を発色させることにより複数の酵素遺伝子の多型を同時に検出するという点で育種技術としての有用性が認められた。

　1960年代に技術開発が進んだ電気泳動法により発展したアロザイムの検出技術により，魚介類の野生集団の遺伝学的研究が飛躍的に進展し，形態形質による魚類の分類学において疑問種とされてきた種鑑定問題が次々と解決された。また種内で相対的独立性のある地理的集団の識別において新しい知見をもたらした。具体的な技法およびデータ解析法および応用研究事

例については日本水産資源保護協会（1993）の
マニュアルに詳しく解説されている。

DNA多型：遺伝子の構成物質であるDNA
の塩基配列には，多くの個体変異が含まれてい
る。集団，家系，個体，細胞など種々のレベル
の識別標識（遺伝マーカー）としての利用が試
みられている。ミトコンドリアDNA（mtDNA）
のD-ループと呼ばれる非遺伝子領域の塩基配
列多型は顕著な個体変異を含み，このmtDNA
領域の多型は種の鑑定や種内集団の検出に利
用されてきた。複数の制限酵素切断片長多型
（RFLP）の組み合わせによるハプロタイプは母
系遺伝する特性を備える。mtDNAのハプロタ
イプ多型データーは魚類の系統発生，分類体系，
種鑑定などにおいて有力な情報を提供している。

核DNAの非遺伝子領域にはマイクロサテラ
イトと呼ばれる高変異領域がある。マイクロサ
テライトDNA領域に検出される多型は共優性
のメンデル遺伝の様式により挙動することが確
認された。また，1マーカー座（locus）あたり
のアリル（allele）数が著しく多いので，従来検
出できなかった種集団の局所的遺伝的分化，分
集団の動態の解明などにおいて応用されるよう
になった。近年，マダイ，アユ，ヒラメ，クロ
マグロなどの野生集団の遺伝的多様性の評価や
系統解析に応用されている。他方，養殖品種の
遺伝的管理指標を得るため，人工採卵における
親子判別，集団の有効な大きさの推定，放流種
苗の追跡調査などの調査研究への応用が試みら
れ，それらの遺伝マーカーとしての有用性が確
認されている。

マイクロサテライト等のDNAマーカーは
1マーカー座あたりのアリル数（対立遺伝子
数）が多いので，1つの集団中に多数のアリル
型（接合体型）を含んでいる。複数のマーカー
座を組み合わせると，完全に同じアリル型を所
有する個体が発生する確率は極めて小さくなる。
つまり，自然集団，養殖集団を問わず1つの集
団中に同一のアリル型を備える個体が2つ出現
する可能性はほぼ皆無に等しくなり，このマー
カーにより対象集団内にある1つの個体を追跡

することが可能となる。たとえば，人工採苗の
生産においては親魚のマーカー型を判定してお
けば，それらの子供の個体別成長追跡調査，次
世代生産用親魚の遺伝的マーキングなどが有用
性が高い。近年，養殖マダイの種苗生産におい
て，マイクロサテライトDNAマーカーを利用し
た選択効果の評価試験が試みられている。この
DNAマーカーの検出法については，水産庁の
受託研究の成果の一部としてマニュアルが作成
され詳細に解説されている。

3）量的形質（quantitative trait）

形態形質：遺伝要因と環境要因の両方の影響
を受け，個体間では連続的に変異する形質は量
的形質と言われる。成長率，飼料効率，飼育条
件など生産に関わる量的形質は経済形質とも呼
ばれる。そのような量的形質のうち，体長，体
重，体形，体色などは形態的形質と呼ばれ，産
卵数，卵のサイズ，産卵期，水温適応性，耐病
性などは生理的形質と称される。それらの測定
値は遺伝学的な統計分析に用いられる。

量的形質の分析においては，遺伝子の効果を
個体別に評価できないので，一定条件で生息す
る個体の集まりの特性を平均値と分散（変異幅
の指標）によって評価することとなる。量的形
質の分析結果は選抜育種における効率の予測を
可能にする重要な情報を含んでいる。

分散（variance）：表現型を測定した時の個体
変異は分散で表現する。表現型の分散はV_pで
示す。環境を一定にすることができれば，その
集団の分散は遺伝子型の違いに起因するので
「遺伝分散」（V_g）と表示される。遺伝子型を一
定に保った場合，その集団の分散は環境影響に
よるものとなり「環境分散」（V_e）で表示され
る。たとえば，クローン集団（アユやヒラメで
作出されたことがある）では，当該集団の分散
（V_p）はすなわち環境分散（V_e）という事になる。

遺伝率（heritability）：量的形質において，各
個体の測定値は単に表現型値であって（ある飼
育条件下での各個体の見掛けの測定値），それ
らには遺伝子型値（表現型値のうちの遺伝的要
因による部分値）と環境効果（表現型値のうち

の後天的要因の影響による部分値）が含まれている。このような量的形質の表現型値に占める遺伝的効果を推定する場合，各個体の表現型値から直接的に推定することはできない。そこで当該集団の標本群の個体変異に注目し，分集団内と分集団間の遺伝的均質度の相対的関係から推定が試みられる。詳細については本書第2章で学ぶことになる。

　一般に，各個体の量的形質の表現型値（P）は遺伝子型値（G）と環境効果（E）の和で表わされる（$P = \mu + G + E$）こととすると，それぞれ値の分散の間には $V_p = V_g + V_e$ の関係が成立する（V_p：表現分散，V_g：遺伝分散，V_e：環境分散）。ここで，当該形質の遺伝的効果（遺伝率）は表現分散に占める遺伝分散の割合（V_g/V_p）と定義される。遺伝率はある集団の当該形質における遺伝的改良の可能性（選択効果）の指標となる重要な数値である。

　遺伝率は親子の似かよいの程度や全兄弟または半兄弟の分散分析により推定される（和田，1979）が，データを取るために極めて労力と時間が必要となる。魚介類においても種々の形質について遺伝率の推定値が得られている。しかし，家畜などに比べ，魚介類の飼育条件の維持管理は容易でないため，飼育条件の差が家系間分散に含まれることになり，このことが遺伝率の推定を困難にしている。このため，対象種の標的形質に対し選抜を実行し，後代の選抜の効果（選抜反応）を測定する方法がとられる。このような遺伝率の推定は実現遺伝率と言われ，生産現場での育種活動においてこの方法が採用される場合が多い。

　純系やクローン魚を作出できれば，量的形質においてはどの形質においてもクローン集団は単一の遺伝子型を備えるので，集団内の個体変異は環境分散（$V_p = V_e$）のみからなる。正常二倍体群の表現分散から同一条件下で飼育された純系やクローン群の表現分散を差し引くことにより，正常二倍体群におけるおおよその遺伝分散を推定することができる（谷口，1991）。

4）系統間差と飼育条件による差

　一般に，魚介類の飼育成績には採卵年，採卵時期，飼育施設，種苗生産期間によって顕著な差が認められる。このような飼育成績における機関差や年度間差を評価するには表現型値の集団平均（P）を推定する必要がある。最近，マダイやヒラメの採卵時期の早期化により，その年の養殖開始時点で大型種苗を購入できるようになり，それにより1年魚の成長が促進され，出荷時期が1年早くなるというケースがある。この場合，親魚が同一の系統に由来するならば遺伝子型値の平均値（G）にさほど差がないので，集団平均値の差の原因はもっぱら環境効果（E）によるものと考えられる。

　しかし，他の海域から導入した親魚由来の種苗や改良が加えられた種苗の飼育成績が在来種苗と異なるという場合（たとえばホンコン産マダイ，韓国産マダイなど）は機関差や年度差といった技術に由来する環境効果の平均（E）の差に加えて，遺伝子型値の平均値（G）の差が含まれている。このような種苗の量的形質における表現型における平均値の差は一般に系統差と呼ばれるものである。このような遺伝子型平均（G）の系統間差を正しく評価するには，比較したい系統を同じ環境条件下で飼育することが必要となる。

5）魚類の飼育技術の重要性

　育種の第1歩は野生種を飼い馴らすことであった。当初は飼育技術の改良により次第に生産性（効率）は向上したであろう。しかし，飼育技術だけにたよる生産性の向上に限度が見え，これ以上改善が期待できなくなり，いよいよ優良個体の選抜による品種改良に期待が向けられる。しかし，飼育技術が未完成な状態で選抜を実施した場合には，後代において仮に改良が見られたとしてもその成果が飼育技術の改良によるものか遺伝的要因によるものか判然としない。

　そもそも育種において重視される経済形質（量的形質）においては，通常，遺伝率は0.5以下であり，多くのケースでは0.3以下である。つまり，形質の発現の大部分は環境要因により決

まっている。育種計画を遂行する際に飼育技術の確立が最も重要と言われる理由は，量的形質における遺伝率がさほど高くないといった現実があるからである。

魚類養殖の現場において飼育技術が確立し，生産活動が順調に進行したとしても，飼育技術における重要な要因である餌料の質と給餌量，水温の変動，魚病対応，飼育密度などの制御と適正化，飼育の標準化など年々改良が加えられ変化していくものである。したがって，遺伝的改良の課題は後回しになりがちとなる。

4．魚類養殖と育種の始まり

魚類の育種は，対象魚種を人工的環境での飼育条件に馴らし，採卵や仔稚魚の飼育が可能となり，所謂，家魚化が進展して初めて可能となる。しかし，養殖可能な魚類は少なく，家魚化の程度も育種の進展状況も対象魚種により著しく違っている。

家魚化が実現した一つの姿は養殖対象魚に見られる。初期の養殖は天然採捕稚魚を成魚にまで肥育し出荷するというところから始まる。やがて産業的成長に伴って，対象魚の種苗の安定供給が必要とされ，親魚の養成技術および仔稚魚の育成技術の開発が試みられる。その後，人工種苗の生産と継代的採苗の技術が確立され，やがて完全養殖段階に進展する。人類が対象魚種の継代的繁殖法を手中に収めた時いよいよ魚類養殖において育種のニーズが芽生える状態に達する。海水魚を対象とする養殖漁業が軌道にのったのは歴史的に浅く，対象魚種の数も限られている。しかし，現代は魚種は多くはないが，品種改良が実現しその成果が広く享受できる時代に差し掛かっているのは確実である。

1）漁業と養殖業

世界の養殖生産の増加：天然資源を対象とする漁業と養殖業による総生産量は第2次世界大戦の後（1945），年々増加し，50年前（1960年）にはおよそ3,500万トンに達した。その後も，生産量は年々増加し，2010年には総漁業生産は1

億5,900万トンに達した（図1-1）。しかし，その内訳をみると漁業生産量（天然資源の捕獲）は8,000万トンから9,000万トンで停滞してるのに対し，1960年当時年間生産量が数千トンに過ぎなかった養殖業の生産量は急速に伸び，2007年にはおよそ7,000万トンに達した。この間の総漁業生産量の急増は養殖業の進展によってもたらされたものであった

近年の養殖業の進展は，内訳をみると淡水養殖（中国産）の急増と海面養殖生産量の増加によることは明白である。このような養殖業の発展は家魚化の進展を促し，さらには養殖業において品種改良の必要性がいよいよ高まったことを示唆している。

魚類養殖の増加：海面養殖の対象種は北欧のタラ，東南アジアのハタ，アカメ，フエダイ，サバヒー（ミルクフィッシュ），ボラなどがあるが産業的規模は小さい。日本では1960年ころからブリ，マダイ，フグなどの海産魚養殖が急速に増加した（図1-2）。

当初はいずれの魚種も天然種苗による種苗供給体制に依存していたため，それが制限要因となり海産魚の養殖生産量は一時的に停滞した。しかし，親魚の養成，稚魚の飼育に関わる生理・生態・飼料など種苗生産に係る研究が急速に進展し，間もなくマダイ，クロダイ，ヒラメ，クロソイなどの海産魚における親魚養成および人工種苗生産の技術が確立された。最近では，クロマグロにおいても採卵および人工種苗生産技術が向上し，完全養殖が可能となった。クロマグロの養殖生産は急速に増加しており，本種における家魚化の段階に至る日も遠くない（図1-2）。

このように，養殖用種苗の供給体制が整い，海産魚において完全養殖と大量生産体制が整い，養殖対象種の数も次第に増えつつある。養殖魚の生産過程が人為的管理下に置かれ家魚化の流れができると，種苗生産において採卵用の親をどのように選び，次世代生産に使う子供をどのように選ぶかといった選抜育種の基本方針の検討，つまり育種的課題が持ち上がるのは自然

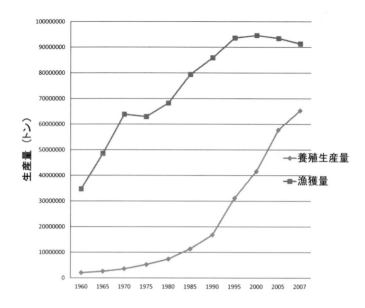

図1-1　世界の漁業生産量および養殖業生産量の経年推移

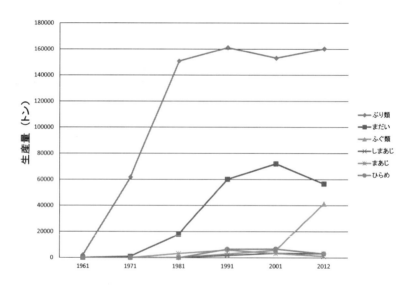

図1-2　日本の養殖業の魚種別生産量の経年推移

の流れである。とは言え，海産魚の育種の取り組みは一部を除いてまだ緒についたばかりであり，今後の展開が大いに期待されるのである。

2）完全養殖と初期の育種

　魚類育種のレベルは家畜育種や作物育種のレベルにくらべ，対象種，規模，品種改良のレベルのいずれにおいても未発達な状態にある（図1-3）。これまで魚介類の生産は，水産業という名の下で野生種をそのまま捕獲し利用するという産業形態が長らく続けられてきた。これら野生種を人為管理下で産業規模の飼育を実施することだけでも当初は容易なことではなかった。人工採苗については，親魚を養成，自然産卵による採卵，諸器官が未発達なふ化仔魚の飼育，給餌と育成などどれをとっても技術的困難

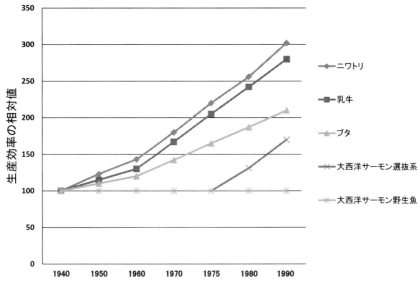

図1-3 家畜育種と魚類育種における生産効率の改善
(生産効率は1940年を基準した相対値である)
(Eknath et al.1991より改変)

を伴った。種苗生産の規模が拡大すると，それに伴う仔稚魚の飼育管理の技術開発も必要であった。

　魚類を対象とする育種は，家畜育種の場合がそうであったように，対象生物の生産現場において事業を続けながら，養殖事業の現場において育種の試みが実施されてきた。すなわち，品種改良のための継代的飼育は養殖用の人工種苗集団の一部を親魚養成のために確保して育成するという手法が採用されてきたのである。言い換えれば，魚類の養殖レベルの生産と選抜育種のための継代的生産といった次元の異なる作業が1つの生産システムの中で同時平行的に実施された。魚類育種の事情は，新品種の作出を評価した後に生産現場へ投入するという理想的育種システムとは大いに異なる。魚類育種は有用形質において特徴を備えた未完成段階の育種系統（個体の集まり）を養殖事業のなかで使いながら，継代的改良が続けられたのである。このことは生産コストが高い家畜育種の場合と変わらない。

3）魚類育種の成果と未来

　近年，養殖の対象種が増加し，次第に育種の取り組みが増加している。FAOの育種専門家会議の資料によると，育種が進展しているのは淡水魚ではコイ，テラピア，ナマズなど，海産魚ではヒラメ，マダイなど，サケ類では大西洋サケ，ニジマスの降海型などである。

　第2次世界大戦後に開発利用されていたドナルドソン系改良ニジマスはチリーにおける海面養殖に導入されトラウトサーモンとして事業規模の生産活動が展開されている。また，ノルウェーの育種開発プロジェクトにより開発されたタイセイヨウサケの選択育種系がノルウェーサーモンとして養殖されている。この他ギンザケ養殖も含め，世界中のサケ・マス養殖生産量は200万トン（2005年）に達し，天然のサケ・マス漁獲量の2倍にまで増えている。そのうちの半分以上が日本の市場へ輸出され，日本人の日常生活に浸透している。

　日本では，マダイ養殖において早期成長系として開発された複数の系統があり，その産業規模は年産6〜8万トンに達している。しかし，

品種としてまだ改良の余地があり，育種途上の品種と考えられる。マダイなどの海産魚の品種改良は順調なスタートを切ったようであるが，開発の歴史はまだ浅く，今後もさらに改良が加えられる可能性がある。このことはサケ類やマダイにおける生産効率に関する改良の経過を畜産系のそれと比較すると明らかである（図1-3）。1940年以降およそ50年間における生産効率は大幅に改良されていることは明白であるが，家畜と比較したときには，まだまだ発展の余地があると考えられる。

鶏卵や乳製品の価格が過去50年間に亘って安く維持されているのはまさしく家畜育種における生産効率の顕著な改良の成果とみられる。このような育種が庶民の生活の安定に貢献してきたことはあまり知られていない。

育種的改良を実施するためには，対象魚種ごとに野生集団（原種）を確保し，再生産を行う技術の確立が必要不可欠である。このため，養殖現場とは別に育種用の親魚を養成し，何らかの採卵法を採用して，次世代集団（子供）を作出・保存する必要がある。

導入した親魚候補を養成し採卵しふ化仔魚や稚魚を飼育する過程を総称して種苗生産技術と言う。このような種苗生産技術は対象種毎に開発する必要がある。このような再生産技術の確立の上に，初めて優良形質の選抜や改良といった育種過程に進むことが可能となる。したがって，育種の対象種が決まった段階で，採用する育種プログラム，対象形質と評価法の決定，改良の目標と年次計画，育種の経済的効果の予測など対象種毎に念入りに検討する必要がある。

5. 育種技術体系と養殖業との関わり

水産育種の技術体系は導入育種法，選択育種法，交雑育種法，雑種強勢育種法などの従来型の技術のほか，ゲノム操作育種法や遺伝子操作育種法などのバイオテクノロジーをとりいれた新しい育種法により構成される。ゲノム操作育種法は倍数性育種法ともいわれ，植物育種分野では古くから試みられてきた。遺伝子操作育種法は組換えDNAなどの分子遺伝学的手法を使って種々の形質の遺伝的改良を目指す。これら新旧の技術を体系化した育種学は魚類養殖の対象種毎に応用され実用的成果を上げている。

1）導入育種の現状

野生種の導入事例：導入育種法は，一般的には野生種を人為管理下で飼育し，生産をあげるという育種の準備段階のような状態のものをさす。それらは育種的視点から見ると必ずしも品種と呼べる条件は備えていない。他方，海外から養殖品種を輸入し，それらの生物特性を利用する場合もこれに当たる。

国内産の野生種が養殖対象となったケースは，淡水魚ではマゴイ，ニシキゴイ，フナ類，ドジョウ，海産魚についてはブリ，カンパチ，シマアジ，マダイ，クロダイ，メバル，ヒラメ，トラフグなどがある。近年養殖化が試みられているマグロは漸く人工種苗生産が可能となり，完全養殖段階に到達している。他方，ウナギは長年養殖対象とはなってきたが，採卵用親魚の養成，採卵技術，種苗生産技術については依然として研究段階にあり，人工種苗の大量生産法は確立されていない。

外来種の導入：日本において，外来種が養殖種として利用されているのはニジマス（Oncorhynchus mykis），テラピア（Oreochromis nilotcus）などがある。ニジマスは1877年以降たびたび北米から輸入され，主として夏場の水温が高くならない地方で養殖されている。ワシントン大学で選択育種により開発された大型化したドナルドソンニジマス（Oncorhynchus mykiss）は，1960年代に日本の試験研究機関に導入され，一部養殖場において実用化されている。宮崎県内水面水産試験場では，高水温耐性系ニジマスが作出・維持されており，本系統が地球温暖化時代に利用価値があるとして注目されている。

テラピアは1962年エジプトから輸入され，冬場の水温が低くならない地方または温泉の出る地域で養殖されている。ニジマスもテラピアも人為的管理下で利用されており，日本では自然

生態系において自律的に繁殖して在来の淡水生態系に定着することはほとんどない。

この他に，アルゼンチンからトウゴロウイワシの仲間で，動物プランクトン食のペヘレイ（*Odonthestes bonariensis*）が，中国からは，草食性のソウギョ（*Ctenopharyngodon idellus*），植物プランクトン食性のハクレン（*Hypophthalmichthys moritrix*），雑食性のコクレン（*Aristicthys nobilis*），底生動物食性のアオウオ（*Ctenopharyngodon piceus*）などが移入された。これらは，最近では養殖現場で使われることがなく，一部は外来種として自然生態系において定着しているケースがある。

導入育種の問題点：増殖を目的としてアフリカのビクトリア湖へ移植されたナイルパーチ（*Lates niloticus*）（日本のアカメと近縁の大型魚）は同湖で繁栄していたカワスズメダイを中心とする魚類群集からなる生態系を短期間で破壊したことで知られている。その実情は「ダーウィンの悪夢」と言うタイトルの記録フィルムに収められており，本種が土着の漁業と地域社会にいかに深刻な影響を及ぼしたかを知ることができる。

日本国内でも，米国から養殖用として移植されたサンフィッシュ科のブラックバスやブルーギルなどの外来種が在来淡水魚相に深刻な影響をもたらした事例がある。両種は北米の温帯地方の淡水域に生息するスズキ型の魚種で，淡水魚の増養殖対象としてブラックバスが1925年，ブルーギル1960年に導入された。これらは日本の各地の淡水域へ分布を広げ，自然繁殖し，進化学的地位の異なるコイ目魚類からなる日本の内水面生態系の魚類相に大きな負の影響をもたらしてきた。

近年，養殖漁業や放流用種苗用として海産魚介類が外国から輸入され，日本の沿岸生態系に定着するケースが見られている（東海大出版，2009）。1990年以降，外国から海面養殖用種苗として導入された魚種はカンパチ，イサキ，マダイ，クロダイ，タイリクスズキ，キジハタ，インドマルコバン，メバル，アイナメ，ウマズ

ラハギなど多数にのぼる。それらの輸入元はベトナム，中国，韓国，香港，台湾などである。これらの種苗の輸入により養殖品目の多様化が図られてきたが，養殖対象種として定着したものは殆どなかった。これらのうちスズキの代替種として導入されたタイリクスズキ（中国産）は数年にわたって宇和海の養殖漁業において生産された。しかし，販売不振のため生産中止され，その後何らかの理由により逸出したタイリクスズキが養殖海域およびその周辺海域において在来のスズキとともに混獲され，一部在来種との交雑が疑われる個体も発見されている（谷口，2009）。

導入の事前評価：通常，何らかの目的をもって外来種を導入する場合には，それらの生理・生態的性能評価，病原微生物などの検疫試験などの調査を通じて，事前評価を行うことが必要とされる。このことは育種学の中でも基本的手続きとして指摘されており，生態的攪乱の防止対策の見地から必要不可欠なマナーでもある。魚介類に関しては，これまでしばしば外国種が導入されてきたが，養殖利用や放流事業に先立って事前のリスク査定・評価がされたことがなく，生態的攪乱や遺伝的攪乱を起こしているケースが見られた。今後は，外来種の導入に当たっては，導入種の遺伝的多様性検査，隔離条件のもとでの成長，繁殖，在来種との競合，防疫などに関する事前評価を実施し，「特定外来生物による生態系等に係る被害防止に関する法律」との整合性を図りながら対応を考えてゆくことが求められる。

2）選抜育種

選抜育種は生物集団に含まれる変異の中から有用形質を継代的に選抜することにより，形質の改良を目指す育種法の一つである。この方法は一定の遺伝的特性を備える家系に由来する個体を選抜する家系選択法（family selection）と一定の有用形質を備える個体に注目する個体選択法（mass selection）に分けられる。個体選択法（図1-4）は表現型値が基準値以上の個体の集まりを選抜するので，植物育種学では集団選

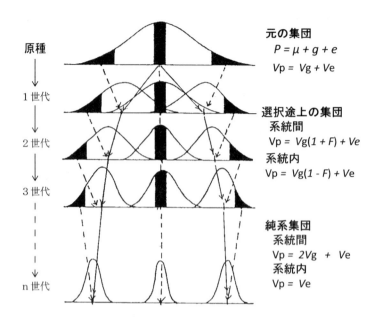

図1-4 量的形質の選択効果の模式図（選抜が進むと系統差は拡大し，個体変異は縮小する）
P：表現型値，μ：集団の平均，g：遺伝子型値，e：環境効果
V_p：表現型分散，V_g：遺伝子型分散，V_e：環境分散，F：近交系数

抜法と称している。

　個体選択法において次代に現れる効果のことを選択反応（selection response）または遺伝獲得量（genetic gain）という。今，非選択群の平均値と選択群の平均値の差を選択差（Δp）とすると，次代に現れる選択反応（ΔG）は遺伝率（h^2）と選択差の積（$\Delta G = \Delta p \times h^2$）によって推定される（図1-5）。遺伝率が0.2より低い場合は個体選択では効果が現れにくいので，家系選抜法が採用される。この場合，近親交配が懸念されるので，後に，家系間交配などを積極的に実施し，近交の影響を緩和する工夫が求められる。

　選抜育種法によって品種として確立され，養殖品種として実用化されたものとして，長野県で開発されたヤマトゴイやイスラエルで開発されたドール70系のヨーロッパゴイ，インドネシアのバンドンで開発されたマジャラヤゴイなどがある。いずれも日本の野生ゴイなどに比べると遙かに成長が優れ，養殖品種として高く評価されている。ちなみに，野生ゴイの成長において1年目の体重が200 gの場合，同じ条件で飼育した改良系の体重は750～1000g程度となるというデータがある。

　米国のワシントン大学で開発されたドナルドソン系ニジマス（学名：*Oncorhynchus mykiss*，英名：Rainbow trout）は飼料効率が優れ，大型魚に成長することで知られている。この品種はワシントン大学 L. Donaldson 博士が1949年に着手し30年以上の大型化を目ざす選択交配を実施したのちに確立された改良系統であり，体長1m以上に成長する。近年，南米チリーのフィヨルドでの養殖漁業に導入され，輸出用の主要品種として量産され，日本ではトラウトサーモンとして市場で普通に見られる。

　ノルウェーでは養殖研究所（AKVAFORSK）において1971年からタイセイヨウサケ（*Salmo salar*）を対象として，成長，耐病性，晩熟性に関する選抜育種が始められ，毎年，育種途上の種苗が現場へ供給されている。この種苗供給量は養殖業者が使用する種苗の75%を占めている。選抜初代において成長に関しては14%，晩

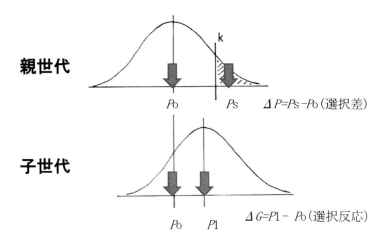

図1-5 選抜育種のモデル
ΔP=Ps-Po：選択差 , ΔG=P1-Po：育種獲得量（選択反応）
（Po：元の集団の平均値, Ps：選択個体群の平均値,
P1：F1改良集団の平均値, k：選択の切断線）

熟性については8％の選抜の効果が得られている。当事者による情報では選抜育種の経済効果は年間生産量10万トンの場合，2000万ドルと試算され，その際の生産コストは250万ドルとの事である（Gjedrem, 1993）。ノルウェーの育種事業はノルウェーサーモンの増産はもとより生産の効率化において大いに貢献したと見る事ができる。

日本の海産魚養殖では，近畿大学の水産研究所の故原田輝雄教授により開発されたマダイの選択系統またはその傍系を親魚として改良した人工種苗の評価が高く，西日本の養殖場および市場において広く流通している。

4）交雑育種と雑種強勢育種

集団内の個体変異の幅が小さい場合，他の品種との交配によりF_1をつくり，F_2において変異性の高い集団を作出した後，選抜法を採用しF_2において新しい形質を組み込んだ品種を確立する方法である。魚類では種間はもとより，属間あるいは科間ですら交雑種が作出される。サケ・マス類では種々の種間交雑が試みられているが，同じ属内では飼育成績や繁殖において優れているというケースが見られるのに対し，属間交雑については優れた結果が得られないこ

と，また雑種第2代目においては繁殖能力がなく，飼育成績が急に悪化することなどが分っている。水産生物ではこの方法を採用して実用化に成功した事例はほとんどない。

優れた特性を備える品種を交雑し，両親の長所を併せ持つか，または両親品種より優れた形質を発現をする（雑種強勢現象）場合，これを雑種強勢育種法と言う。しかし，雑種第2代目は形質が分離して系統内での均質性を失うため，雑種第1代目または異なる掛け合わせによるF_1どうしを掛け合わせて作るF_2を生産のための種苗として利用し，後代は利用しない。このため両親品種は親集団としてそれぞれ継代的に保存する必要がある。

雑種強勢効果を期待する異種間の交配実験が近畿大学水産研究所において試みられている。たとえば，タイ類ではF_1の成長に雑種強勢と思われる現象は認められないが，イシダイ類やブリ類では同属内のF_1において両親より成長が優れており，ある種の雑種強勢と思われる現象が観察されている。一方，サケ・マス類の同属種間雑種や海藻ではヒロメとワカメの雑種の成長率に雑種強勢類似の現象が認められるが実用化はされていない。

6．育種に関連のある科学分野

1）魚類学と魚類増養殖学

　育種の対象が生き物であるかぎり，その基礎となるのは生物学であり，魚類の生物学の基礎となるのは魚類学，魚類生態学，魚類生理学，魚類増養殖学である。中でも魚類系統分類学は，それぞれに異なる歴史的背景をそなえる2万種を超える魚種の関係を進化的見地から体系化した重要な学問分野である。また，魚類増養殖学は育種活動の基礎となる飼育技法に関わる諸技術を体系化したもので，重要な位置を占めている。これらの学問分野は，育種素材となる対象魚種に対する理解を深め，新しくて合理的な発想にもとづく育種法を生み出すために有用な基本的情報と与えてくれる。

2）進化学（種と品種）

　英国の生物学者チャールズ・ダーウィン（Charles Robert Darwin）は，1859年に『種の起源』を出版し，進化論を説いたことで知られる。ダーウィンは軍艦ビーグル号に乗船し3度の世界一周の探検に参加するなかで，進化論の根拠となる多くの事象を発見した。ガラパゴス諸島におけるフィンチという小鳥の種レベルの多様化の観察は，自然選択圧によって種が分化するというダーウィンの進化学説に大きなヒントをもたらした。英国は古くから育種活動の盛んな国であったが，ダーウィンは多様なハトの品種がその原種カワラバトに由来したという品種改良の事例を知り，これらが人為的選抜によってもたらされたことを確信したと言われる。さらに，自然界においては多様に分化した種が自然の選択によりもたらされたとする進化学説を確信させる要因となった。

　自然界では自然淘汰という進化の力により多様な生物種が生み出される。他方，人間社会においては人為淘汰（選抜）により同一種内において多様な品種が作出されてきた。前者は種が分化してからの時間がとてつもなく長いため一般的に異なる種間の交雑は生起することがほとんどなく，生殖的隔離が確立されている。これに対し，品種間では形質の分化が顕著であってもその程度に関わりなく生殖的隔離は確立していないので品種間交配は容易に果たされる。

　品種改良の基本は種内の多様性を利用して改良を目指すことにある。魚類では同じ属内の異種間交配が可能であるだけでなく，それらの子孫に生殖能力がある場合が少なからずある。異種間交配による形質導入は育種の一つの技術ではあるが，このような交雑育種については計画段階から，異種間交雑種の隔離飼育など，遺伝的攪乱リスクの発生防止に関して生物多様性保全の視点から十分留意することが求められる。

3）遺伝学

　オーストリアのメンデル（Gregor Johann Mendel）は教会の司祭を務める傍ら，エンドウ豆の交配実験を試み，優性の法則，分離の法則，独立の法則を解明したことで良く知られる。これらの発見は生物の育種に関わる諸形質の遺伝現象を理解する上で，大きな意義があった。とりわけ，形質の個体変異を支配する遺伝子が配偶子内に存在することを解明したことは，その後の遺伝子の実体解明に結びつくDNAの科学への端緒となった点でその意義は大きい。メンデルの研究成果は1900年になってド・フリースにより再発見され，サットン（1903年）により遺伝子が染色体上にあることが証明され，いよいよ染色体の分子化学的研究へと発展して行く。

　特にキンギョやグッピーなどの観賞魚の育種においては，体色や体形の変異がメンデル型の遺伝法則に従うため特異な形質が遺伝的に固定されやすく，種々の変わり種の作出により品種改良を実感させる効果があった。また，このような質的形質は系統保存・保全のための遺伝標識として利用できるという点で有用性が高かった。

4）量的形質の遺伝学

　メンデルの扱った形質の変異は1遺伝子座の対立遺伝子によって決定される不連続的形質であり，質的形質と呼ばれる。このような形質を支配する遺伝子は主働遺伝子（major gene）と称された。これに対し，生物の備える多くの形

質，とりわけ育種において重視される経済的に重要性の高い形質は連続的に変異する量的形質である。このような量的形質に対しては1つの遺伝子で説明することは困難であるため，マーザー（Kenneth Mather, 1949）は一つの遺伝子の効果は小さいが複数の遺伝子座にわたって関与するとする同義遺伝子の支配を受けるとするポリジーン（polygene）仮説を提案した。このようなポリジーン仮説は量的遺伝子の支配をうける連続形質における育種法則へと発展し，多くの対象種に対する育種の試みとその成果に結びつくこととなった。

5）集団遺伝学

　育種において重視される有用形質の多くは連続的に変異する量的形質であるので，次世代で現れる育種効果は多数の個体を測定することにより判定される。生物の遺伝現象を個体レベルから複数個体（集団）レベルの遺伝現象へ広げて理解を深めることを可能にするのが集団遺伝学である。集団遺伝学の基本法則はハーディー・ワインベルグの法則であり，2項2乗の法則とも言われる次式で説明される。

　ある個体群（遺伝子プール）内で見られる1つの形質の変異を支配する対立遺伝子 A と a の頻度が p と q とするとき，次世代の分離比は AA：Aa：aa $= p^2 : 2pq : q^2$ となる。これを2項2乗の法則といわれ以下の式で表わされる。

$$(p\text{A} + q\text{a})^2 = p^2\text{AA} : 2pq\text{Aa} : q^2\text{aa}$$

6）遺伝子の科学

　ワトソンとクリック（1953年）は生体内でDNAが「二重らせん構造」をとり，DNAの複製のメカニズムとその後の遺伝暗号の解明に結びついた。このような遺伝子の分子構造およびタンパク質や形質発現の研究はその後も分子育種へと繋がって行った。メンデルにより形質の遺伝法則が解明されたのち，このような遺伝子の実像がDNAの分子構造にあることが解明されるまで，およそ100年の歳月を必要とした。この間，グリフィスとエイベリー（1924年）が形質転換実験によりDNAそのものが遺伝子であることを解明し，ビードルとテータム（1945

年）が分子化学的研究をすすめ，一遺伝子一酵素説を提案するなど，多大な研究の努力が積み上げられていたことは重要である。これらの発見は，遺伝学のみならずその応用分野である育種学の諸分野にも多大な影響をもたらした。

7）分子生物学と遺伝子操作

　ワトソンとクリックにより解明されたDNAの研究成果は，その後の遺伝子操作の研究へと引き継がれ，魚類でも成長遺伝子などを卵（配偶子）に導入する実験が試みられ，多くの新しい知見が得られ，生産力の増大につながる興味ある成果が挙げられた。しかし，新しい品種を作出するという本来の育種的な方向とは整合性が少なく，リスク管理面においても解決すべき課題が多く残されており，現在まで実用化にまで至っていない。

7．魚類育種学の進歩

　育種学は対象種の世代交代を人為管理下で実施して初めて可能になる。先にも述べたように魚類においては人為管理下での繁殖技術が未発達であったため，遺伝と育種に関する研究は甚だ遅れた状態にあった。魚類育種研究の歴史は長く見積もっても100年程度であり，科学的な研究の歴史はそれよりはるかに短い。

　魚類育種学の歴史について最近の50年間を概観すると，当初，漁業において意義の大きい野生集団の系統群解析を背景として，遺伝標識の開発や集団遺伝学的分析などを中心とする基礎的研究が進められた．一方，魚介類の養殖生産が拡大の一途をたどる中で，選抜育種や交雑育種など品種改良に関する研究が徐々に増えていった。野生集団を対象とする研究の流れは，放流用人工種苗集団における変異の消失の問題や野生集団の保全に関する研究へと展開された。他方，品種改良に関する研究は細胞遺伝学的研究と結び付き，染色体操作や遺伝子操作に関する研究，さらには遺伝子導入に関する研究へと展開された。

　国内では：日本では魚介類の遺伝・育種研究は

表1-1　水産育種国際シンポジウム分野別発表論文数

開催年	開催地主催者	集団解析＋野生の保全	導入育種	選択育種	交雑育種・雑種強勢育種	染色体操作育種	バイテク育種＋遺伝マーカー＋QTL	掲載論文数（ポスター）	総　数
The 1st (1982)	アイルランド	4	4	15	4	4	3	34	34
The 2nd (1985)	北アメリカ	0	7	10	4	8	4	31 (31)	65
The 3rd (1988)	ノルウェイ	0	6	7	4	2	9	28 (28)	55
The 4th (1991)	中国	5	2	7	0	7	5	26 (69)	95
The 5th (1994)	カナダ	5	3	8	4	6	3	28 (75)	103
The 6th (1997)	スコットランド	8	0	8	1	10	13	40 (37)	77
The 7th (2000)	オーストラリア	4	0	12	0	3	4	23 (155)	178
The 8th (2003)	チリー	9	0	8	0	5	4	26 (92)	118
合計		35	22	75	17	45	45	205 (604)	725

表1-2　水産育種国際シンポジウムでの研究対象魚種

開催年	開催国	大西洋サケ	ニジマス	サケ類	アメリカナマズ	テラピア類	マゴイ	コイ類	海産魚	その他の魚類	貝類	甲殻類	藻類	GMO	論文数
The 1st (1982)	アイルランド	5	2	3	4	2	1	0	0	2	4	3	2	0	34
The 2nd (1985)	北アメリカ	3	8	3	2	4	1	1	1	0	6	1	2	0	34
The 3rd (1988)	ノルウェイ	3	3	4	1	6	2	2	3	3	0	0	0	0	28
The 4th (1991)	中国	0	1	1	0	5	5	4	3	0	1	2	1	0	26
The 5th (1994)	カナダ	5	3	5	1	3	1	4	2	0	1	0	1	2	28
The 6th (1997)	スコットランド	6	4	4	0	7	1	1	6	3	1	4	0	1	40
The 7th (2000)	オーストラリア	0	2	2	0	1	4	2	0	3	1	2	0	1	23
The 8th (2003)	チリー	3	4	1	0	3	2	3	3	2	3	3	0	0	26
合計		25	27	23	8	31	17	17	18	14	18	16	6	4	205

1970年ころから次第に増え，日本水産学会における研究発表数は急速に増加した。1980年代になると研究発表の数は20題程度に増加し，近年は30から40の研究成果が発表されるようになった。

　魚介類の育種研究は最近の40年間に大きく発展した。その軌跡は日本水産学会主催による5度の水産育種に関するシンポジウムの報告集（水産増殖，第13巻3号，水産学シリーズ9，26，75，水産育種41号）に集約されている。また，1971年に発足した水産育種研究会発行の「水産育種」に関係論文が多数掲載されている。

　海外では：魚介類の遺伝・育種研究は日本に比べ欧米諸国においてはるかに活発にすすめら

れてきた。1971 年に FAO（国連食糧農業機構）が魚介類の遺伝研究に関する国際会議を主催して以来，育種や野生集団の保全に関するこの分野のシンポジウムが度々開催されるようになった。1982 年にはアイルランドで第1回国際増養殖遺伝学シンポジウム（The 1st International Symposium on Genetics in Aquaculture）が開催された後，3年間隔で米国のデービス（第2回，1985），ノルウェーのトロンハイム（第3回 1988），中国の武漢（第4回，1991），カナダのハリファックス（第5回，1994），英国のスコットランド（第6回，1997），オーストラリアのタウンズビル（第7回，2000），フランスのモンペリエ（第8回，2003），チリーのプエルトバラス（第9回，2006），タイのバンコック（第10回，2009），米国のオーバン（第11回，2012）などでシンポジウムが開催され，各シンポジウム毎に重要論文が国際誌 Aquaculture に掲載され，別冊として "Genetics in aquaculture"（シリーズ I～XI）が Elsevier 社から出版されている。これらの国際会議において公表された研究の動向は，育種分野別論文数（表 1-1），育種対象魚別論文数（表 1-2）から読み取ることができる。

8. バイオテクノロジーと魚類育種学

　生体の機能を直接・間接に利用する技術と定義されるバイオテクノロジーは，魚介類を対象とした分野でも，染色体操作，トランスジェニック，QTL 解析，DNA マーカーによる集団構造解析および親子鑑定による集団の有効な大きさの推定などの研究において展開され，従来型の水産育種体系に大きな影響を及ぼしている（隆島編，1996）。このようなバイオテクノロジーにより作出された生物の実用化を進めるためには，遺伝的改変動物（GMO）のリスク評価と管理に関する評価研究を並行して進める必要がある。他方，野生魚介類の種多様性や資源量における豊富さゆえに，遺伝的改変動物（魚類）のメリットは打ち消され，バイオテクノロジーの実用化の取り組みの進捗が遅れている。

ゲノム操作育種とクローン魚の生産：ゲノム操作育種は染色体セットの倍数性操作による遺伝子型値の変化，性比のコントロール，生殖能力の喪失などの諸特性を利用する育種法であり，広義のバイオテクノロジーの一つである。

　ゲノム操作は2種類の技術からなる。一つ目は，物理的ショックを加えることにより成熟分裂（減数分裂）または第1卵割を阻止することによりゲノムセット数を倍加させること。二つ目は，精子または卵の核（DNA）を紫外線（UV）やガンマー（γ）線などにより不活性化させゲノムセットの機能を消失させることである。これら二つの技術を組み合わせることにより種々の倍数体を作出することが可能となる。

　細胞分裂を止めるための方法として，低水温，高水温，高水圧ショックなどの物理的ショックまたはサイトカラシンなどの化学的刺激による方法が有効と考えられる。最適処理条件は魚種により異なる。現在では，種々の魚介類において，雌性発生二倍体，雄性発生二倍体，三倍体，四倍体などの誘導が可能となった。

　クローン集団（系統）を作出するためには第一卵割阻止型雌性発生二倍体を作出する必要がある。第一卵割阻止型雌性発生二倍体はすべての遺伝子座で同祖接合（ホモ型クローン）となるが，遺伝子座毎に見ると遺伝子型は個体毎に異なる。しかし，第一卵割阻止型雌性発生二倍体を養成して成熟魚から個体別に採卵し，雌性発生二倍体2代目を誘導するとその一腹子は遺伝子型が完全に均一化した集団，つまり，ホモ型クローン集団となる。これまで，アユおよびヒラメにおいてホモ型およびヘテロ型クローン集団が作出され（口絵 1-1），その成功は DNA マーカーの使用により証明されている。ゲノム操作育種の詳細は第5章で詳述される。

細胞融合と核移植：この技術は単細胞を用いて細胞間雑種やクローンを作出するために利用される。細胞融合実験では細胞壁を除去した単細胞（プロトプラスト）を準備する必要がある。海藻類の場合，細胞壁を除去するためにアワビなどに由来するプロテアーゼが用いられる。細

胞の融合剤としてはポリエチレングリコールが用いられる。細胞融合は主としてアマノリなどの海藻類で試みられているが，この方法は実験系での利用もさることながら，育種における実用化の期待もかけられている。

　胚性幹細胞（embryonic stem cell，ES細胞）を受精卵に導入してクローンを作出する試みが家畜育種分野において実用化されている。胞胚期の細胞は未分化段階にあるため全能性を保持すると言われ，これを培養して得たES細胞を核移植に利用する研究が，魚類を研究材料として進められている。このようなES細胞の研究が魚類の育種分野にも採り入れられ標的形質を発現させる試みが始められているが，実用化には至っていない。

　遺伝子導入育種（トランスジェニック）：近年，遺伝子の構造と機能に関する研究が展開され，魚類の成長ホルモン遺伝子の発現を制御するプロモーター遺伝子やレポーター遺伝子の単離およびベクターの開発も進み，トランスジェニック技術の改良が加えられ，外来遺伝子導入の成功率は向上している（吉崎，2000）。

　最近では，ホストと異なる種または同じ種の成長ホルモン遺伝子をプロモータージーンおよびレポータージーンとともにベクターに組み込み，それを受精卵に注入して効果をあげている（Devlin，1997）。対象となった魚種はコイ，アメリカナマズ，メダカ，タイセイヨウサケ，ギンザケ，ドジョウ，テラピアなどで，受精卵に注入してホストの成長促進効果を評価する研究が行われている。遺伝子組み換え魚作出に関しては第11章で詳述される。

9. 育種の進歩とリスク管理

　品種改良において適正な系統管理を実施しないと，継代的生産過程において系統特性を維持することが困難となる。品種特性を維持するためには，目的とする品種からの少数親魚による再生産が実施され，結果として近親交配による近交弱勢現象が発現するからである。近親交配

の負の影響が発現しないように新品種の特性を維持しながら継代生産するため，種々の方法が考えられている。

　他方，このような改良種はその元となった原種との間で依然として交配が可能である。したがって，改良種の野外放流による原種との交雑を通じて原種に対する負の遺伝的影響がもたらされることがないよう配慮することが求められる。生物多様性保全の観点から，新品種の野外放出による原種との交雑に伴う影響など，原種への遺伝的影響を最小にすることが1つの重要課題と考えられる。

　育種と近交リスク：育種においては特定の形質を備える個体を選び，選ばれた範囲内で継代的交配を行う。このため，後代の生産においては血縁関係個体間，例えば兄妹交配，従妹間交配などが少なからず発生する。この傾向は家系選択交配法において特に顕著である。たとえば，有用遺伝子を固定するために採用される兄妹交配では近交係数（F）は0.25（Fは0〜1）となり，各遺伝子座においてが25%の個体が祖先遺伝子をホモ型で保有することになる。

　集団中には種々の有害遺伝子が含まれているが，通常，その遺伝子は極めて低頻度であるため，ランダム交配集団ではホモ型になって有害遺伝子が可視化されるのは極めて低頻度である。しかし，育種集団においては有用形質に関する選抜交配を続けるうちに，近交係数が上昇するので有害遺伝子が無意識のうちに選択され，それらがホモ型となって発現する確率が高くなってしまう。有害遺伝子には奇形や成長抑制に関わる遺伝子などその種類は様々である。それらの同型接合型の発現率が増加すると，本来改良系と言われる系統がもはや養殖産業では通用しない系統になってしまう。育種においては近交によるリスクを低減させることは，有用形質の選択と同等に重要な課題となるのである。

　バイオテクノロジー育種のリスク：遺伝子組み換えの技術は，当初はホスト魚種に対しそれより成長の優れている他魚種の成長ホルモンを遺伝子組み換え法により導入して育種効果を期

第1章　魚類育種の歴史と発展　19

表1-3　世界の養殖対象魚種と育種研究の進展

（A：選択育種や交雑育種の実施，B：実用的改良品種がある，C：品種が蒐集されている，D：品種登録システムがある，E：選択育種の研究がある，F：品種の遺伝的管理の研究がある，G：集団遺伝学的研究がある，H：遺伝学的情報量（5段階相対量）：論文数（ASFA データベース，1993）

対象種	育種の進捗状況 *									問題点
	A	B	C	D	E	F	G	H	論文数	
1．コイ類										
マゴイ	+	+	+	(+)	+	+	+	5	261	移植による生態系撹乱
インドゴイ			+	+	(+)	+		2	37	逃避による生態系撹乱
チュウゴクゴイ			+			+	+	3	172	移植による生態系撹乱
その他のコイ	+	+	+	+	+	+	+	3	283	
2．ナマズ類										
Clarids	(+)	+			(+)	+		1	27	移植による生態系撹乱
Ictarids	+	+		+	(+)	+		4	105	移植による生態系撹乱
Silurids			(+)			+	(+)	2	14	
3．タイワンドジョウ							(+)	1		移植による生態系撹乱
4．テラピア	+	+	+	(+)	+	+	+	4	413	逃避による生態系撹乱
5．サケ科魚類										
イワナ類	+	+	(+)	+	+	+	+	5	828	移植による生態系撹乱
サケ類	+	+	+		+	+	+	5	325	逃避による生態系撹乱
6．その他の魚類										
ボラ							+	1	41	
ウナギ							+	1	52	移植による生態系撹乱
シーバス (*baramundi*)							+	1	135	
ハゼ類								0	66	
ブリ							(+)	1	16	
サバヒー							(+)	1	16	
チョウザメ					+	+	+	3	110	
ヒラメ	+		+			+	+	2	192	
シロマス (*Coregonus*)							+	1	114	
ハタ・タイ類	+	+			+	+	+	1	135	
カラシン類					+		+	1	15	
7．軟体動物										
カキ	+				+	+	+	4	303	移植による生態系撹乱
ハマグリ							+	1	176	移植による生態系撹乱
ホタテ	+				+		+	1	35	
イガイ							+	1	225	移植による生態系撹乱
アワビ類			(+)		+	+	+	1	63	
8．甲殻類										
クルマエビ					(+)	(+)	+	1	99	移植による生態系撹乱
オニテナガエビ					(+)	(+)	+	2	38	移植による生態系撹乱
淡水ザリガニ							+	1	37	移植による生態系撹乱
カニ類							+	1	265	
アルテミア				+	+	+	+	5	97	移植による生態系撹乱

*進捗状況は＋，－で示し，（＋）は実施されているが不完全な場合，論文数は FAO レポート（1993）による。

待するという考え方で実施されてきた。最近はホスト魚種と同種から取り出した成長ホルモン遺伝子を導入した場合でも遺伝子の発現と成長の著しい促進が確認されている。しかしながら、いずれも魚体の変形や奇形を伴うため、実用化するところまで、進んでいない。また、トランスジェニック魚の実用化にあたっては、野生生物の種の撹乱や絶滅を防止し、生物多様性を保全するための事前の調査研究と影響評価が重要な課題となる。

　野生集団の遺伝的撹乱リスク：養殖業の対象種となっている種をリストアップしそれらにおける育種の進捗状況を評価した事例を表1-3に示す。この表はFAO（世界食糧機構）の魚類遺伝育種学の専門家の会議において各国の育種の現状を評価したものである。対象種ごとに以下のランク付けをしている。A: 選択育種や交雑育種の実施，B:実用的改良品種がある，C:品種が蒐集されている，D:品種登録システムがある，E：選択育種の研究がある，F：品種の遺伝的管理の研究がある，G: 集団遺伝学的研究がある，H：遺伝学的情報量（5段階相対量）：論文数（ASFAデーターベース,1993による）。

　これらはおよそ20年前の古い情報ではあるが、研究が進んでいる魚種はほとんどが淡水魚であり、海産魚の事例は極めて少ない。育種が試みられている多くの対象魚種において、それらの外的環境への拡散・逃避による野生集団との交配による遺伝的撹乱リスクが指摘されている。外的環境下で発生した交配集団はもはや元の野生集団とは遺伝的に大いに異質な特性や習性を備えているというだけでなく、交配により、野生集団の外界への適応能力の低下も懸念される。したがって、水生生物であるために避けられないことではあるが、多くの導入種において外部への移植や逃避による生態的撹乱について予防的対策が求められる。

　野生集団は遺伝資源の保存庫：野生種は依然として漁業生産の主流として機能している水産分野においては、食料供給面だけでなく当該種の遺伝的多様性の保存庫として重要な意義

を備えている。原種は育種的視点から考慮しても大切な遺伝資源である。育種操作により創出された新品種は原種との相互作用により原種に対し遺伝的撹乱を起こす可能性がある。このため、原種は遺伝資源の保存庫として保全する必要がある。したがって、育種は生物の種の存続に影響をもたらす可能性のある人間の行為として「生物多様性基本法」による規制の対象となることは免れない。

　遺伝子組換え生物等の使用等の規制に関する法律：地球環境会議（1992年）において取り上げられた生物の多様性に関する条約の批准を受けて、バイオセーフティに関するカルタヘナ議定書が発行された。この議定書の実施を目的として2004年2月19日に、「遺伝子組換え生物等の使用等の規制による生物の多様性の確保に関する法律」が制定された。この法律は遺伝子組換えなどのバイオテクノロジーによって作成された生物の使用等を規制するためのもので、通称、遺伝子組換え（生物等）規制法ともいわれる。トランスジェニック魚の実用化にあたっては、同上の法律の規制を受け、作出生物の安全性に関する事前の調査研究の実施と評価が必要となる。

参考文献

谷口順彦，高木基裕．DNA多型と魚類集団の多様性解析．「魚類のDNA」（青木　宙，隆島史夫，平野哲也編）恒星社厚生閣，東京．1997；117-137．

ファルコナー，D.S.（1993）量的遺伝学入門，田中嘉成・野村哲郎訳，蒼樹書房，東京，pp.546．

藤尾芳久・木島明博（1988）水産育種の基礎，水産増養殖叢書36，日本水産資源保護協会，東京，pp.100．

藤尾芳久・谷口順彦編（1998）水産育種に関わる形質の発現と評価．恒星社厚生閣，東京，pp.110．

フランケルO.H.・ソレーM.E（1982）遺伝子資源（三菱総研監訳）．家の光協会，東京，pp.404．

クローJ.F.（1991）遺伝学概説，木村資生・大田朋子訳，培風館，東京，pp.341．

水間　豊（1996）家畜育種の沿革．新家畜育種学（水間他）．朝倉書，東京，pp.211．

日本水産学会出版委員会編（1994）：現代の水産学，恒星社厚生閣，東京，pp.407．

日本水産学会編（1975）魚類種族の生化学的判別，恒星社厚生閣，東京，pp.122．

日本水産学会編（1979）水産生物の遺伝と育種，恒星

社厚生閣，東京，pp.140.

鈴木　亮編（1989）水産増養殖と染色体操作，恒星社厚生閣，東京，pp.140.

鈴木　亮（1979）水産育種の現状と将来（魚類）．水産学シリーズ 26 −水産生物の遺伝と育種（日本水産学会編），pp.114 〜 130.

隆島史夫編（1996）水産のバイテクとハイテク．成山堂，東京，pp.285.

谷口順彦（1991）ゲノム操作による魚類の品種改良法．第 12 回基礎育種学シンポジューム報告，42-60，日本学術会議育種学研究連絡委員会.

谷口順彦（1993）遺伝学的諸問題．放流魚の健苗性と育成（北島力編），恒星社厚生閣，東京，pp.63-74.

谷口順彦（2009）外来海産魚の導入の現状とリスク管理（日本プランクトン学会・日本ベントス学会編）．東海大出版会，pp.177-192.

和田克彦（1979）量的形質の遺伝．水産生物の遺伝と育種（日本水産学会編），恒星社厚生閣，東京，pp.7-26.

山本栄一（1993）ヒラメにおけるクローンの作出と育種利用．日本学術会議育種学研究連第 13 回基礎育種学シンポジウム報告，pp.41-52.

吉崎悟朗（2000）トランスジェニック技法の水産育種への応用．隆島史夫編　次世代の水産のバイオテクノロジー．成山堂，東京，pp.72-85.

主要な増養殖国際学会論文集

FAO/UNEP（1981）Conservation of the genetic resources of fish: Problems and recommendations，Report of the expert consultation on the genetic resources of fish. FAO Fish Tech. Paper., No.217：143.

FAO（1993）Report of the expert consultation on utilization and conservation of aquatic genetic resources. FAO Fisheries Report No. 491. Pp.58.

International Symposium on Genetics in aquaculture：

1）Wilkins NR and EM Gosling eds.（1983）Genetics in aquaculture I. Elsevier Sci. Publ.

2）Ga11 GAE and CA Busack eds.（1986）Genetics in aquaculture II, Elsevier Sci. Pub1.

3）Gjedrem T ed.（1990）Genetics in aquaculture III. Elsevier Sci. Publ.

4）Ga11 GAE and H Chen eds.（1993）Genetics in aquaculture IV, Elsevier Sci. Pub1.

5）Doyle RW, CM Herbinger, M Ball and Ga11 GAE eds.（1996）Genetics in aquaculture V, Elsevier Sci. Pub1.

6）McAndrew A and D Penman eds.（1999）Genetics in aquaculture VI. Elsevier Sci. Publ.

7）Benjie J.（2002）Genetics in aquaculture VII. Elsevier Sci. Publ.

8）Neira, R. and N. F. Diaz eds.（2005）Genetics in aquaculture VIII. Elsevier Sci. Publ.

9）Bandepute, M. B. B. Chatain and G. Hurata eds.（2007）Genetics in aquaculture IX. Elsevier Sci. Publ.

10）Na-Nakorn U. and S. Poompuang eds.（2009）Genetics in aquaculture X. Elsevier Sci. Publ.

11）Dunham R. ed.（2014）Genetics in Aquaculture-XI. Elsevier Sci. Publ.

Gjedrem T（1993）International selective breeding programs: Constraints and future prospects, Proceeding of the work shop on selective breeding of fishes in Asia and United States, Oceanic Institute, pp.18-30.

Hallerman E, D King and A Kapuscinski（1999）A decision support software for safety conducting research with genetically modified fish and shellfish. Aquaculture, 173：309-318.

Taniguchi N et al.（1993）Use of chromosome manipulated fish in aquaculture and related problems of conservation of wild stock. Proceeding of a workshop on selective breeding of fish in Asia and United States. Ocean Institute, Hawawii, pp.69-80

第2章

遺伝子から形質へ

1. 遺伝子の本体

　メンデルは「雑種植物の研究」を 1865 年に発表したが，その時代の研究者にはほとんど顧みられることは無かった。その理由の一つにメンデルが唱える遺伝物質なるものの具体的な記述がなかったことと，細胞生物学的に相当する物質が見つかっていなかったことによる。メンデルが論文を発表した当時は生物の細胞内小器官の染色法や観察法が発展途上にあり，様々な改良技術が考案されつつある時期で，細胞内小器官の構造や染色体の動きに関する知見が蓄積されつつあった。1842 年にネーゲリ（Carl Nägeli）により染色体が発見され，細胞分裂中の動態が詳しく観察されるようになった。その中でヴァイスマン（August Weismann）はウニの卵発生において異なる細胞分裂を観察し，「赤道分裂」と「減数分裂」と名付けた。ヴァイスマンはまた遺伝の生殖質説を提唱し，遺伝は卵子や精子などの生殖細胞によって引き起こされるとした。実際に，減数分裂における染色体の動きと遺伝現象を最初に結び付けて考えたのはサットン（Walter Sutton）である。サットンは 1902 年にバッタを用いた減数分裂の細胞学的な研究から，配偶子形成時における染色体の動きがメンデルの法則に従うことを発見した。その後，モルガン（Thomas Hunt Morgan）らのショウジョウバエを用いた実験により遺伝子が染色体上に存在することが実証された。

　遺伝子が染色体上に存在することは明らかになったが，依然として遺伝子の本体は不明なままであった。その頃までに染色体が核酸（Nucleic Acid）とタンパク質からなっていることが明らかにされており，核酸かタンパク質のいずれかが遺伝物質であることが予想されていた。エイブリー（Oswald Avery）はマウスの肺炎双球菌における形質転換実験において DNA に形質転換能力があることを見出し，遺伝物質の本体は DNA であると結論した。その後，ワトソン（James Watson）とクリック（Francis Crick）により DNA の二重らせんモデルが提唱され，物理的な構造とその複製機構，およびタンパク質への転写機構などが明らかとなっていった。

　現在では遺伝子の本体が DNA であり，外見で観察できる変異のほとんどが DNA に生じた変異が元となっていることは多くの人が認識している。しかし，このことが明らかになるまでには百年以上の歴史と多くの研究者の努力の積み重ねがあった。

2. 形質と変異

　我々は特殊な手技を用いない限り，生物から直接遺伝情報は得られないから，得られる情報の大部分は形態や行動，ある条件に対する反応等，外見に由来する。魚類であれば体長や体重の他に鰭の条数，側線鱗数，体色，模様，成長速度，環境適応能力などである。これらの形

23

態的，生理的，生化学的あるいは解剖学的特性の全てを形質（trait, character）とよぶ。例えばあるグッピーで雄（生後180日目），体長が20mm，体重が200mg，体色が黄色，体側部に赤い斑点有の個体があったとするならば，性別，体長，体重体色，模様の有無が形質となり，外見から得られる情報を表現型（phenotype）とよび，数値として測定できる形質であればそれぞれの値を表現型値（phenotypic value）とよぶ。

　それぞれの形質には様々な遺伝子が関与しているが，どの様な遺伝子がどのように関与しているかを外見から判断することはできない。また，形質には変異（variation）がつきものである。グッピーの生後180日目雄の場合の体長であれば，全ての個体が20mmというわけではなく25mmの個体もいれば17mmの個体もいる。また，体色も黄色い個体もいれば灰色や黒い個体もいる。このような，ある形質に存在するいくつかの異なった型を変異とよぶ。そのような形質の発現に関与する遺伝子における対立遺伝子の組み合わせを遺伝子型（genotype）とよぶ。

　染色体上で遺伝子が存在する特定の位置を遺伝子座（locus）という。ひとつの遺伝子座には二つの遺伝子が存在する。ある変異が遺伝子座内の変異，対立遺伝子の違いなのか，異なる遺伝子座に支配される形質の違いなのかを明らかにすることはその後の分析を進めて行くうえで重要なポイントである。グッピーにおいてアルビノと呼ばれる黒色素胞の無い体色が黄色から白色となる系統がいくつかある。これらは黒色素であるメラニン生合成過程での酵素が不活性化することにより発現している。生合成のどの過程が不活化するかによりいくつかのアルビノ系統が存在する。異なるアルビノ系統を交配すると野生型が生じる場合がある。これは交配されたアルビノ系統においてそれぞれメラニンの異なった生合成過程が不活化していたことを示している。

3．メンデルの法則

　メンデルは1865年，エンドウマメを用い遺伝の法則に関する実験結果を「雑種植物の研究」として発表した。メンデルは農産物の生産量を上げることを目的とし，当時明らかにされつつあった，雑種において両親より強健な性質（現在でいうヘテロシス）を示すことに対する法則性を明らかにしようとしていたようである。

　メンデルは実験を開始するに当たり形質の選択とその形質の安定化を図るための系統作成を行っている。対象とする形質として二つの相対する形質が出現する七つの形質を選択した（表2-1）。それらは熟した種子の形の違い，種皮の胚乳の色の違い，種皮の色の違い，熟したさやの形の違い，未熟なさやの色の違い，花の位置の違い，茎の長さの違いの七形質である。メンデルはさらにこれらの形質が安定して現れるようになるよう2年にわたり交配を繰り返した。これらの形質が安定した後，交配実験を開始した。

表2-1　メンデルが用いた形質と対立形質

形　　質	対　立　形　質	
熟した種子の形の違い	丸く滑らか	不規則に角張って深いしわがある
種子の胚乳の色の違い	淡黄色	濃い緑色
種皮の色の違い	黄色	灰色
熟したさやの形の違い	全体に一様に膨らんでいる	種子の間が深くくびれている
未熟なさやの色の違い	淡緑色から濃緑色	鮮やかな黄色
花の位置の違い	腋生（軸にそって分布）	頂生（軸の頂端に分布）
茎の長さの違い	茎の長さが180～210cm	茎の長さが23～46cm

第 2 章　遺伝子から形質へ　25

表 2-2　二つの形質における雑種第二代の遺伝子型と表現型の分離

雌親の配偶子 / 雄親の配偶子	*AB*	*Ab*	*aB*	*ab*
AB	*AABB* 黄色で丸	*AABB* 黄色で丸	*AaBB* 黄色で丸	*AaBb* 黄色で丸
Ab	*AABb* 黄色で丸	*AAbb* 黄色でしわ	*AaBb* 黄色で丸	*Aabb* 黄色でしわ
aB	*AaBB* 黄色で丸	*AaBb* 黄色で丸	*aaBB* 緑色で丸	*aaBb* 緑色で丸
ab	*AaBb* 黄色で丸	*Aabb* 黄色でしわ	*aaBb* 緑色で丸	*aabb* 緑色でしわ

　メンデルが最初に注目したのは雑種第一代が両親の中間値をとらないということである。対立する一方の形質が雑種第一代で現れ，一方は隠れてしまうということである。メンデルは隠れてしまう形質を劣性（recessive），現れる形質を優性（dominant）と命名した（優性の法則）。

　また，雑種第一代同士を交配することにより雑種第一代で隠れてしまう形質が雑種第二代で現れることを観察した。この時の優性形質と劣性形質の分離比は 3 : 1 で，3 の優性形質のうち 3 分の 1 が不変型，3 分の 2 が雑種型に分けられることを示している。つまり，優性形質を示している個体の中にホモ型とヘテロ型があることを示したのである。このことから劣性形質を司っている因子は雑種第一代の中で無くなってしまったり，他の形質と融合してしまうのではなく，その因子は生体内に残っており，雑種第二代で再び発現することを示した（分離の法則）。このように "雑種" を中間型ととらえず，雑種をある遺伝子座において両親から異なる対立遺伝子を受け取っているヘテロ接合体であることを示したのは当時としては画期的であった。

　また，複数の形質が組み合わされている雑種の子孫に関する実験も行った。種子の形（丸形 *A*，角張った形 *a*）と胚乳の色（黄色 *B*，緑色 *b*）の組み合わせについて交配実験を行っている。その結果，胚乳細胞と花粉細胞とで 4 × 4 通りの組み合わせが生じると仮定し，結果と対比している（表 2-2）。それらは *AB*，*Ab*，*aB*，*ab* で，

これらの配偶子の 16 通りの組み合わせからできる次世代は円形で黄色，円形で緑，角張って黄色，角張って緑が 9 : 3 : 3 : 1 で出現するとし，実際の観察値もこれに非常に近い値であった。以上のことから二つの形質の因子はお互いに影響されることなく，独立に次世代へ伝えられている，と結論した（独立の法則）。

　また，メンデルは自家受精を続けることによりヘテロ接合が減少しホモ接合が増加することを示している。これは近交系においてホモ接合体が増加して行くことを記述した最初の例である。

4. 様々な遺伝様式

　メンデルが用いた形質は 7 形質とも比較的表現型の区別が容易であった。しかし，様々な形質の遺伝様式が明らかにされるにつれてメンデルの法則では説明できない遺伝様式が見つかってきた。以下に，このような様々な遺伝様式について紹介する。どのような遺伝子型が生じるかを考える場合，ヘテロ型における雌の配偶子と雄の配偶子を用いて 2 × 2 の表を作り，どのような組み合わせができるかを考えると楽である。この手法は開発者 Reginald C. Punnett の名をとり Punnett square と呼ばれている。

1）完全優性

　メンデルが用いた形質と同様に二つの系統

アルビノ　　　　　　　　　　野生型

図2-1　グッピーにおけるアルビノと野生型

を掛け合わせたときに一方の系統の性質が観察できなくなる場合が魚類でも観察される。完全優性の例としてグッピーにおける野生型とアルビノとの関係をあげることができる（図2-1）。グッピーの野生型（+/+）とアルビノ（a/a）を交配すると雑種第一代は野生型となる。従って、アルビノは野生型に対して劣性であると言える。雑種第二代で野生型とアルビノは3：1に分離する（表2-3）。グッピーの体色や模様は主に黒、赤、黄の三種類の色素胞の組み合わせで決められている。アルビノは黒色素胞が欠損している。このほかに黄色素胞の欠損型もあるがいずれも野生型に対して劣性である。

2）不完全優性

メンデルが用いた形質はいずれも対立形質が明確で区別が簡単であった。不完全優性はメンデルの法則における優性の法則の例外といえる。メンデルの法則では二つの対立遺伝子は必ず優性と劣性に分かれ、雑種第一代ではその一方しか現れない。現実の遺伝では両親の中間値を示す個体やどちらかの両親に近い値を示す個体、まったく異なる形質を示す個体などが存在している。

不完全優性の例としてティラピアの体色があげられる。ティラピアには野生色の他に体全体が燈色になるゴールデンと野生型がやや白みがかったブロンズとよばれる変異がある（図2-2）。野生型の系統とゴールデンの系統を掛け合わせる

表2-3　グッピーにおけるアルビノの遺伝様式

雄親の配偶子 \ 雌親の配偶子	+	a
+	++ 野生型	+a 野生型
a	+a 野生型	aa アルビノ

+：野生型の対立遺伝子　　a：アルビノの対立遺伝子

表2-4　ティラピアにおける体色の遺伝様式（不完全優性）

雄親の配偶子 \ 雌親の配偶子	+	g
+	++ 野生型	+g ブロンズ
g	+g ブロンズ	gg ゴールデン

+：野生型の対立遺伝子　　g：ゴールデンの対立遺伝子

と野生型の色彩がやや白みがかったブロンズとなる。従って、ブロンズは野生（+）とゴールデン（g）のヘテロ型（+/g）となる。ゴールデンと野生型の雑種第二代では野生：ブロンズ：ゴールデンが1：2：1で出現する（表2-4）。ブロンズは体色の野生遺伝子とゴールデン遺伝子のヘテロ型であることがわかる。このようにヘテロ型がどちらかの表現型に覆い隠されずに、両親の中間値やそれに近い形で出現する遺伝様式を不完全優性と呼ぶ。この場合、外見でヘテロ型を区別できる。

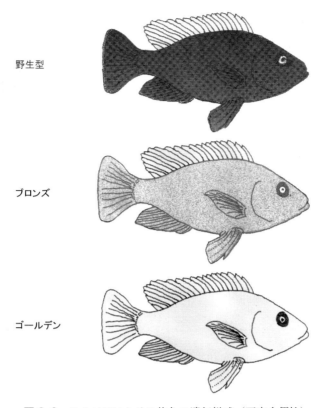

図2-2 テラピアにおける体色の遺伝様式（不完全優性）

3）伴性遺伝

性染色体上に遺伝子が存在するために形質が性と連動して発現する。雄ヘテロ型（XX, XY）の場合，X染色体上に遺伝子が存在する場合をいう。雌ヘテロ型（ZW, ZZ）の場合はZ染色体上に遺伝子が存在する場合をいう。メダカの体色の遺伝（Rとr）の例を紹介する。Rはメダカの体色をオレンジ色にする遺伝子で対立遺伝子rはRに対して劣性で，体色を白くする。オレンジ色の雌親（$X^R X^R$）と白色の雄親（$X^r Y^r$）を交配させると雑種第一代は雌雄ともオレンジ色（♀：$X^R X^r$, ♂：$X^R Y^r$）となる。この雑種第一代同士を交配するとオレンジ色の個体と白色の個体は3:1に分離する。これはメンデルの法則に従っているが，雌雄での分離比に差が表れる。雌がすべてオレンジ色（$X^R X^R$, $X^R X^r$）であるのに対して，雄はオレンジ色（$X^R Y^r$）と白色（$X^r Y^r$）が1:1で分離する（表2-5）。このように雌雄で分離比に差が出る形質は性染色体上

表2-5 メダカにおける体色の遺伝（伴性遺伝）

雄親の配偶子 雌親の配偶子	X^R	Y^r
X^R	$X^R X^R$ オレンジ色	$X^R Y^r$ オレンジ色
X^r	$X^R X^r$ オレンジ色	$X^r Y^r$ 白色

の遺伝子に支配される伴性遺伝である可能性がある。

4）限性遺伝

伴性遺伝がX染色体上にある遺伝子の遺伝であるのに対して限性遺伝はY染色体上にある遺伝子による遺伝様式である。雌ヘテロ型（ZW, ZZ）の場合はW染色体上に存在する遺伝子となる。伴性遺伝の場合，伴性遺伝する形質は雌にも雄にも現れるが，限性遺伝の場合，その形質は特定の性にしか現れない。雄ヘテロ型の場

雌　　　　　　　　　　　　　雄

図2-3　グッピーにおけるコブラ斑の遺伝様式（限性遺伝）

野生型　　　　　　　　　　サドルバック

図2-4　テラピアにおける背鰭の変異（サドルバック）

表2-6　グッピーにおけるコブラ斑の遺伝様式（限性遺伝）

雄親の配偶子／雌親の配偶子	X	Y^c
X	XX 野生型雌	XY^c コブラ斑雄
X	XX 野生型雌	XY^c コブラ斑雄

c：コブラ斑の遺伝子

表2-7　テラピアにおけるサドルバックの遺伝様式（致死遺伝）

雄親の配偶子／雌親の配偶子	$+$	S
$+$	$++$ 野生型	$S+$ サドルバック
S	$S+$ サドルバック	SS 致死

$+$：野生型の対立遺伝子　S：サドルバックの対立遺伝子

合，雄のみに出現し，雌ヘテロ型の場合，雌のみに出現する。

　限性遺伝の例としてグッピーのコブラ斑がある（図2-3）。コブラ斑は体側部に現れる不規則な縞模様で，毒蛇のコブラの模様に似ていることからこのような名がつけられた。この模様を支配する遺伝子はY染色体上に存在するためにコブラ斑は雄にのみ発現する（表2-6）。

5）致死遺伝

　ホモ接合になると致死となる遺伝様式である。魚類で知られている例ではテラピアのサドルバックの遺伝子やコイの鱗形成遺伝子があげられる。テラピアではサドルバックと呼ばれる背びれの形成異常がある（図2-4）。サドルバックと呼ばれる表現型の個体の背びれは通常の背びれと比較し前半部分が欠けた状態となって，背びれ全体が短くなっている。また，本来背びれ

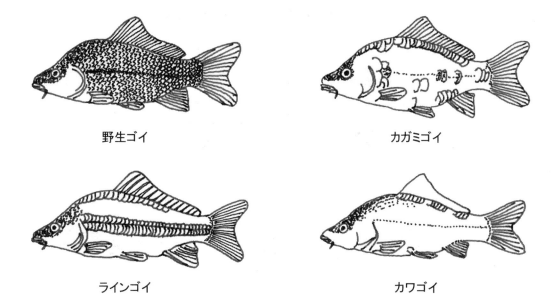

図 2-5 コイにおける鱗の変異

が生じる部分もくぼんだようになっている。サドルバックの個体と正常個体を交配させると正常個体とサドルバックが1:1で生じる。また，サドルバック同士を交配すると正常：サドルバック＝1:2の割合で生じる（表2-7）。これらの結果はサドルバックがヘテロ型（+/S）で野生型（+/+）に対して優性であるためである。しかし，通常の優性遺伝であればヘテロ型であるサドルバック同士を交配した時は正常：サドルバックが1:3で生じるはずである。正常：サドルバック＝1:2となるのはサドルバックのホモ接合として生まれてくるはずの仔魚が死亡しているためである。このようにホモ接合となると死亡，あるいは次世代を全く残せなくなる遺伝様式を致死遺伝と呼ぶ。コイの鱗の遺伝に関しては抑制遺伝と関連しているために次節で述べる。

6）抑制遺伝

コイは食用魚としての品種改良の過程で調理の邪魔になる鱗を減らす方向への選択がかけられ，鱗の数の少ないいくつかの系統が作出されている（図2-5）。野生型に対して側線と背に沿ってのみ大型の鱗が存在するラインゴイ，背にのみ大型の鱗が存在するカガミゴイ，背鰭基部にのみ少数の大型鱗があるカワゴイである。これらの表現型形成には二つの遺伝子が関与している。ひとつは鱗形成に関与する遺伝子（N, n）でもう一つは鱗の配置に関与する遺伝子（S, s）である。鱗形成に関与する遺伝子Nは形成しない遺伝子nに対して優性であるとともに鱗配置にかかわる遺伝子Sに対しては上位となる。そのため鱗の配置にかかわる遺伝子の遺伝子型にかかわらず対立遺伝子Nが存在するときはラインゴイかカワゴイとなる（表2-8）。このようにN遺伝子がS遺伝子の発現を抑制する遺伝様式を抑制遺伝と呼ぶ。抑制する方の遺伝子を上位，される方の遺伝子を下位と呼ぶ。また，Sはsに対して優性であることからS対立遺伝子が存在し鱗形成遺伝子が劣性のホモnnである時は通常の野生ゴイとなる。N, Sが共に劣性のホモ接合のときカガミゴイとなる。この時，NNは致死となる。このようにN遺伝子は鱗形成の他にコイ自身の生死にも関与する。ある遺伝子が複数の形質の発現に関与する現象を多面発現（pleiotropy）と呼ぶ。

表2-8 コイにおける鱗の遺伝様式（抑制遺伝と致死遺伝）

雌の配偶子 \ 雄の配偶子	SN	Sn	sN	sn
SN	SS, NN 致死	SS, Nn ライン	Ss, NN 致死	Ss, Nn ライン
Sn	SS, Nn ライン	SS, nn 野生	Ss, Nn ライン	Ss, nn 野生
sN	Ss, NN 致死	Ss, Nn ライン	ss, NN 致死	ss, Nn カワ
sn	Ss, Nn ライン	Ss, nn 野生	ss, Nn カワ	ss, nn カガミ

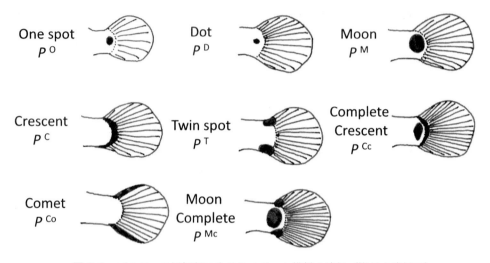

図2-6 プラティの尾柄部に生じるスポット模様の遺伝（複対立遺伝子）

7）複対立遺伝子

ここまでは一つの遺伝子座に対して二つの対立遺伝子を仮定した遺伝様式について述べてきた。実際には一つの遺伝子座に三つ以上の対立遺伝子が存在することは珍しいことではない。酵素タンパクの多形であるアイソザイムでは2～5，あるいはそれ以上の対立遺伝子を有する遺伝子座が報告されている他，マイクロサテライトDNAマーカーでは10以上の対立遺伝子が存在している場合も珍しくない。

魚類における外部形態の複対立遺伝子としてプラティ（*Xiphophorus maculatus*）の尾柄部における斑紋の変異を紹介する（図2-6）。プラティの野生型の尾柄部に斑紋は生じないが，観賞魚として育種されたプラティには様々な斑紋がある。One spotは尾柄部の黒色の斑点でP^O対立遺伝子に支配されている。また，DotはOne spotと同様に尾柄部に生じる黒色の斑点であるがOne spotよりも小さくP^D対立遺伝子に支配されている。このほかにOne spotよりも大きな斑点を生じるMoon（P^M）など8種類の対立遺伝子が観察されている。これらの対立遺伝子は全て野生型に対して優性であり，残りは共優性（codominant）である。共優性とはヘテロ型において両方の対立遺伝子の表現型が生じる現象である。この場合，対立遺伝子の組み合わせにより37種類の表現型が期待される。しかし，いくつかのパターンは重複するため，実際に観察される表現型は27種類である。

このように一つの遺伝子座に複数の対立遺

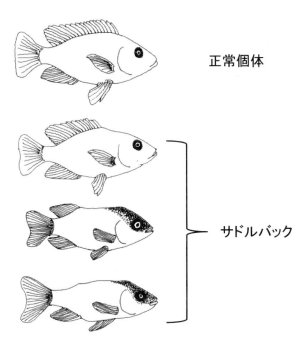

図 2-7　テラピアのサドルバックにおける異なる表現型

伝子が存在すると非常に多くの表現型が生じる。また，このような表現型が同一遺伝子座の対立遺伝子の違いで生じているのか，異なる遺伝子座の変異によるものかは区別しなければならない。

8）浸透度

ここまではある特定の遺伝子型にはある特定の表現型が対応する場合について紹介してきた。実際にはある特定の遺伝子型に対していくつかの異なった表現型が生じる場合がある。図2-7にテラピアにおける様々な背鰭の形状を示す。これらの形状は前述したサドルバックの同じ遺伝子型（+/S）で生じた異なる表現型である。このように同じ遺伝子型であるにもかかわらず異なる表現型を示す，あるいは表現型に幅が生じることがある。このような遺伝子型がどの程度表現型に影響しているかを表す言葉として浸透度（penetrance）という。同じ遺伝子型でも表現型が異なるとき，浸透度が異なる，と表現する。このような現象が生じる要因として環境の影響があげられる。環境要因と遺伝要因との関連については次節で述べる。

5．遺伝要因と環境要因

メンデルの論文は1865年に刊行されたが1900年までの長い間注目されることは無かった。この理由に関してはこれまでもいくつか論議されてきているが，当時の生物学では実験や確率論的な数学の考え方を導入することは生物学者には理解できなかったことなのかもしれない。

一方，メンデルが実験に用いた七つの形質は比較的安定した形質であり，彼の実験条件下では表現型の判別に迷うようなことは無かった。しかし，他の研究者が遺伝の法則を見つけられなかった要因の一つに用いた表現型に変化をもたらす環境要因の存在がある。用いた表現型を支配する遺伝子がいくつかの同義遺伝子で構成されている場合や，環境の影響を受けやすい形質である場合，表現型と遺伝子型を関連付けるのが困難な場合がある。我々が直接観察できる

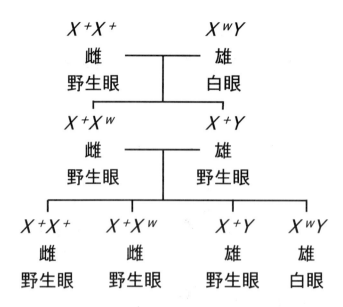

図2-8　ショウジョウバエにおける白眼の伴性遺伝

のは表現型である。この表現型は遺伝要因と環境要因によって決定され、以下のように表現される。

表現型（phenotype）
　　= 遺伝要因（genotype）
　　　　+ 環境要因（environmental effect）

遺伝要因は遺伝子型により決定され、個体の遺伝子型は生涯を通じて変化することは無く、異なる個体間でも遺伝子型が同じであれば同じ表現型となる。しかし、環境要因は個体や発育段階、季節、年等で異なるため同一の遺伝子型でも異なった表現型を呈する要因となる。表現型変異に占める遺伝要因による変異の割合を遺伝率（heritability）といい、選択育種を行う際の選択の効率の指標となっている。遺伝率の詳細に関しては後の章で述べる。

6. 連鎖と組換え

1）連鎖の発見

メンデルの法則に従えばそれぞれの遺伝子は独立に遺伝するはずである。一方、サットンの染色体説に従えば遺伝子はいくつかの組になって次世代へ伝わることとなる。実際にそのような組になって遺伝する形質が見つかるには多くの形質を調べる必要があり、それらの中から独立の法則から外れる組み合わせを探す必要がある。

モーガンの研究グループはショウジョウバエを用いて近親交配の影響を調べる実験を行っていた。そのような実験を行う中で目の白い、白眼、の個体を見つけた。白眼の系統を作成し、野生型と交配させたとき、白眼（♀）×野生（♂）の時と野生（♀）×白眼（♂）とで雑種第二代における野生型と白眼の分離比が雌雄で異なることを発見した（図2-8）。野生型を雌親とし、白眼型を雄親とした場合の雑種第二代における分離比はメンデルの法則通り野生型と白眼型が3:1に分離し、白眼型が野生型に対して劣性を仮定した場合のメンデルの法則に従っている。しかし、雌雄で分離比を見てみると、雌はすべて野生型であるのに対して、雄は野生型と白眼型が1:1に分離する。一方、白眼型を雌親、野生型を雄親とした場合、雑種第一代は雌が野生型、雄が白

第2章　遺伝子から形質へ　　33

表2-9　連鎖がある場合とない場合の出現する遺伝子型の差異

♀ ＼ ♂	AB	Ab	aB	ab
ab	AaBb	Aabb	aaBb	aabb
完全連鎖の場合	1	0	0	1
連鎖が無い場合	1	1	1	1

眼型と分離する。雑種第二代は野生型と白眼型は雌雄とも1：1に分離する。後者の交配の場合，メンデルの法則には従わないこととなる。これは前節で紹介したメダカの体色と同様である。

このような交配結果に対して，モーガンたちは，眼の色を野生型か白眼化を決める遺伝子がX染色体上にあることを仮定するとよく説明できるとした。この頃までにショウジョウバエでは4対の染色体が存在し，雌が XX，雄が XY と異なるタイプであることが明らかにされていた。

X染色体上に目の色を決める遺伝子が存在すると仮定する。野生型の対立遺伝子を +，白眼の対立遺伝子を w とし，w は + に対して劣性である。野生型の雌 (X^+X^+) に白眼の雄 (X^+Y) を交配させると。雑種第一代は雌が X^+X^w（野生眼），雄が X^+Y（野生眼）ですべての個体の表現型は野生眼となる。この雑種第一代どうしを交配させると雌は X^+X^+ と X^+X^w でいずれも野生眼となり，雄は X^+Y と X^wY で野生眼と白眼が1：1に分離し，実際の結果とよく一致する。このようにX染色体上に目の色を決める遺伝子を仮定するとこの分離をよく説明できる。すなわち，眼の色を決める遺伝子と性を決定する遺伝子は独立には遺伝せずに一組となって遺伝していることとなる。

このようにいくつかの遺伝子が一組となって遺伝する現象を連鎖（linkage）と呼ぶ。モーガンらはこの後，様々な変異が4組の染色体対のいずれかに含まれることを明らかにし，遺伝子が染色体上に存在している証拠とした。

しかし，染色体はそれ自体柔軟な構造物で，切れたり，多の染色体とくっついたり，と様々

な動きを示す。この中で，相同の染色体間で染色体の一部が交差（crossover）し，一部が入れ替わる現象が組み換え（recombination）である。同じ染色体上の二つの遺伝子座において，二つの遺伝子座が離れているほど組換えが起こりやすくなり，逆に近いほど組換えが起こりにくい。この性質を利用し染色体上での二つの遺伝子座間の位置関係を調べるのが連鎖解析（linkage analysis）である。連鎖解析で出来上がる染色体上の各遺伝子座の位置関係を連鎖地図（linkage map）と呼ぶ。このように複数の遺伝子が連鎖して遺伝する状態を連鎖不平衡（linkage disequilibrium）と呼ぶ。長い世代が経過すればこのような遺伝子の間にも組換えが生じ，外見上，全くランダムに遺伝しているように観察される。このような状態を連鎖平衡（linkage equilibrium）と呼ぶ。連鎖不平衡から連鎖平衡に至る時間は二つの遺伝子の染色体上での距離や組換え価の他に集団の大きさが影響する。小集団よりも大集団の方が連鎖平衡に達する時間は短い。品種や系統などの少数の親で維持されている集団では特定の染色体の部位が不平衡となる連鎖不平衡ブロックを形成しやすい。マーカー遺伝子の連鎖不平衡の程度から集団の有効な大きさを推定する手法はこの性質を利用したものである。

2）連鎖解析

多数のマーカー遺伝子を用いた連鎖解析やマーカー遺伝子を用いた選択育種については第7章で詳しく解説する。本章では連鎖解析の基本原理について解説する。

表2-10　ホルモン処理後のコブラ斑の有無

雌		雄	
コブラ斑有	コブラ斑無	コブラ斑有	コブラ斑無
4	219	200	4

組換え率＝（4＋4）／（4＋219＋200＋4）＝0.019

(1) 連鎖の有無の判別

　二つの遺伝子座が同一染色体上に存在している場合，連鎖が観察されるが，異なる染色体上に存在するか同一染色体上でも離れた位置にある場合は連鎖は観察されない。二つの遺伝子座が異なった染色体上に存在し，それぞれが二対立遺伝子（Aa, Bb）を有している場合を考えよう。両性雑種（$AaBb$）を$aabb$の個体へ戻し交雑して得られる第二代はそれぞれの遺伝子座の対立遺伝子の組み合わせは$AaBb$, $Aabb$, $aaBb$, $aabb$が同じ頻度で観察される（表2-9）。しかし，二つの遺伝子座が完全に連鎖し，AとB，aとbが同じ相同染色体上に存在していると仮定すると，雑種第二代では$AaBb$, $aabb$しか観察されない（網掛けの部分）。連鎖があり二つの遺伝子座間で組み換えが生じている場合は$AaBb$と$aabb$の他に組み換えの頻度に応じて$Aabb$と$aaBb$が観察されるようになる。連鎖があるかないかの判定はすべての組み合わせ，$AaBb$, $Aabb$, $aaBb$, $aabb$が同じ頻度（1：1：1：1）で生じる無連鎖を仮定した場合の頻度からのずれを統計的に検定することとなる。

(2) 二点交雑

　二つの形質や遺伝子間の関係を見るのが二点交雑である。グッピーのキングコブラ系統におけるコブラ斑遺伝子と性決定遺伝子間の組み換えを例に説明する。限性遺伝で説明したように，キングコブラ系統の体側部に現れるコブラ斑模様を決める遺伝子はY染色体上に存在する。しかし，まれにコブラ斑を持たない雄（無斑雄）が出現する（口絵2-1）。コブラ斑有は無斑に対して優性である。しかし，雌性ホルモンによる制御を受けているために，雌では発現しない。雌を雄性ホルモン処理するとまれにコブラ斑の出現する個体が観察される（口絵2-1）。このようなコブラ斑を有する雄とコブラ斑を有さない雌に交配することは優性のコブラ斑を有する個体を劣性の無斑個体へ戻し交配することとなる。コブラ斑有の雄と無斑の雌とを10ペア交配させたところ427個体の仔魚が得られた（表2-10）。雌雄は雌が223個体，雄が204個体でほぼ1：1に分離している。雌223個体のうち4個体でコブラ斑が観察され，雄204個体のうち4個体で無斑の個体が観察された。この場合，有斑雌4個体と無斑雄4個体が組換え型でその他の427個体が非組換え型となる。

　染色体上でのコブラ斑遺伝子と性決定遺伝子のそれぞれの対立遺伝子の組み合わせは図2-9のようになる。雌雄ともにX染色体上には雌決定遺伝子と通常の野生型遺伝子が存在し，雄のY染色体上には雄決定遺伝子とコブラ斑遺伝子が乗っている。雄の配偶子形成（精子形成）の際の減数分裂時にX染色体とY染色体間で組換えが生じ，雄の配偶子において雄決定遺伝子－コブラ斑遺伝子と雌決定遺伝子－野生型遺伝子の組み合わせの他に雄決定遺伝子－野生型遺伝子と雌決定遺伝子－コブラ斑遺伝子の組み合わせが生じる。そのため野生型雌との交配ではコブラ斑無雌（非組み換え型），コブラ斑有雌（組み換え型），コブラ斑有雄（非組み換え型），コブラ斑無雄（組換え型）の四種類の表現型が生じることとなる。組換えが生じた染色体は生じない染色体より少数となるため，非組換え型個体と比べ組換え型個体の出現率は低くなる。

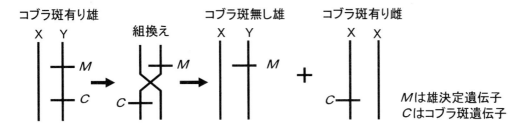

図2-9　Y染色体とX染色体との組換えによりコブラ斑遺伝子（C）が
X染色体へ移動しコブラ斑無雄とコブラ斑有雌が出現する
コブラ斑の出現には雄性ホルモンも関与しており、雄性ホルモン処理を
しないと雌でコブラ斑は出現しない。

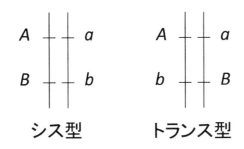

図2-10　同一染色体上での対立遺伝子の配置（シス型，トランス型）

この場合，非組み換え型の出現率は98.1%，組換え型の出現率は1.9%となる。組換え型の出現率が1.9%と低いことは両遺伝子が染色体上で非常に接近して位置していることを示している。

組換え型の割合（組換え価）は二つの遺伝子座の染色体上での距離の推定値として用いられている。1%の組換え価は1地図単位（map unit），あるいは1センチモルガン（centimorgan cM）と呼ぶ。単位であるモルガンは前述のショウジョウバエを用い，遺伝子が染色体上に存在することを証明し，また，染色体上での遺伝子座間の位置関係を組換え率を用いて表すことを開発した，トーマス・ハント・モルガンによる。この単位は遺伝子座間の相対的な距離を表しており，物理的な距離ではない。大規模な逆位が生じた場合は組換えが抑制されるために多くの遺伝子座が同じ位置に推定されるなど，位置関係に多少の差異はあるものの遺伝子座の並ぶ順序は知ることができる。

図2-10で示した染色体上での対立遺伝子の組み合わせは二種類ある。ひとつは双方の遺伝子座の野生型が同一遺伝子上に位置している場合で，もう一つが野生型と変異型が組となって同一染色体上に位置している場合である。前者をシス（Cis）の位置にあると言い，後者をトランス（Trans）の位置にあるという。それぞれの遺伝子が同一シストロン（Cistron）に含まれている場合，位置関係がシスかトランスかでタンパク質への転写量等の遺伝子の発現量に影響を及ぼす場合がある。

(3) 三点交雑

二点交雑で推定できるのは，正確には，二つの遺伝子座の染色体上での距離である。染色体上での位置関係を明らかにしようとする場合，もう一つの遺伝子座が必要となる。三つの遺伝子座を用いた連鎖解析を三点交雑（Three-point

表2-11 組換えが生じた場合と完全連鎖の場合の検定交雑で生じる形質の組み合わせ

(a) 組換えが生じた場合	(b) 完全連鎖の場合
アルビノ・デルタテール・曲背骨	アルビノ・デルタテール・曲背骨
アルビノ・デルタテール・野生	
野生色・野生尾・曲背骨	
野生色・デルタテール・直背骨	
アルビノ・野生尾・曲背骨	
野生色・デルタテール・曲背骨	
アルビノ・野生尾・直背骨	
野生色・野生尾・直背骨	野生色・野生尾・直背骨

cross）と呼ぶ。三点交雑を行うには三つの遺伝子座すべてがヘテロ型である個体と全てが劣性ホモである個体の交配によって得られた次世代の表現型の組み合わせと個体数から算出する。水産生物は通常二倍体であるから各遺伝子座には二つの対立遺伝子座が存在する。今，グッピーにおけるアルビノ（a），デルタテール（dt），背曲がり（cu）の三つの形質について解析する（口絵2-2）。いずれの形質も野生型に対して劣性である。野生型を右肩に＋を付加することで表すとするとそれぞれの個体の遺伝子型は以下のように表すことができる。

野生型：(1) $a^+a^+ dt^+ dt^+ cu^+ cu^+$，(2) $a^+/a^+ dt^+/dt^+ cu^+/cu^+$，(3) $a^+ dt^+ cu^+/a^+ dt^+ cu^+$

三重劣性：(1) $aa\, dtdt\, cucu$，(2) $a/a\, dt/dt\, cu/cu$，(3) $a\, dt\, cu/a\, dt\, cu$

ここで斜線（/）は同じ染色体上の遺伝子を他から区別するために用いられている。(1) は遺伝子座の染色体上での位置が不明の時に一時的に用いられる。(2) は三つの遺伝子座が異なった染色体上に存在するときに用いられ，(3) は三つの遺伝子座がすべて同じ染色体に存在するときに用いられる。

検定交雑は雑種第一代を劣性のホモと交雑させることにより劣性の対立遺伝子を顕在化させることができる。アルビノ，デルタテール，背

曲がりが連鎖していない場合，表2-11 (a) に示す8種類全ての組み合わせが同じ確率で観察されることが期待される。一方，三つの遺伝子座が全て同じ染色体上に位置し，組換えが無いと仮定した場合，表2-11 (b) に示す2種類の組み合わせしか観察されない。組換えが生じることにより，表2-11 (b) では観察されない組み合わせがそれぞれの遺伝子座間の距離に応じて観察されるようになる。

今，由来不明の三性雑種 $a^+a\, dt^+ dt\, cu^+ cu$ を検定交雑し，三つの遺伝子座の位置関係を明らかにしよう。検定交雑の結果を表2-12に示す。これらの結果から組み換えがどの程度の頻度で生じているかを推定しようとする場合，それぞれの遺伝子座の対立遺伝子座の位置がシス（cis）なのかトランス（trans）なのかを明らかにしておく必要がある。

今，アルビノとデルタテールについて考える。（図2-11）この場合それぞれの遺伝子座の対立遺伝子の位置関係には二つの場合が考えられる。一つは相同染色体上での対立遺伝子の組み合わせが $a^+\!-\! dt^+$ と $a^-\! dt$ となるシスの場合でもう一つが $a^+\!-\! dt$ と $a^-\! dt^+$ となるトランスの場合である。シスの場合とトランスの場合とでは組み換えが生じた場合の組み換え体の表現型が異なってくる。シスの場合の組み換え型は $a^+\!-\! dt/a^-\! dt$（野生色・デルタテール）と $a^-\! dt^+/a^-\! dt$（アルビノ・野生尾）となり，非組み換え型は $a^+\!-\! dt^+/a^-\! dt$（野生色・野生尾）と $a^-\! dt/a^-\! dt$（アルビノ・

表2-12 検定交雑の結果得られた形質の組み合わせとそれらの個体数

形質の組み合わせ	観察された個体数
アルビノ・デルタテール・曲背骨	357
アルビノ・デルタテール・直背骨	74
野生色・野生尾・曲背骨	66
野生色・デルタテール・直背骨	79
アルビノ・野生尾・曲背骨	61
野生色・デルタテール・曲背骨	11
アルビノ・野生尾・直背骨	9
野生色・野生尾・直背骨	343

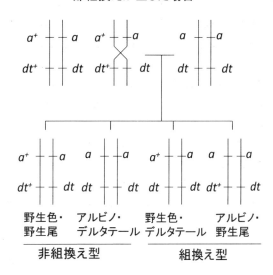

図2-11 シス型の場合の非組換え型と組換え型

デルタテール)となる。組み換え型は非組み換え型よりも出現頻度が低くなるため、野生色・野生尾とアルビノ・デルタテールが高頻度で現れ、野生色・デルタテールとアルビノ・野生尾が低頻度となる。トランスの場合はこの関係が逆となり、野生色・野生尾とアルビノ・デルタテールが低頻度で現れ、野生色・デルタテールとアルビノ・野生尾が高頻度となる。交配実験の結果を見ていると、野生色・野生尾とアルビノ・デルタテールが高頻度で現れ、野生色・デルタテールとアルビノ・野生尾が低頻度となっている。このことからこれらに遺伝子座における対立遺伝子の組み合わせはシスの関係にあったと考えられる。体色と尾ひれの形のみに注目した場合、非組み換え型である野生色・野生尾の組み合わせが409個体、アルビノ・デルタテールの組み合わせが431個体観察され、組み換え型である野生色・デルタテールが90個体、アルビノ・野生尾が70個体観察されている。これらの結果から算出される組み換え価(組み換え型の合計/(非組み換え型+組み換え型))は0.16となり16%の組み換えが生じていることとなる。

同様に体色と背骨との関係を見てみると、野生色・直背骨とアルビノ・曲背骨が多数生じてお

り，野生色・曲背骨とアルビノ・直背骨の組み合わせは少数である。このことからこれら二つの遺伝子座における対立遺伝子の染色体上での組み合わせはシスの関係であったといえる。また，非組み換え型である野生色・直背骨が 422 個体，アルビノ・曲背骨が 418 個体観察され，組み換え型である野生色・曲背骨が 77 個体，アルビノ・直背骨が 83 個体観察されていることから，これら二遺伝子座間での組み換え価は 0.16，16％と推定される。

　尾ひれの形と背骨の関係を見てみると，野生尾・直背骨とデルタテール・曲背骨が多数観察され，野生尾・曲背骨とデルタテール・直背骨の観察数は少数である。このことから，この遺伝子座でも対立遺伝子の位置関係はシスであったと考えられる。また，非組み換え型である野生尾・直背骨が 352 個体，デルタテール・曲背骨が 368 個体観察され，組み換え型である野生尾・曲背骨が 127 個体，デルタテール・直背骨 153 個体観察されたことから，組み替え価は 0.28（28％）と推定される。

　体色−尾ひれの形，体色−背骨の形が近い関係にあり，尾ひれの形−背骨の形が遠い関係にあったことから，この染色体上でのこれらの並ぶ順番は

尾ひれの形−体色−背骨の形

であると考えられる。しかし，尾ひれの形と体色との間の距離 0.16 と体色と背骨の形との間の距離 0.16 の合計と尾ひれの形 − 背骨の形間での距離 0.28 は一致しない。これは尾ひれの形−背骨の形の間での二重組み換えの影響を考慮していないためである。尾ひれの形−背骨の形の間の正確な距離を求めるためには尾ひれの形−体色，体色−背骨の形の間で組み換えを生じた個体の他に両方で組み換えを生じている個体を加える必要がある。

　尾ひれの形−体色間で組み換えを生じた個体の染色体上での対立遺伝子の組み合わせは dt^+-a^-cu と dt^-a^+-cu^+ である。検定交雑により生じ

る。遺伝子型は $dt^+dt^-aa^-cucu$（野生尾・アルビノ・曲背骨）61 個体と $dtdt^-a^+a^-cu^+cu$（デルタテール・野生色・直背骨）79 個体，$dt^+dt^-aa^-cu^+cu$（野生尾・アルビノ・直背骨）9 個体と $dtdt^-a^+a^-cucu$（デルタテール・野生色・曲背骨）11 個体である。体色 − 背骨の形の間で組み換えを生じた個体の染色体上での対立遺伝子の組合わせは dt^+-a^+-cu と $dt^-a^-cu^+$ である。検定交雑で得られる遺伝子型は $dt^+dt^-a^+a^-cucu$（野生尾・野生色・曲背骨）66 個体と $dtdt^-aa^-cu^+cu$（デルタテール・アルビノ・直背骨）74 個体，$dt^+dt^-aa^-cu^+cu$（野生尾・アルビノ・直背骨）9 個体と $dtdt^-a^+a^-cucu$（デルタテール・野生色・曲背骨）11 個体である。両方で組み換えが生じた場合の対立遺伝子の組み合わせは dt^+-a^-cu^+と dt^-a^+-cu である。検定交雑で得られる遺伝子型は $dt^+dt^-aa^-cu^+cu$（野生尾・アルビノ・直背骨）9 個体と $dtdt^-a^+a^-cucu$（デルタテール・野生色・曲背骨）11 個体は両方でカウントされることとなる。これら組み換え型の合計は 320 個体となり，尾ひれの形−背骨の形間の組み換え率 0.32 は尾ひれの形−体色，体色 − 背骨の形間の合計と一致する（図 2-12）。

　尾ひれの形−体色と体色−背骨の形の二か所で組み換えが生じた個体は 20 個体で，出現率は（9 + 11）/1000，2％となる。このような二重組み換えが生じる確率の期待値は尾ひれの形−体色と体色−背骨の形での組み換え率の積（0.16 × 0.16 = 0.0256）である。これは 1000 個体あたり 25.6 個体生じることが期待される。観察値 20 個体との差異は染色体の性質に由来する。染色体は完全な軟体ではなくある程度の剛性を有しているため，一度組み換えが生じると次の組み換えが生じることを阻害する。このような現象を干渉と呼ぶ。期待値を 1.0 としたときどれくらいの割合で二重組み換えが生じているかを示す観察値の割合を併発係数と呼び，期待値からどれくらい減少しているかを 1 − 併発係数で表し，これを干渉と呼ぶ。この場合，20/25.6 = 0.781 が併発係数で，1 − 0.781 = 0.219 が干渉となる。

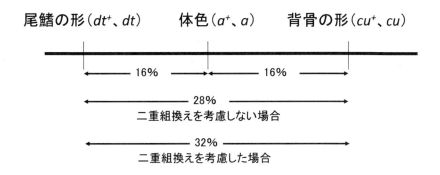

図2-12　3形質の染色体上での位置関係

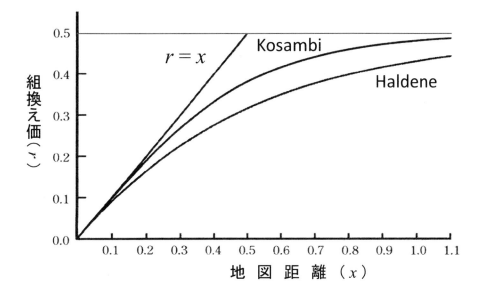

図2-13　HaldeneおよびKosambiの関数に基づく地図距離（x）と組換え価（r）の関係

　組み換え率の理論的な最大値は0.5である。しかし，二つの遺伝子座間の距離が離れるほど二重組み換え，三重組み換えが生じ，実際には組み換えが生じているにもかかわらず，組み換えが生じていないように見えるようになる。また，離れれば離れるほど連鎖していても頻繁な組み換えにより連鎖しているようには見えなくなる。そのため離れた遺伝子座間の距離を補正する必要が生じてくる。そのために様々な補正式が考案されている。HaodenやKosambiはそのような二遺伝子座間での距離の補正に関して補正式を考案した。Kosambiの式を示す。

$$\text{地図距離}(b) = \frac{1}{4}\log_e \frac{1+2a}{1-2a}$$

ここでaは二つの遺伝子座間の組換え価である。
　様々な補正式が考案されているが，Kosambiの式の方が実験データへの適合性がHaoldenよりも優れているとされており，現在でも広く用いられている。いずれも完璧なものはなく，極力近い遺伝子座を用いて連鎖地図を作成する必要がある。図2-13に組換え価，と地図距離との

表2-13　コドンとアミノ酸の対応表

	第　二　塩　基				第三塩基
	U	C	A	G	
U	UUU フェニルアラニン	UCU セリン	UAU チロシン	UGU システイン	U
	UUC フェニルアラニン	UCC セリン	UAC チロシン	UGC システイン	C
	UUA ロイシン	UCA セリン	UAA 終 止	UGA 終 止	A
	UUG ロイシン	UCG セリン	UAG 終 止	UGG トリプトファン	G
C	CUU ロイシン	CCU プロリン	CAU ヒスチジン	CGU アルギニン	U
	CUC ロイシン	CCC プロリン	CAC ヒスチジン	CGC アルギニン	C
	CUA ロイシン	CCA プロリン	CAA グルタミン	CGA アルギニン	A
	CUG ロイシン	CCG プロリン	CAG グルタミン	CGG アルギニン	G
A	AUU イソロイシン	ACU スレオニン	AAU アスパラギン	AGU セリン	U
	AUC イソロイシン	ACC スレオニン	ACA アスパラギン	AGC セリン	C
	AUA イソロイシン	ACA スレオニン	AAA リジン	AGA アルギニン	A
	AUG メチオニン（開始）	ACG スレオニン	AAG リジン	AGG アルギニン	G
G	GUU バリン	GCU アラニン	GAU アスパラギン酸	GGU グリシン	U
	GUC バリン	GCC アラニン	GAC アスパラギン酸	GGC グリシン	C
	GUA バリン	GCA アラニン	GAA グルタミン酸	GGA グリシン	A
	GUG バリン	GCG アラニン	GAG グルタミン酸	GGA グリシン	G

（第一塩基）

関係を示す。

7. 遺伝子から形質へ

　遺伝子の本体が DNA であることが明らかにされた後, DNA（デオキシリボ核酸；deoxyribonucleic acid）が RNA（リボ核酸；ribonucleic acid）に転写（transcription）され, RNA からタンパク質に翻訳（translation）されることが明らかとなった。RNA は様々な機能を有しており, DNA から配列を写し取るメッセンジャー RNA（messenger RNA；mRNA）や mRNA の情報をタンパク質へ翻訳する転移 RNA（transfer RNA；tRNA）, タンパク質をコードせずリボゾームの構成成分であるリボゾーム RNA（ribosomal RNA；rRNA）等がある。このうち形質発現に直接関与しているのは mRNA と tRNA である。mRNA に転写された配列は三つの塩基を一つの単位として解読される。これをコドン（codon）と呼ぶ。塩基は 4 種類存在

するので全部で 64 種類のコドンが存在することとなる。mRNA のコドン情報に従い対応する tRNA がアミノ酸を付加して行く。tRNA にはアンチコドン（anticodon）と呼ばれる 3 塩基の領域を持ちそれぞれの配列に対応したアミノ酸を有している（表2-13）。リボゾームにおいて mRNA の配列に対応した tRNA が塩基対形成を行い, アミノ酸を付加し, 最終的にポリペプチド鎖が形成される。翻訳の開始には必ずメチオニン（Methionine）をコードする AUG が用いられる。従ってタンパク質の最初のアミノ酸は必ずメチオニンとなる。アミノ酸をコードしないコドンが三つ存在しそれらは終止コドン（stop codon）と呼ばれ, これらのコドンで翻訳は終了する。翻訳されたポリペプチド鎖は生物体の構成成分や制御物質として働くこととなる。塩基配列の変化は翻訳されるタンパク質の配列の変化や発現量の変化をもたらし, 外見上の違い（表現型）として観察される場合が出てくる。本章で解説した変異の多くはこのような一か所

あるいは複数個所の塩基配列の変化が要因となっていると考えられる。

近年，生物の有する核酸上の遺伝情報をゲノム（genome）と呼び，全ての塩基配列を解読する技術が開発されている。ゲノム情報の利用や遺伝子操作に関しては様々な解析法や利用方法が開発されている。これらに関する解説は後の章に委ねたい。

参考文献

メンデル，グレゴール・ヨハン，（1999）雑種植物の研究（岩槻邦男・須原準平訳），岩波書店，東京

キルピチニコフ，ヴェ・エス，（1983）魚類育種遺伝学（山岸宏・高畠雅映・中村将・福渡淑子訳）．恒星社厚生閣．東京．

鵜飼保雄（2000）ゲノムレベルの遺伝解析 MAP と QTL 東京大学出版会．東京．

岩松鷹司（1993）メダカ学．サイエンティスト社．東京．

Huxley, J. (1975) Control of Sex Differentiation, MEDAKA (KILLIFISH) Biology and Strains. 山本時男編．祐学社刊．東京．

Tave, D. (1992) Genetics for fish hatchery managers. 2nd ed. An AVI Book. New York.

<話題1>

養殖魚にみられる形態異常を防ぐには⁉ ～選択された親魚の排除～

高木　基裕

　養殖魚の種苗生産において色彩の変異や骨格の異常といった形態異常魚が少なからず出現する（図1左）。形態異常魚は金魚や熱帯魚などの観賞魚では固定され，新たな品種として売りだされるが（図1右），食材である養殖魚では形態異常の程度によらず，市場から排除される。養殖魚の種苗は種苗生産業者から養殖（育成）業者に販売される際に複数回選別され，形態異常個体は破棄される。そのため，形態異常魚が高い割合で発生した場合，種苗生産業者は飼育にかかる餌代や形態異常魚の選別における人件費など，出荷までにかかる経費を回収できず，大きな損害となる。

　形態異常は，水温や水流などの物理的条件や餌の質などのいわゆる魚の飼い方（環境要因）が原因の一つであるとされ，多くの研究により飼育技術の改善がなされてきた。それでもなお，形態異常がみられ，系統や生産ロットごとにその出現率が異なることから，遺伝的要因の関与が疑われている。育種の歴史が長く，個体管理の徹底した畜産とは異なり，養殖魚の種苗生産の現場では多くの親魚と数十万～数百万という単位の桁違いの仔稚魚を扱う。種苗生産の現場ではこれまでに各形態異常の遺伝的要因の関与とその程度を明らかにし，その結果を利益率の向上へとつなげる余裕がなかったのである。

　そのような中，種苗生産の現場において利益率を向上させるための即効性の高い最優先の課題は，養殖種苗に含まれる形態異常を防ぐことであった。われわれは形態異常魚およびその両親についてDNA親子鑑定を行い，形態異常とその遺伝要因の関与について調べた。形態異常個体が産卵に関与した全ての親から均等に生れていれば環境要因の割合が高く，特定の親に偏れば遺伝的要因の割合が高いと考えられる。

　マダイとヒラメに見られる主な形態異常形質について調べたところ，環境要因の割合が高い形態異常形質（ヒラメの湾曲），遺伝要因の割合の高い形態異常形質（ヒラメの黄化，短躯，矮小化，マダイの透明化，湾曲）および環境要因・遺伝要因両方とも関与していると考えられる形態異常形質（ヒラメの白化，逆位，下顎異常伸長）に区分された。環境要因の割合の高い形質については餌の検討など飼育法のさらなる改善が求められる。一方，遺伝要因の割合の高い形質については形態異常に関わる親を排除してやればよい。また，環境要因・遺伝要因両方とも関与していると考えられる形質は飼育法の改善，親魚の排除ともに行う必要がある。実際，遺伝要因の割合の高い形質について関与している親魚を排除したところ，形態異常個体の出現率は10%以下となり，種苗生産の現場での利益率が向上した。この試みは，従来の選択育種とは反対の排除育種ともいえるものだが，まさに現場に即した育種手段である。また，この方法は本来の選択育種にも応用できることから，現在，DNA親子鑑定により成長形質や耐病形質の高い親を選択し，関連遺伝子との解析とも合わせ，高成長家系，耐病性家系の構築が試みられている。

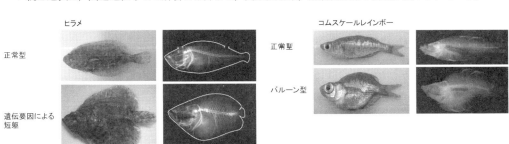

図1　養殖種苗（ヒラメ）でみられる形態異常個体および観賞魚として新たに品種化された変異個体
　ヒラメの正常個体（上）と形態異常個体（下），コムスケールレインボーの正常個体（上）とバルーン型として品種化された変異個体（下），右はそれぞれの軟エックス写真

第3章

遺伝マーカーと多型の検出

1. はじめに

　Morgan が 1910 年にショウジョウバエにおいて白眼個体を発見し，白眼の原因遺伝子（白眼の形質を発現する変異を有する遺伝子）が伴性遺伝することを示して以来，さまざまな種において多くの原因遺伝子（表現型変異の原因となる変異が生じている遺伝子）が特定され，染色体上にマップされてきた。これらの遺伝子は遺伝マーカーとして用いられるとともに染色体上での配列は染色体進化の研究などに用いられてきた。しかし，表現型をもとに遺伝子型を推定しているためにヘテロ型を直接判別できず，遺伝マーカーとして利用は限られていた。その後，血液型を利用した時期もあったが 1950 年代の終りに共優性であるアイソザイムが開発されると遺伝マーカーとしてはこれらが利用されるようになった。アイソザイムは酵素タンパクの多型で，主要な遺伝マーカーとして 1990 年代まで用いられていた。現在では DNA の塩基配列の変異をマーカーとする技術が開発され，主要な遺伝マーカーとして用いられている。血液型は家畜などの動物遺伝の分野において多く用いられたが魚類ではほとんど用いられていない。本章ではアイソザイム以降の遺伝マーカー開発の歴史とそれぞれのマーカーの用法について紹介する。

　魚類の遺伝育種研究はその対象が個体識別・親子鑑定から集団構造解析，そして種の判定・系統分類解析までと多岐にわたる。そのような遺伝育種研究において求められるのは遺伝的変異を見つけることである。体色や体型の変化などその形態変異の多くは，古くから育種形質として直接利用されてきた。しかし，表現型として検出されない遺伝的変異を検出するのは困難であった。そのようななかで個体ごとの酵素タンパクの違いを検出する方法が 1960 年代から用いられるようになり，魚種の分類や集団の差異を識別する遺伝的多型マーカー（標識）として盛んに用いられ多くの成果がもたらされてきた。近年では，分子生物学的手法の急速な進展により様々な DNA 多型解析法が開発され，個体から集団そして種レベルといった研究対象レベルに応じた検出感度の多型解析法がそれぞれ用いられている。その中には開発されたものの，再現性の低いものや手法が煩雑で解析効率が低い等，使われなくなった解析法もあり，魚類の遺伝育種研究の進展はまさに遺伝マーカーの開発の歴史とともにあるといえる。現在，DNA 抽出等の実験の簡易化に関するキット化や電気泳動に関する解析機器の自動化はめざましく，実験に関する労力の軽減と効率化を可能にしている。本章では現在，魚類の遺伝育種研究に用いられている遺伝マーカーを中心にその基本的原理について解説する。

2．解析対象領域と検出法

　魚類の遺伝育種研究における遺伝マーカーは主に2つの解析対象領域が用いられる。そのひとつは細胞の核内に存在する核ゲノム（核DNA）であり，もうひとつは細胞小器官に多数みられるミトコンドリア内に存在するミトコンドリアゲノム（ミトコンドリアDNA）である。これらの2領域は存在・遺伝様式および塩基対数といった質と量において大きく異なる。核ゲノムは染色体に支配されたいわゆる2倍体性のメンデル様式で遺伝し，子は両親のDNAをそれぞれ半数ずつ受け継ぐ。一方，ミトコンドリアゲノムは環状のDNAであり，雌性配偶子である卵が生産される際に細胞内小器官として配分され，半数性の母系遺伝様式をとる。DNA量も核ゲノムとミトコンドリアゲノムでは大きく異なり，魚類の核ゲノムの塩基対数は多くの魚類は約10億塩基対と推定されている。しかし，魚類核ゲノムの塩基対数はミドリフグの3億5千万塩基対から，シーラカンスの27億塩基対と種による差異が大きく多様である。一方，ミトコンドリアDNAの塩基対数は少なく，魚類では16000〜20000塩基対である。それぞれの遺伝マーカーを用いる際にはこれらの特徴が利用され，両親の系譜をたどる場合には核ゲノムが用いられ，母方の系譜をたどる場合にはミトコンドリアゲノムが用いられる。特定の領域をそれぞれ対象にするか不特定の複数の領域を同時に対象にするかによっても遺伝マーカーは区別される。特定の領域を対象にする場合はそれぞれの対象領域により生成されたタンパク分子の差異，反復配列数の差異や塩基そのものの変異を検出する。不特定の領域を対象にする際には同時に複数の未知の領域の塩基の変異を検出する。さらにそれらの変異を電気泳動により断片として検出するか塩基配列（シークエンス）そのものとして検出するのかによっても分けられる。

　解析対象ゲノム領域，解析手法および解析用途により下記のように分けられる。

核ゲノム
　特定領域
　・タンパク分子の差異（アイソザイム）…種判別，系統解析
　・反復配列数の差異（マイクロサテライト）…個体識別，親子識別，連鎖解析，集団解析
　・塩基の変異（SNPs，RAD）…種判別，連鎖解析
　不特定領域
　・塩基の変異（AFLP）…種判別，品種判別，系統解析
ミトコンドリアゲノム
　特定領域
　・塩基の変異（PCR-RFLP，PCR-ダイレクトシークエンス）…種判別，系統解析

　一般に染色体上で遺伝子が存在する位置を遺伝子座（locus）と呼ぶがマイクロサテライトやSNP，AFLPなどで得られる変異は必ずしも遺伝子をコードしている領域内の変異とは限らない。したがってこれらのマーカーの存在位置を「遺伝子座」とすると遺伝子の位置と誤解される。このことから，このような遺伝子領域以外の非コード領域の変異の存在位置は「マーカー座」と呼ぶ。また，マーカー座に生じる様々なタイプの配列変異も「対立遺伝子」とは呼ばず「アリル」と呼び，アリルの組み合わせを「アリルタイプ」と呼ぶ。

3．核ゲノム

　核ゲノムには遺伝子領域のエクソンと非遺伝子領域であるイントロンがあり，非遺伝子領域はアミノ酸をコードしていないことから，自然選択で淘汰されず変異が蓄積されやすく多型が保有されている割合が高い。このことから，高い多型性が求められる個体や集団構造を対象とする研究に用いられる。一方，エクソンは遺伝子領域であり，淘汰されやすく多型性は低いことから，種判別や系統解析のような高次の解

析に用いられる。現在，核ゲノム領域を用いたDNA解析には下記のような解析手法が用いられている。

1）アイソザイム

アイソザイム解析は現在主流であるDNAそのものの差異を検出する方法ではなく，DNAの産物であるタンパク分子の酵素多型を電気泳動法と活性染色法により検出する解析法であり，1960年代より魚類の分類や集団解析，倍数性の判定等に用いられてきた。緩衝液中の酵素タンパクが有する電荷の差異を，デンプンや寒天，アクリルアミド等のゲル中を泳動することにより分子ふるいにかけ，特定の酵素が存在する部位のみを染色することにより移動度の差異として観察する方法である。酵素タンパクそのもののアミノ酸配列の差異に起因する電荷の差異を検出するためにDNA多型と比較して，多型的な遺伝子座の割合が低く，解析ツールとしての使用頻度は減少しているが，実験手法が簡素で研究コストがDNA解析よりも比較的低く，プライマー配列のような魚種ごとのDNA情報の取得があらかじめ必要がない上，様々な魚種に共通して用いることができる等の利点がある。これは，乳酸脱水素酵素（LDH）を検出したい時はLDHを特異的に染め出す手法を使用することになるが，LDHを脱水素する反応機構は種が変っても共通であるため，共通の手法が様々な種に応用できるためである。検出された酵素多型はメンデル遺伝し，遺伝子座ごとの対立遺伝子の遺伝子型として扱うことができる（図3-1）。

2）Microsatellite（MS）もしくは Simple Sequence Repeat（SSR）マーカー

マイクロサテライトDNA解析は1990年代より盛んに用いられ始め，集団構造解析だけでなく，親子鑑定や個体識別を行う遺伝ツールとして知られている。MSマーカーは，1-10塩基対程度の短い繰り返し配列の繰り返し数の多型性を検出するDNAマーカーである。その中でも（CA）nもしくは（GT）nの繰り返し配列は，酵母からほ乳類にまで存在する配列であることが知られ，さらにゲノム中に10^5以上の箇所に存在することなどから，ゲノム全体を解析するための遺伝マーカーとして多く利用されている。また他の遺伝マーカーと比べて，多型性を検出する頻度が高く，多様性に富み，共優性マーカーであることから情報量が多い。そのため，魚類の遺伝育種研究を行う上で，遺伝的多様性の解析，親子鑑定，連鎖地図の作成，遺伝形質の解析，マーカー選抜育種などを行う上で，重要な解析ツールであると言える。

MSマーカーでは，（CA）nなどの繰り返し配列を含むDNA断片であるマイクロサテライト配列をクローニングし，その繰り返し配列を挟む形でPCRプライマーを設計する。複数の個体からそれぞれゲノムDNAを抽出し，設計したPCRプライマーを用いてPCR法により（CA）nなどの繰り返し配列を含むDNA断片を

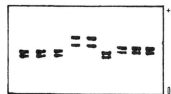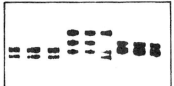

図3-1　マダイのEST（Esterase）遺伝子座のアイソザイム電気泳動像
左側は2倍体を右側は3倍体を示す。
（Sugama K., Aquaculture and Fisheries Management, 1992を改変）

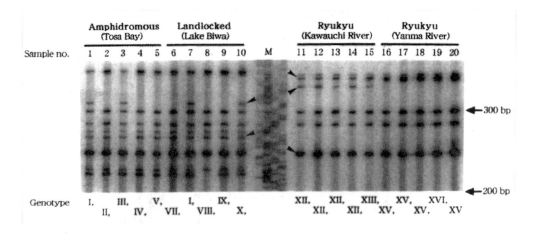

図3-2 アユとリュウキュウアユのAFLP泳動像
左側は両側回遊型アユ，陸封型アユを右側は2河川のリュウキュウアユを示す（矢印は多型および共有の増幅断片）。
（高木ら，水産育種，1998を改変）

増幅し，ガラス板を用いた変性ポリアクリルアミドゲル電気泳動やキャピラリー電気泳動により，各個体のPCR産物サイズを解析する。個体のPCR産物中の繰り返し配列数が相同染色体間で異なる場合，2本のバンド（アリル）が検出され（ヘテロ接合体），同一の場合は，1本のバンド（アリル）が検出される（ホモ接合体）。複数の個体を解析した際，そのMSマーカーの多様性が豊富な座位の場合，その解析個体内で数多くのバンドサイズが検出される。また，遺伝マーカーの多様性の頻度は，集団内の遺伝的な多様度を反映するため，遺伝解析する集団の遺伝的多様性を評価する指標になる。口絵3-1にイワナのスラブゲル（平板ゲル）によるマイクロサテライトの泳動像を示す。表現型から直接遺伝子型を推定できる。現在はキャピラリーによる泳動が主流となり口絵3-2に示すような波形データとして観察される。

マイクロサテライトDNA解析を行うには魚種特異的なプライマー開発が必要であり，これまで各魚種においてゲノムDNAライブラリーが作成され，コロニーハイブリダイゼーション法などにより（CA）nなどの繰り返し配列を含むDNA断片がクローニングされてきた。その（CA）nなどの繰り返し配列を含むクローンの塩基配列は，サンガー法により決定され，MSマーカーとして利用されてきた。近年では，次世代シーケンサーによる大量塩基配列の獲得が可能になったため，大量に取得された塩基配列から（CA）nなどの繰り返し配列を含むリードを抽出することで，比較的容易にPCRプライマーを設計することができるようになっている。

キャピラリー電気泳動によるサンガー法のシーケンサーは，4つの蛍光色素を検出することが可能であるため，4座位のMSマーカーを同時に解析することが出来る。さらに，同時に解析するMSマーカーのPCR産物のサイズを変えることで，8座位（4色×2）や12座位（4色×3）をPCR増幅（マルチプレックスPCR法）し，解析することも可能である。複数親魚による交配家系の親子鑑定などには，解析の効率化と経費削減になり有効である。

多型データはアイソザイムと同様，対立遺伝子型，この場合アリルタイプ，として扱うことができ，様々なフリーのデータ解析ソフトが開発されている。

3）AFLP

AFLP解析（Amplified Fragment Length Polymorphism）は1990年代半ばに開発され，遺伝子マッピングをはじめ，品種識別，種分化についての研究等に用いられ，対象種のDNA

情報が必要でないこと，ゲノム全体を対象にできるなどの特徴を備えている。それまで用いられていた RFLP（Restriction Fragment Length Polymorphism）や RAPD（Random Amplified Polymorphic DNA）フィンガープリント法と比べ，実験の手間が少なく，1 反応あたりの情報量が多く，再現性が高いなどの利点を有している。AFLP 解析は抽出したゲノム DNA を制限酵素により切断し，PCR 増幅を行うためのプライマー配列を切断部位につけ，選択的 PCR 増幅を行い，増幅断片の長さの違いをフラグメント解析機器により分画し，多数現れる増幅断片を各種ソフトにより解析し，タイピングやマッピングに用いる（図 3-2）。DNA 情報が必要ない，比較的手軽に多くのマーカー座を検出できるなどの利点がある一方で，断片の有無が表現型となるためヘテロ型を判別できない，系統や集団が異なるとバンドパターンそのものが異なってしまうため直接比較できないなどの欠点がある。

4）SNP

　SNP マーカーは，配列中の特定部位における集団内の一塩基配列の多様性を検出する遺伝マーカーである。MS マーカーが検出するさまざまな DNA 断片の長さを検出する方法であるのに対して，4 種類の塩基配列（ACGT）の多様性しか検出することが出来ないため，多型性を検出する頻度は必ずしも高いとは言えない。検出の方法としてはいくつかの手法が開発されており，それまで用いられていた RFLP 解析と比べ，いずれも簡素化されている。一塩基伸長法は多型のある領域の直前にプライマーを設定し，1 塩基のみ伸長させてとりこんだ塩基の差異をフラグメント解析機器により分画し，SNPを検出するものである。TaqManPCR 法は SNPを含む領域を増幅できるプライマー組とその SNP に相補的な配列をもつ 2 種の蛍光 TaqManプローブによりゲノム DNA を増幅し，リアルタイム PCR 機器により増幅された対立遺伝子の塩基およびホモ型・ヘテロ型を判定するものである。SSCP 法（Single Strand Conformation Polymorphism）は 1 塩基の置換により生じる 1 本鎖の立体構造の差異をフラグメント解析機器により分画し，増幅断片の異同度の差異により置換の有無を判定するものである。一方で数多くの SNP マーカーを一度に解析する方法（SNP チップなど）が開発されており，ヒトでは 400 万座位以上が一度に解析可能になっており，ウシ，ブタ，ヒツジなどの家畜においても SNP チップが市販されている。SNP チップはスライドグラス状のチップ上に多数（数万〜数百万）の SNP を含む断片を張り付けたもので，このチップに目的とする個体のゲノム DNA をハイブリさせるとそれぞれのマーカー座においてA，C，G，T のいずれかの配列に結合し，結合した SNP 断片の蛍光を読み取ることによりアリルタイプの判別を行う方法である。養殖魚類においては，タイセイヨウサケにおいて全ゲノム解析とともに大量座位解析用 SNP チップの開発が進められている。他の養殖魚類においては，全ゲノム配列の欠如や SNP チップの開発コストや開発後の SNP チップ使用量の問題などから，SNP マーカーの多くは，特定の座位を検出する方法として利用されている。世界的には，タイセイヨウタラ，ニジマス，アメリカナマズ，テラピアなど，日本国内においては，ブリ，クロマグロ，ウナギなどでの SNP チップ開発が期待される。

5）Restriction site associated DNA（RAD）マーカー

　RAD マーカーは，次世代シーケンサーによる大量塩基配列の取得が安価で可能になるにつれて，今後の利用がさらに予想される遺伝マーカーである。特に，養殖魚類では，対象となる種類が多く，これまで塩基配列情報があまりない生物種においても有効な解析ツールとなると考えられる。制限酵素によって切断されたDNA 断片を次世代シーケンサーにより大量に解析し，その塩基配列情報から相同染色体間でSNP がある DNA 断片を RAD マーカーとして利用する方法である。この方法は，MS マーカー

のように事前の DNA 断片のクローニングが不要であり，AFLP マーカーのようにゲノム全体をランダムにフィンガープリントタイプのように解析でき，さらに塩基配列情報が得られる優れた方法である。しかしながら，解析家系ごとに次世代シーケンサーによる RAD マーカー解析をする必要がある。今後，一度に解読できる塩基配列情報の量と精度が向上し，解析経費が安価になることで，さらに有効な利用が期待される遺伝マーカーである。また，RAD マーカーによりゲノム上の座位が特定された SNP を上記の SNP チップなどの開発に利用することで，さまざまな養殖魚類で遺伝育種学研究を飛躍的に発展させる基盤が構築できるものと考えられる。

4．ミトコンドリアゲノム

ミトコンドリアゲノムは 16000 ～ 20000 塩基対と短く，1000 ～ 2000bp 程度の調節領域（Control Region または D-loop）を除いて遺伝子領域である。調節領域は非遺伝子領域であることから，淘汰されず変異が蓄積されやすく，集団解析や放流魚の追跡など高い多型性が求められる研究対象に用いられる。一方でこの領域は変異が蓄積されやすいことから一度変異した部位がもう一度変異するという多重置換が生じてしまう可能性がある。例えば，A が T に変異し，その後さらに G に変異するため，2 回の変異を経ているが，外見上 A が G に一回変異したようにしか見えない。この場合に対応するために補正式が考案されているものの，変異の蓄積が多くなると補正しきれない，飽和状態，になってしまう。そのため遺伝的に離れていると考えられる場合や変異の蓄積が多いと考えられる場合は遺伝子領域が解析に用いられることが多い。遺伝子領域としては COI 領域や 16SrRNA 領域などが多型解析に用いられ，無脊椎動物では COI が，系統解析においては 16SrRNA が多く用いられている。現在，ミトコンドリアゲノム領域を用いた DNA 解析には下記のような解析手法が用いられている。

1）PCR-RFLP

ミトコンドリアの解析領域を PCR により増幅し，その増幅断片を制限酵素により認識部位の有無により切断し，切断片の長さの変異を電気泳動により分画・検出する。複数の制限酵素を組み合わせることにより，種判別や系統解析などの解析対象に適した多型の程度が確保される。塩基配列の差異を直接検出する PCR- ダイレクトシークエンスよりも簡易であるため，多数の個体を解析するのに適している。

2）PCR- ダイレクトシークエンス

PCR-RFLP 解析はミトコンドリアの解析領域を PCR により増幅し，その増幅断片の塩基配列をシーケンサーにより決定するものである。ミトコンドリア DNA は PCR で増幅する際にユニバーサルプライマーと呼ばれるある程度の種に対して共通性のあるプライマーが開発されているが，基本的にはそれぞれの種で独自に開発する必要がある。現在，多くの種でミトコンドリア DNA の塩基配列がデータベース上に登録されているので，これらを参考にプライマーを開発することができる。決定された塩基配列は解析ソフトによりアライメント（整列）され，個体間の塩基配列の差異が検出・比較される。PCR-RFLP 法と異なり，塩基配列を直接解析するので塩基配列の置換・欠失・挿入などの塩基の差異に関する全ての情報を得ることができる。

遺伝マーカーにはそれぞれ利点欠点がある。それぞれの実験の目的や解析個体数に合わせてどのようなマーカーを用いるかをあらかじめ検討する必要がある。

参考文献

東江昭夫・田嶋文生・西沢正文（訳）Winter P. C.・
Hickey G. I.・Fletcher H. L.：遺伝学キーノート，2003
樋口広芳（編）：保全生物学，東京大学出版，1996
小池裕子・松井正文（編）：保全遺伝学，東京大学出版，2003
井鷺裕司・陶山佳久：生態学者が書いた DNA の本，文

一総合出版，2013

谷口順彦・池田実：アユ学−アユの遺伝的多様性の利用と保全，築地出版，2009

福島弘文・五条堀孝（監訳）Butler J. M.：DNA 鑑定とタイピング，共立出版，2009

Richardson, B.J., P.R.Baverstock and M.Adams, Allozyme Electrophoresis, A Hndbook for Animal Systematics and Population Studies. Academic Press, Australia, 1986

第4章

集団における遺伝の法則

1. 生物集団の遺伝的多様性

　メンデルは第2章で示したように親から子へ遺伝的特性がどのように伝わるかを明らかにした。一方，生物は多くの場合複数の個体からなる集団（population）として存在している。生物集団はいくつかの不連続な階層からなっているが，そのなかで"種"は生物集団の最も基本的な単位といえる。生物は多くの場合同じ種に属する複数の個体からなる集団を形成している。このような集団においては親から子へどのように遺伝的特性が伝わるか，の他に，親世代から子世代にどのように遺伝的特性が伝わるかを明らかにする必要がある。育種学においても選抜育種法など多数の個体を対象にする場合，あるいは遺伝資源の保全を考える場合，ある世代から次世代への遺伝の法則が必要となる。このような集団における遺伝の法則を明らかにしたのがイギリスの数学者ハーディ（GH Hardy）とドイツの医学者ワインベルグ（W Weinberg）で1908年にその法則性が明らかにされた。この法則は現在，ハーディ・ワインベルグの法則と呼ばれている。

　ハーディ・ワインベルグの法則の発見は集団における遺伝的組成の変化を数学的に記述できることを示した。そのためこの発見以降，集団の遺伝的特性変化の数学的研究がフィッシャー（RA Fisher），ホールデン（JBS Haldene），ライト（S Wright）らによって行われた。これら

の研究やその後の進展の背景には電気泳動法の発展とそれに伴う遺伝マーカーの開発，コンピュータの発展と解析プログラムの発展などが挙げられ，近年の解析技術の発展は驚異的ですらある。

　遺伝学における集団は通常メンデル集団（mendelian population）をさし，「個体相互に交配の可能性を持ち，世代とともに遺伝子を交換する有性繁殖集団」と定義される。また，種は地球上で一様に分布しているのではなく，個体の分布密度には偏りが見られ，地域集団（local population）を形成している。このような種や地域集団はそれぞれの地域の環境に適応し生息していることから，それぞれ独自の遺伝的特性を有していると考えられる。野生集団の保全や品種改良等の育種を行う場合，このような集団の遺伝的組成や形質の遺伝支配を把握する必要がある。ここでは集団の遺伝的組成をどのように定量的に把握するかについて述べる。

2. 集団の遺伝的組成 遺伝子型頻度と遺伝子頻度

　それぞれの集団の遺伝的組成を定量的に表す指標として遺伝子型頻度（genotype frequency），と（対立）遺伝子頻度（allele (gene) frequency）がある。二倍体生物で常染色体上に2対立遺伝子，AとBを有する1遺伝子座を仮定した場合，N個体からなる集団におけるこの遺伝子座の遺

伝子型 AA の遺伝子型頻度と対立遺伝子 A の遺伝子頻度は以下のように求められる。

遺伝子型 AA の頻度＝遺伝子型 AA の数／全個体数

対立遺伝子 A の頻度＝対立遺伝子 A の数／全対立遺伝子数（個体数の二倍）

　それぞれの個体は一つの遺伝子座に二つの対立遺伝子を有しているので全対立遺伝子数は個体数の2倍となる。また，ある対立遺伝子の場合，ホモ接合体は二つ，ヘテロ接合体は一つ有していることとなる。グッピーのアスパラギン酸アミノ基転移酵素（Aat-1）遺伝子座で観察された多型における遺伝子型頻度と遺伝子頻度を求めると次のようになる。

表現型（遺伝子型）	個体数
A (AA)	33
AB (AB)	52
B (BB)	15
合計	100

遺伝子型 AA，AB，BB の頻度はそれぞれ
qAA = 33/100 = 0.33
qAB = 52/100 = 0.52
qBB = 15/100 = 0.15

対立遺伝子 A と B の頻度はそれぞれ
qA = (33 × 2 + 52) / (100 × 2) = 118/200 = 0.59
qB = (15 × 2 + 52) / (100 × 2) = 82/200 = 0.41

となる。なお，2対立遺伝子の場合 qA がわかれば qA + qB = 1 より qB = 1 − qA として求めることができる。対立遺伝子間に優劣がない場合，遺伝子型頻度は表現型頻度（phenotype frequency）と等しくなる。
　実際の集団における遺伝的組成を求めようとする場合，まず手がかりとなるのは表現型である。色や形などの形質は遺伝様式が不明な

場合や対立遺伝子間に優劣がある場合があり，表現型から直接遺伝子型を推定できない場合がある。そのため，酵素タンパクの多型であるアイソザイム（isozyme）や塩基配列中の繰り返し配列の多型であるマイクロサテライト（microsatellite）のような共優性（codominant）の形質が使われる。また，対立遺伝子数を k とした場合，遺伝子型の数は k $(k+1)$ / 2 となる。対立遺伝子が増加するにしたがい遺伝子型数は飛躍的に増加する。表記する数が少なくてすむという点で遺伝子頻度による表記が通常用いられている。

3．ハーディ・ワインベルグの法則

　ハーディ・ワインベルグの法則は有性生殖集団における遺伝子型頻度と遺伝子頻度がある条件の下で世代を越えて一定であるとしている。ハーディ・ワインベルグの法則は以下の三つの部分から成り立っている。
1）任意交配が行われ，遺伝的浮動，自然選択，突然変異，移住がないとき遺伝子型頻度と遺伝子頻度は毎代不変である。
2）このときの接合体系列は配偶子系列の二乗で表される。2対立遺伝子 A，B の時，A の頻度を p，B の頻度を q とすると遺伝子型 AA，AB，BB の頻度はそれぞれ p^2，$2pq$，q^2 で表される。
3）平衡状態が乱されても一世代の任意交配により新たな平衡状態に達する。

1）ハーディ・ワインベルグの法則の証明

　この法則が成り立つことは簡単な計算で確認することができる。ある世代で2対立遺伝子 A，B を仮定しそれぞれの頻度を p と q とする。この頻度は次世代にそれぞれの対立遺伝子が伝わる確率でもある。したがって，次世代における遺伝子型 AA，AB，BB の頻度はそれぞれ p^2，$2pq$，q^2 となる。このときの対立遺伝子 A の頻度は p^2 + 1/2・$2pq$ となる。$p + q = 1$ であるから p^2 + 1/2・$2pq = p^2 + p$ $(1-p) = p^2 + p − p^2 = p$ と

第4章　集団における遺伝の法則　　55

表4-1　ハーディ・ワインベルクの法則への適合性の検定

遺伝子型	個体数	期　待　値
AA	33	$0.590^2 \times 100 = 34.8$
AB	52	$2 \times 0.590 \times 0.410 \times 100 = 48.4$
BB	15	$0.410^2 \times 100 = 16.8$

$\chi^2 = \Sigma ((34.8 - 33)^2/34.8 + (48.4 - 52)^2/48.4 + (16.8 - 16)^2/16.8) = \underline{0.550}$

なり，前世代と変化していない。B の頻度も同様に計算することができる。この遺伝子頻度から決められる遺伝子型頻度はそれぞれ p^2，$2pq$，q^2 となり遺伝子型頻度も前世代から変化していないことがわかる。

2）ハーディ・ワインベルグの法則への適合性の検定

　ある集団がハーディ・ワインベルグの法則に合った状態にあるかどうかを検定するには，ある世代から抽出したサンプルの遺伝子頻度を求め，その遺伝子頻度から期待される各遺伝子型の個体数（期待値）と実際に観察された個体数（観察値）が一致しているかどうかを統計的に検定すればよい。検定には χ^2 検定が用いられる。χ^2 の値は以下のように求められる。

$\chi^2 = \Sigma$ （期待値 − 観察値）^{2}/ 期待値

　このときの自由度は対立遺伝子数を k とすると k（k − 1）/2 で求められる。前述のグッピーにおける Aat-1 遺伝子座における各遺伝子型の分布を検定してみよう。それぞれの遺伝子型の頻度を遺伝子頻度から求め，さらに個体数を掛け期待値を求める。各遺伝子座の期待値と観察値から χ^2 を求め，合計する。法則に適合しているかどうかは χ^2 の表で調べる。表4-1に遺伝子型の分布と検定結果を示す。

　χ^2 の値は 0.560 となった。2 対立遺伝子の場合の自由度は 1 で，このときの χ^2 の値は危険率 5 ％の χ^2 値 3.841 より小さいので，期待値と観察値の間に有意な差があるとは言えない，となる。即ち，ハーディ・ワインベルグの法則に適

合していることになる。巻末に χ^2 の表を添付する。

4．ハーディ・ワインベルグの法則の応用

　ハーディ・ワインベルグの法則は単純で基本的な法則なので応用範囲が広い。劣性対立遺伝子の集団中での頻度の推定やハーディ・ワインベルグの法則への適合の有無から集団構造の把握，集団における近交係数の推定，有害遺伝子の存在の有無や量の推定などさまざまな範囲で用いられている。更に次に述べる量的形質の遺伝においてもある世代の中での遺伝子型の分布の推定にはこの法則が用いられている。

　劣性遺伝子はヘテロ接合となった時もう一方の優性対立遺伝子の形質が表現型として現れるために表現型から直接ヘテロ型か優性対立遺伝子のホモ型かを判別することはできない。グッピーのアルビノの例について説明する。調査した 100 個体の中に野生型が 91 個体，アルビノが 9 個体観察された場合を考える。アルビノの表現型頻度は 9/100 = 0.09 である。野生型の頻度を p，アルビノの頻度を q とすると，このアルビノの表現型頻度はハーディ・ワインベルグの法則から q^2 で表される。従って，

$q^2 = 0.09$

であるから，q は 0.09 をルートで開いた値として求められる。

アルビノの頻度 $q = \sqrt{q^2} = \sqrt{0.09} = 0.3$

表 4-2　血液型とその遺伝子型、およびそれらの遺伝子頻度

血液型	遺伝子型	頻　度
A 型	$I^A I^A$	p^2
	$I^A I^O$	$2pr$
B 型	$I^B I^B$	q^2
	$I^B I^O$	$2qr$
AB 型	$I^A I^B$	$2pq$
O 型	$I^O I^O$	r^2

と求められる。野生型の頻度 p は $1 - 0.3 = 0.7$ となる。ここからヘテロ型の頻度が求めることができる。ヘテロ型の表現型頻度は

ヘテロ型の頻度 $= 2 \times p \times q = 2 \times 0.7 \times 0.3 = 0.42$

となる。野生型のホモ接合の頻度は p^2 で求められるので,

野生型ホモ接合の頻度 $p^2 = 0.7^2 = 0.49$

となる。従って調査した 100 個体中に野生型のホモ接合個体は 49 個体,アルビノと野生遺伝子のヘテロ接合個体は 42 個体存在することが期待される。野生型を示す個体の約半分がヘテロ型であることになる。このように劣性対立遺伝子のホモ接合体の頻度から対立遺伝子頻度を推定することが可能となる。

　もう少し複雑な応用例としてよく知られているのが ABO 血液型の遺伝子頻度推定である。ABO 血液型は赤血球の表面にある 250 種類ほどの表面抗原のうちの一つで,A 抗原があると A 型,B 抗原があると B 型,両方あると AB 型,両方とも無いと O 型となる。従って A 抗原を作る対立遺伝子 I^A と B 抗原を作る対立遺伝子 I^B は共優性,表面抗原を作らない対立遺伝子 I^O は I^A と I^B に対して劣性となる。血液型 A 型には $I^A I^A$ と $I^A I^O$ の二つの遺伝子型があり表現型からこれらを区別することはできない。また,血液型 B 型にも $I^B I^B$ と $I^B I^O$ の二つの遺伝子型がありこれらも表現型から区別することはできない。I^A

の対立遺伝子頻度 p,I^B の対立遺伝子頻度を q,I^O の対立遺伝子頻度を r とするとそれぞれの血液型とそれぞれの遺伝子型頻度を表 4-2 に示す。従って,それぞれの血液型の頻度はハーディ・ワインベルクの法則から以下のように表される。

A 型 $= p^2 + 2pr$
B 型 $= q^2 + 2qr$
AB 型 $= 2pq$
O 型 $= r^2$

　一方,I^A の頻度 p は以下のように表すこともできる。

$p = 1 - q - r$

これを以下のように変換する。

$p = 1 - \sqrt{(q + r)^2} = 1 - \sqrt{(q^2 + 2qr + r^2)}$

ここで $q^2 + 2qr$ は B 型の頻度,r^2 は O 型の頻度である。従って A の頻度 p は以下のように算出することができる。

$p = 1 - \sqrt{(\text{B 型の頻度} + \text{O 型の頻度})}$

同様に B の頻度 q は以下のように表すことができる。

$q = 1 - \sqrt{(\text{A 型の頻度} + \text{O 型の頻度})}$

　各対立遺伝子を求める際に $\sqrt{}$ を用いているこ

とから，$p + q + r$ が1とはならない場合がある。その際は以下の式を用いて補正を行い $p + q + r$ を1に近づける。

$D = 1 - (p + q + r)$
$p' = p (1 + D/2)$, $q' = q (1 + D/2)$, $r' = (r + D/2) (1 + D/2)$

この操作を D が0になるまで繰り返す。

5. ハーディ・ワインベルグの法則を乱す要因

　ハーディ・ワインベルグの法則が完全に成り立っていれば集団の遺伝的組成はまったく変化せず，一定の遺伝的組成を有する集団が存在し続けることとなる。ごく短い期間ではこのような現象は起こり得るが，長い時間を考えた場合，集団の遺伝的組成は何らかの要因によって変化する。生物の進化や遺伝的多様性を考えた場合，ハーディ・ワインベルグの法則が成り立つほうがむしろ例外といえるかもしれない。集団における遺伝的組成の変化はハーディ・ワインベルグの法則が成立する際に仮定した条件が乱された時に生じる。それぞれの条件が乱されたときどのような遺伝的組成の変化が生じるかを成立条件ごとに述べる。

1）遺伝的浮動

　ハーディ・ワインベルグの法則は無限集団を前提としている。現実の生物集団では，その集団がどんなに多数の個体で構成されていたとしても，個体数が無限ということはありえない。それぞれの世代の遺伝的組成はその前世代の配偶子の抽出による。したがって，どのような大集団であったとしても抽出に伴う誤差が生じることとなる。抽出される配偶子の数が少ないほど前世代の遺伝的組成の反映は難しくなり，前世代とは異なった遺伝的組成を示す確率が高くなる。このような現象を遺伝的浮動（genetic drift）と呼び，個体数が有限である集団では避

けられない問題である。10円硬貨をコイントスした時，表が出る確率は1/2である。しかし，試行回数が少ない時，2回とも表や3回とも表である場合が生じる。これを集団に当てはめ表と裏が二つの対立遺伝子であった場合，どちらか一方の対立遺伝子が集団中から消失してしまうことを意味している。確率が1/2となるのは試行回数が無限回の時で，試行回数が多くなるにつれて1/2に近づいて行く。

　個体数が N の有限集団で交配が行われた場合，集団中からヘテロ接合体の割合は毎世代 $1/2N$ の割合で減少し，最終的にはホモ接合体に固定してしまう。その際の遺伝子頻度の標準誤差（SE）は $\sqrt{\{p (1 - p)/2N\}}$ で表される。N = 10 の集団での $p = 0.5$ の時 SE は 0.112 となる。この場合，次世代における p の頻度は95％の確率で 0.276 から 0.724 の範囲に収まる，あるいはこの範囲でばらつくことを示している。N = 500 の場合，SE は 0.016 となり，変動の範囲は 0.468 から 0.532 と N = 10 の時と比べ約 1/10 となる。遺伝的浮動には個体数が関係し，個体数が多い方が変動幅は小さく世代間での遺伝子頻度は安定的する。

　このような集団中での対立遺伝子の動きをシミュレーションする Populus 等のコンピュータプログラムが開発されている。図 4-1 に N = 10 の時と N = 500 の時の遺伝子頻度の変化をシミュレーションした結果を示す。このシミュレーションでは2対立遺伝子を仮定し，ランダムに選んだ親10個体から次世代を作成し，次世代の中から親10個体を選ぶことを繰り返す。10家系について初期値 0.5 から30世代における遺伝子頻度の変化を追跡している。N = 10 の時の変動が非常に大きいのがわかる。親の数 500（N = 500）の時は各家系の遺伝子頻度が 0.5 付近に留まるのに対して，N = 10 の時はそれぞれが大きく変動し，30世代後まで2対立遺伝子を維持できた家系は10家系中4家系のみであった。親として多くの個体を用いた場合，遺伝子頻度が安定することがわかる。

　上記のシミュレーションは全ての個体が繁

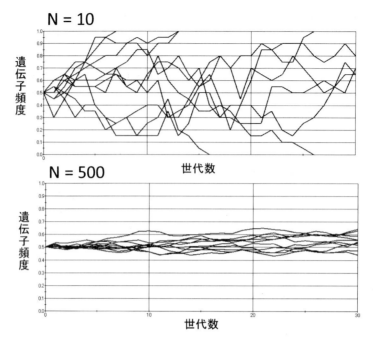

図4-1 個体数が10と500の場合における遺伝子頻度の変動

殖に等しく関与していることを仮定しているが，実際の集団では見かけの個体数と繁殖に関与する個体数との間には差異がある。見かけ上の集団を構成する個体数はメンデル集団（理想集団）を考えた場合の個体数と比べて多いのが普通である。見かけ上の集団を理想集団へ置き換えて個体数を換算した値を「集団の有効な大きさ（effective population size：Ne）と呼び，自然集団の保全や育種的な管理を行う際に重要な指標となる。

2）任意交配からのずれ

有限集団では遺伝的浮動が生じると共に，血縁関係にある個体間での交配も生じやすくなる。血縁関係にある，別の言い方をすれば共通の祖先が存在する，個体間での交配を近親交配（inbreeding）と呼び，集団の大きさが小さいほど近親交配は生じやすくなる。近親交配の程度を表す値として近交係数（inbreeding coefficient：F）が用いられ，ある個体の相同遺伝子が共通の祖先遺伝子に由来する確率と定義される。図4-2にその概念図を示す。相同遺伝子の組合せには三つのパターンがある。同祖接合（autozugous）で同型接合（homozygous），異祖接合（allozygous）で同型接合，異祖接合で異型接合（heterozygous）である。図4-2ではA_1A_1とB_1B_1が同祖接合の同型接合，B_2B_4は異祖接合の同型接合，A_2B_3は異祖接合の異型接合となる。ある世代において同祖接合の同型接合となる確率が近交係数である。

近交係数の算出には二つの方法がある。ひとつは家系図から算出する方法で，もう一つはヘテロ接合体率の期待値と観察値とのずれから算出する方法である。

家系図から近交係数を算出しようとする場合，近交係数を算出しようとする個体から出発し，家系図の中の個体を順に回り，一筆書きで元の個体へ戻ってくることができるかを確かめる。一筆書きができる場合，一筆書きの一番古い世代の個体が共通祖先の個体に当たる。ある個体の近交係数の算出例を図4-3に示す。近交係数を求めようとする個体Vから出発し，V－

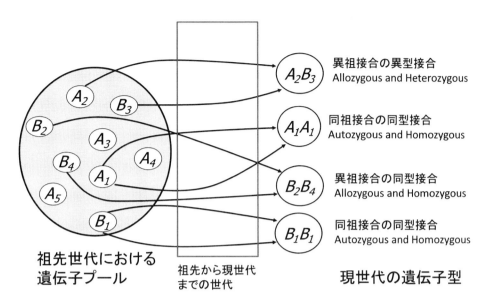

図4-2 同祖接合、異祖接合、同型接合、異型接合の概念

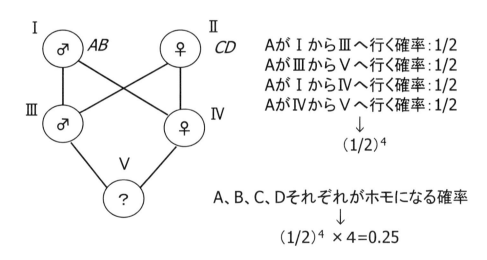

図4-3 近交係数の算出（兄妹交配の場合）

Ⅲ－Ⅰ－Ⅳ－Ⅴと再び個体Ⅴに戻ってくることができる。この家系図ではもう一つ経路がある。Ⅴ－Ⅲ－Ⅱ－Ⅳ－Ⅴである。この場合，共通祖先が二個体存在することになる。この場合，ⅠとⅡがⅤの共通祖先となる。図に示すⅠとⅡが雄親と雌親にあたりそれぞれの遺伝子型をABとCDとする。個体ⅢとⅣがⅠとⅡから生まれた兄妹ということになる。この図で共通祖先を持ちうるのは個体Ⅴである。個体Ⅴの共通祖先が個体ⅠとⅡになる。個体Ⅴで個体ⅠとⅡが有する対立遺伝子がホモ接合体となる確率が個体Ⅴの近交係数にあたる。個体Ⅰが有する対立遺伝子Aが個体Ⅴでホモとなる確率は1/16，他の対立遺伝子がホモ接合体となる確率もそれぞれ1/16となるから，いずれかの対立遺伝子がホモ接合体となる確率は（1/16）×4＝0.25となり，

表4-3 近親交配にともなうヘテロ接合体の減少とホモ接合体の増加

| | 遺 伝 子 型 | | |
	AA	AB	BB
親世代	p^2	$2pq$	p^2
近交第一世代	$p^2 + pqF$	$2pq - 2pqF$	$q^2 + pqF$

F：近交係数

$$\text{ヘテロ接合体率の観察値}\ (Ho) = \frac{2pq - 2pq \cdot F}{p^2 + pqF + 2pq - 2pqF + q^2 + pqF} = \frac{2pq\ (1 - F)}{p^2 + 2pq + q^2}$$

$$= He\ (1 - F) \qquad He：\text{ヘテロ接合体率（期待値）}$$

$$\text{近交係数}\ (F) = (He - Ho)/He$$

これが個体Vの近交係数となる。

集団中で近親交配が行われるとヘテロ接合体の割合が毎世代 $2pqF$ 低下し，両方のホモ接合体が pqF 増加する。遺伝子型の遺伝子型頻度を表4-3に示す。観察されるヘテロ接合体率（Ho）は

$$Ho = \frac{2pq - 2pq \cdot F}{p^2 + pqF + 2pq - 2pqF + q^2 + pqF}$$

ここで F は近交係数である。分母の $2pqF$ が差引0となるので Ho は以下のようになる。

$$Ho = \frac{2pq\ (1 - F)}{p^2 + 2pq + q^2}$$

ここで

$$\frac{2pq}{p^2 + 2pq + q^2}$$

はハーディ・ワインベルグ法則に従った場合のヘテロ接合体率の期待値である。従って，集団における近交係数はヘテロ接合体率の期待値と観察値のずれから以下のように算出することができる。

$$\text{近交係数}\ (F) = (He - Ho)/He$$

家系図やヘテロ接合体率から算出された近交係数はその世代や集団に属する個体の近交係数の平均値となる。世代や集団中には平均の近交係数と比べて低い個体や高い個体が含まれることになる。

近親交配が続けば集団中からヘテロ接合体が消失し，いずれかのホモ接合体のみの集団となってしまう。その際，遺伝子頻度は変化せず，遺伝子型頻度のみが変化することとなる。それぞれの近交のレベルにおけるヘテロ接合体の減少率を表4-4に示す。最も早くヘテロ接合体が減少するのは自殖の時で50%ずつ減少し，10世代後には0.8%となってしまう。半兄弟交配でも12.5%ずつ減少し，10世代後には30.8%となってしまう。

3）自然選択（選抜）

特定の対立遺伝子を持った個体や特定の遺伝子型の個体が他の個体と比べて生存に有利な場合や不利な場合をさす。人為的に特定の形質が淘汰，あるいは選ばれる場合は「選抜」と呼ばれる場合が多い。本節では「選択」を用いる。グッピーのアルビノやゴールデンは体色が白や黄であるため自然状態では野生型の灰色（黒）よりも目立ち，捕食者に見つかりやすい。そのためにこれらの表現型は野生集団中にはほとんど観察されない。この場合，アルビノやゴー

表 4-4　近交の様式とヘテロ接合体率の減少

世代数	半兄弟	全兄弟	自　殖
0	1.000	1.000	1.000
1	0.875	0.750	0.500
2	0.781	0.625	0.250
3	0.695	0.500	0.125
4	0.619	0.406	0.063
5	0.552	0.328	0.031
10	0.308	0.114	0.008

表 4-5　自然選択－劣性遺伝子に対する選択－

	遺　伝　子　型			
	AA	Aa	aa	Total
適応度（W）	1	1	$1-s$	
遺伝子型頻度（初期値）	p^2	$2pq$	q^2	1.0
一代目	p^2	$2pq$	$q^2(1-s)$	$1-sq^2$
標準化	p^2	$2pq$	q^2	

$q^1 = (1/2) \cdot (2pq/(1-sq^2)) + q^2(1-s)/(1-sq^2) = (q-sq^2)/(1-sq^2)$

$\Delta q = q^1 - q = -spq^2/(1-sq^2)$

ルデンの対立遺伝子が野生型に比べて適応度（W）が劣ることを示している。この場合，通常の適応度を 1 としたとき選択係数（s）により適応度が 1 から減少することになる。表 4-5 に劣性対立遺伝子に選択が働いた場合の遺伝子頻度の変化を示す。ここでは劣性対立遺伝子 a に選択が働く場合を示す。優性対立遺伝子 A の頻度を p，劣性対立遺伝子 a の頻度を q とする。優性対立遺伝子のホモ接合体とヘテロ接合体の適応度が 1 であるのに対して，劣性のホモ接合体（aa）の適応度が $1-s$ と減少している。このような選択が働いている世代でランダムな交配が行われた場合の次世代の対立遺伝子頻度を，求めようとする場合，表 4-5 における「一代目」のようになる。この世代での遺伝子型頻度の合計は 1.0 とならないので，全体を $1-sq^2$ で割って標準化する必要がある。標準化されたそれぞれの遺伝子型から算出された次世代の a の頻度 q_1 は $(q-sq^2)/(1-sq^2)$ となる。一世代あ

たりの q の変化率 Δq は $-spq2/(1-sq^2)$ となる。この場合，Δq が 0 になるのは q が 0 になる場合，即ち，集団中から対立遺伝子 a が無くなるときである。

　選択が最も強いのは致死の場合である。$s=1$ がこの場合にあたる。$s=1$ の場合 Δq は $-q^2/(1+q)$ となる。また，次世代の q の頻度 q_1 は $q_0/(1+q_0)$ で表される。更に，t 世代後の q の頻度 q_t は $q_0/(1+tq_0)$ となる。q の頻度が半分になる世代数は $t=1/q$ で表される。初期頻度 0.5 の劣性致死因子の集団中での頻度変化を図 4-4 に示す。劣性致死の場合，選択の対象となる対立遺伝子が集団中から無くなるまで選択は続くが，初期に大きかった変化率は次第に小さくなり 50 世代以降ほとんど変化しなくなる。これは集団中で対立遺伝子 a がヘテロ接合体で存在するようになり，ホモ接合体として顕在化しにくくなるためである。100 世代後の a の頻度は 0.0098 と約 1 ％であるがホモ接合体となる確

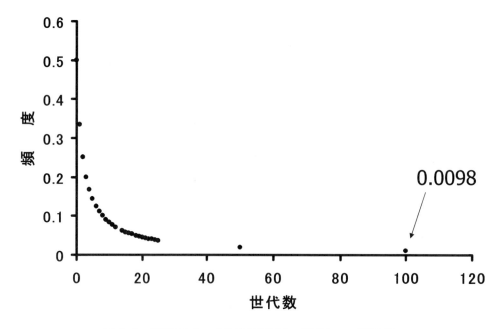

図 4-4　初期値 0.5 の劣性致死遺伝子の集団中での頻度変化

率は 0.000096 で約一万個体に一個の割合となる。このようになると，現実の集団では，自然選択で集団から除かれる確率よりも遺伝的浮動で集団からなくなる可能性の方が高くなる。

多くの自然選択で選択は対象となる対立遺伝子が集団中から消失するまで選択が続くが例外的に平衡状態が生じる場合がある。超優性（overdominance）の場合である。超優性とは両方のホモ接合体に選択が働くために，相対的にヘテロ接合体の適応度が最も高くなる現象である。このように両方のホモ接合体に選択が働く場合，それぞれのホモ接合体への選択係数による平衡状態が出現する。表 4-5 に両方のホモに選択が働く場合の例を示す。ここでは対立遺伝子間に優劣を考えないので対立遺伝子を A と B で表す。遺伝子型 AA に働く選択係数を s，BB に働く選択係数を t とすると，Δq は $(pq(sp-tq))/(1-sp^2-tq^2)$ となり p と q が 0 とならなくとも Δq が 0 となる場合が生じる。それは $sp-tq=0$ となる場合である。ここから算出される平衡頻度は $p=t/(s+t)$，$q=s/(s+t)$ となる。p の初期頻度を 0.9 とし，$s=0.7$，$t=0.6$ を仮定した場合の個体数 100 の集団における p の頻度変化をシミュレーションした結果を図 4-5 に示す。この場合に期待される平衡頻度は実線で示す 0.54 である。遺伝子頻度は 0.9 から急激に低下し，多少の増減はあるものの期待される平衡頻度である 0.54 付近に留まっている。超優性が働く場合，初期の遺伝子頻度とは無関係に選択係数のみで決まる平衡頻度で安定することとなる。

超優性としてよく知られている例が鎌形赤血球症とマラリア抵抗性の関係である。鎌形赤血球症の原因遺伝子はヘモグロビン β 鎖の 6 番目のアミノ酸がグルタミン酸からバリンに置換したものである。これは 17 番目の塩基がアデニンからチミンへ置換したことによる。この変異はヘモグロビンの形状や酸素運搬能力に大きな影響を与える。低酸素状態で赤血球は変形し，三日月（鎌形）状になり，溶血し易くなる。この遺伝子（Hb^S）をホモ接合で有するヒトは重症の貧血となり多くの場合成人まで生存できない。一方で鎌形赤血球は短時間で溶血してしまうためにマラリア原虫の幼生が寄生すること

表 4-6 超優性 − ホモ接合体に対する選択 −

	遺 伝 子 型			
	AA	Aa	aa	Total
適応度（W）	$1-s$	1	$1-t$	
遺伝子型頻度（初期値）	p^2	$2pq$	q^2	1.0
一代目	$p^2(1-s)$	$2pq$	$q^2(1-t)$	$1-sp^2-tq^2$
標準化	$p^2(1-s)/(1-sp^2-tq^2)$	$2pq/(1-sp^2-tq^2)$	$q^2(1-t)/(1-sp^2-tq^2)$	

$$\Delta q = (pq(sp-tq))/(1-sp^2-tq^2) \qquad p = t/(s+t)$$
$$q = s/(s+t)$$

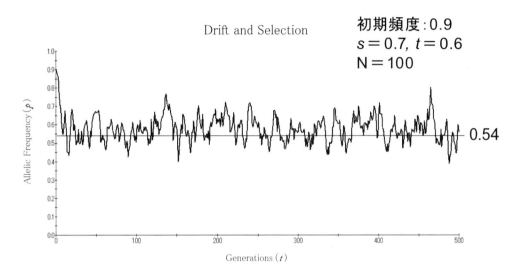

図 4-5 超優性が働く場合の遺伝子頻度の変化

ができず，マラリアに対する抵抗性を有することになる．正常な遺伝子（Hb^A）を有するヒトはマラリアの無い地域で有利となるがマラリアの汚染地域では不利になる．一方 Hb^S をホモ接合で有するヒトは貧血症になるがマラリアの汚染地域では有利に働く．これらの遺伝子をヘテロ接合で有するヒトの酸素運搬能力は正常ヘモグロビンと変わらず，マラリアにも抵抗性を示すためにマラリア汚染地域では最も有利になる．ナイジェリアにおけるヘモグロビン β 鎖の遺伝子型を調べた例を表 4-7 に示す（Ayara 1972）．12387 人を調べた結果，$Hb^A Hb^A$ が 9365 人，$Hb^A Hb^S$ が 2993 人，$Hb^S Hb^S$ が 29 人であった．それぞれの対立遺伝子頻度は Hb^A が 0.877，Hb^S が 0.123 となる．この遺伝子頻度からハーディ・ワインベルグの法則に従っていると仮定した場合の期待値は $Hb^A Hb^A$ が 9523.8，$Hb^A Hb^S$ が 2675.3，$Hb^S Hb^S$ が 187.9 となる．$Hb^S Hb^S$ では本来約 188 人期待されるが実際には 29 人しか観察されていないことを示している．観察値／期待値を求めると $Hb^A Hb^A$ が 0.983，$Hb^A Hb^S$ が 1.119，$Hb^S Hb^S$ が 0.154 となる．これを最も値が大きかった $Hb^A Hb^S$ の 1.119 ですべての遺伝子型の値を割り相対適応度とする．$Hb^A Hb^A$ における $1-0.878=0.122$ と $Hb^S Hb^S$ における $1-0.137=0.863$ がそれぞれの遺伝子型に対する選択係数となる．これらの選択係数から Hb^A と Hb^S の平衡頻度を算出すると

表 4-7　悪性貧血とマラリアの自然選択により生じる超優性

	観察値	期待値	Ob/Ex	相対適応度
$Hb^A Hb^A$	9365	9523.8	0.983	0.878
$Hb^A Hb^S$	2993	2675.3	1.119	1.000
$Hb^S Hb^S$	29	187.9	0.154	0.137

$$qHb^A = ((9365 \times 2) + 2993) / (12387 \times 2) = 0.877$$

$$qHb^S = ((29 \times 2) + 2993) / (12387 \times 2) = 0.123$$

$Hb^A Hb^A$ の期待値 $= 0.877 \times 0.877 \times 12387 = 9523.8$

$Hb^A Hb^S$ の期待値 $= 0.877 \times 0.123 \times 2 \times 12387 = 2675.3$

$Hb^S Hb^S$ の期待値 $= 0.123 \times 0.123 \times 12387 = 187.9$

$Hb^A = 0.863 / (0.863 + 0.122) = 0.876$

$Hb^S = 0.122 / (0.863 + 0.122) = 0.124$

となり，算出されている遺伝子頻度とほぼ同じ値となる。この頻度はそれぞれの遺伝子型に対する選択係数から生じる平衡頻度であることがわかる。このような平衡頻度は初期頻度とは無関係に選択係数のみで決定されている。

4）突然変異

突然変異では塩基配列に変化が生じ新たな対立遺伝子が生じる。突然変異が一方向にのみ生じる場合，対立遺伝子 A が B に変化する，対立遺伝子 A は集団中から消失し，B のみとなる。両方向で生じる場合，$A \Leftrightarrow B$，それぞれの方向への突然変異率からなる平衡頻度が生じる。$A \rightarrow B$ の突然変異率を u，$B \rightarrow A$ の突然変異率を v とした時，qA の平衡頻度は $v / (u + v)$，qB の平衡頻度は $u / (u + v)$ であらわされる。u を 10^{-6}，v を 10^{-9} とした場合の qA は約 0.001 と非常に低頻度となり，突然変異だけで集団に及ぼす影響は非常に小さいことがわかる。これまでに述べてきた遺伝的浮動や任意交配からのずれ，自然選択では対立遺伝子が減少するのみで新たな対立遺伝子が加わることはなかった。突然変異は集団に及ぼす影響は大きくないが集団に新たな対立遺伝子を供給するという意味で重要である。

5）移住

移住により遺伝子型頻度や遺伝子頻度は変化するが，その影響の大きさは移住される集団と移住する集団の間での遺伝子頻度の差や移住の規模による。移住する集団とされる集団との間に遺伝子頻度の差異がある場合，混合した集団は見かけ上ホモ接合体の数が期待される値よりも多くなるホモ接合体過剰が観察される。この現象はワーランド効果（wahlund's effect）と呼ばれる。しかし，移住が行われた集団中でランダムな交配が行われた場合，以降の世代ではハーディ・ワインベルグの法則が成り立つこととなる。

6. 遺伝的多型と遺伝的変異性の定量化

遺伝要因により集団中に複数の異なった遺伝子型，または遺伝子型に基づく表現型が定常的に存在する状態を遺伝的多型（genetic polymorphism）という。集団中では常に突然変異により変異が供給される一方，自然選択によりほとんどの突然変異は集団中から排除されている。そのため集団中には突然変異により一時的に生じた遺伝子型が多数存在することとなる。このような一時的に生じた変異は遺伝的多型とは呼ばない。遺伝的多型と一時的な変異を区別するために集団中に一定以上の頻度で存在している変異を多型とよぶ。頻度については通常，対立遺

表4-8 ヒラメにおけるアイソザイム遺伝子頻度と平均ヘテロ接合体率

遺伝子座	対立遺伝子	対立遺伝子頻度	遺伝子座	対立遺伝子	対立遺伝子頻度
Acp-1		1.000	Idh-2		1.000
Acp-2		1.000	Ldh-1		1.000
Adh	A	0.003	Ldh-2	A	0.997
	B	0.997		B	0.003
Aat-1	A	0.997	Ldh-3	A	0.007
	B	0.003		B	0.993
Aat-2	A	0.003	Mdh-1		1.000
	B	0.997	Mdh-2	A	0.997
G6pd		1.000		B	0.003
αGpd-1	A	0.997	Me		1.000
	B	0.003	Odh-1	A	0.024
αGpd-2	A	0.003		B	0.853
	B	0.997		C	0.122
Gpi-1	A	0.007	6Pdh	A	0.003
	B	0.990		B	0.997
	C	0.003	Pgm	A	0.007
Gpi-2	A	0.003		B	0.990
	B	0.997		C	0.003
Idh-1	A	0.469	Sod		1.000
	B	0.531			
			He		0.037

伝子頻度で0.01以上の頻度で存在する対立遺伝子が存在する場合その変異を多型とよび，その遺伝子座を多型遺伝子座とよぶ。これは50個体のある遺伝子型を調べたとき，1個体に他の個体とは異なる対立遺伝子を有するヘテロ型があった場合に相当する。この場合，一個体でもヘテロ型（変異個体）があれば多型となる。定常的に集団中に存在するということを考えれば一個体のみが観察されたのでは多型とは言い難い。そこで，多数の個体を調べられないような場合，最大対立遺伝子頻度0.05以上の対立遺伝子が存在する場合を多型とする場合がある。

　遺伝的変異性を定量的に表す指標として平均ヘテロ接合体率（average heterozygosity）がある。1950年代に酵素タンパクの多型（アイソザイムisozyme）を用いた解析がなされるようになるとそれまでに考えられていた以上の変異が集団中に存在することが明らかとなった。そこである集団の遺伝的変異性を表す値としてLewontin and Habby（1962）によって考案されたのが平均ヘテロ接合体率である。平均ヘテロ接合体率はある特定の個体のある特定の遺伝子座がヘテロ接合である確率，と定義される。ある集団のある遺伝子座におけるヘテロ接合体率は以下の式で求められる。

$$he = 1 - \sum qi^2$$

　ここでiはi番目の対立遺伝子頻度である。全ての対立遺伝子においてその対立遺伝子がホモ接合体となる確率を1から引いたものがヘテロ接合体である確率となる。グッピーのAat-1遺伝子座におけるヘテロ接合体率を求めてみる。qAとqBがそれぞれ0.59と0.41なのでヘテロ接

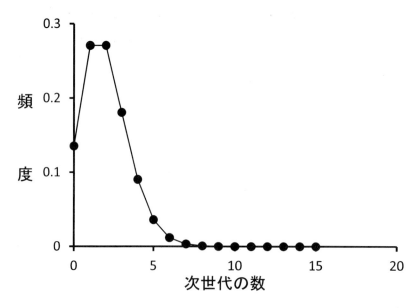

図4-6 平均2のポアソン分布に従った時の次世代の数の分布

合体率は

$$he = 1 - 0.59^2 - 0.41^2 = 0.484$$

これを調べた全ての遺伝子座で求め平均したものが平均ヘテロ接合体率である。

平均ヘテロ接合体率 $(He) = 1/r \cdot (\Sigma he)$

ここでrは調べた遺伝子座数である。表4-8にヒラメのアイソザイムによる分析結果を示す。14酵素の23遺伝子座を調べた結果，17遺伝子座で変異が観察されている。この分析結果から求められる平均ヘテロ接合体率は0.037である。この変異性はどの程度のものなのだろうか？生物において構造遺伝子の数は約3万と見積もられている。平均ヘテロ接合体率0.037は3.7％の遺伝子座がヘテロであることを示している。3万の3.7％は約1100で，1100の遺伝子座がヘテロ接合体で二つの対立遺伝子を有しているということになる。ここから異なる対立遺伝子の組み合わせの配偶子が何種類できるかを計算してみると，2^{1100} 通りとなる。これは約 10^{350} に相当する。膨大な組み合わせの配偶子が形成可能であることがわかる。近年用いられているマイクロサテライトDNAマーカーはアイソザイムよりも一桁変異性が高い。さらに膨大な種類の配偶子が形成可能であることがわかる。

7．集団の有効な大きさ

遺伝的浮動に影響する要因として集団の大きさがある。前節ではすべての個体が等しく繁殖に参加することを仮定していた。しかし，実際の集団では存在する個体全てが繁殖に参加するわけではないし，繁殖に成功するわけでもない。見かけの個体数と次世代へ遺伝的影響を及ぼす個体数とには差があるのが普通である。そのため，ある集団で実際に次世代へ遺伝的影響を及ぼす個体の数を定義する必要がある。これが「集団の有効な大きさ」(Effective population size または effective size of population）である。「集団の有効な大きさ」は理想集団に換算した場合の集団の大きさと定義される。理想集団は全て

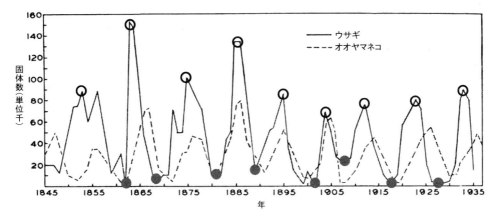

図4-7 カナダにおけるウサギとオオヤマネコの個体数変動からの Ne の推定

の個体が繁殖に参加し，ペア当たりの次世代に残す子供の数（個体当たりの配偶子の数）が平均2のポアソン分布に従う集団，とされる。平均2のポアソン分布を図4-6に示す。子供の数が1と2のペアの数が最も高く，出現頻度で0.27，次が子供の数3で0.18，となっている。また，子供の数が4以上のペアが0.28であるのに対し，0のペアも13.5%存在する。理想集団は次世代に子供を残す約86%のペアによって成り立っていることになる。

このような集団の有効な大きさ，理想集団の大きさ，に影響する要因として 1) 雌雄間での個体数の差異，2) ペア間での次世代に残す個体数の差異，3) 世代間での個体数変動の三つのケースが挙げられる。以下にそれぞれの要因がどのように関与するかについて述べる。

1) 雌雄間での個体数の差異

水産生物をはじめとする多くの飼育動物での繁殖に際して，雄に対して多くの雌が使われている。このような場合，見かけの親個体数と有効な大きさとには差が出てくる可能性がある。雌雄の個体数が異なる場合雌雄それぞれに計算しなくてはならない。従って，Ne は雌の数と雄の数の調和平均の2倍となる。調和平均は

$$1/[(1/N_f + 1/N_m)/2]$$

となるので，この二倍が Ne となる。

$$Ne = 2 \times 1/[(1/N_f + 1/N_m)/2]$$
$$= 2 \times [2N_f \cdot N_m/(N_f + N_m)]$$
$$= 4N_f \cdot N_m/(N_f + N_m)$$

または

$$1/Ne = 1/4N_f + 1/4N_m$$

となる。この場合，Ne は個体数の少ない性に依存することになる。雌が無限大であっても雄が一個体であれば集団の有効な大きさは約4にしかならない。

2) ペア間での次世代に残す個体数の差異

大きさが一定で雌雄の個体数が等しい理想集団を仮定した場合，両親が次世代に寄与する確

率が等しいとき次世代に残す個体数は平均2のポワソン分布に従う。これは集団の大きさを一定に維持する場合，一つのペアから雌雄一個体ずつ生まれなければならないからである。親が次世代へ寄与する率が等しくない場合，有効な大きさは以下の式で求められる。

$$Ne = 4N / (V_k + 2)$$

V_k は家族間での次世代へ残す個体数の分散である。雌雄で寄与率が異なる場合は以下のようになる。

$$Ne = 8N / (V_{kf} + V_{km} + 4)$$

3）世代間での個体数変動

　個体数が世代間で全く変動せず一定の状態を保つ集団は現実にはありえない。多かれ少なかれ個体数の変動は生じている。世代間で個体数が一定でない場合，一定世代の間における平均の Ne は各世代の Ne の調和平均となる。したがって t 世代間の平均の Ne は以下の式で表される。

$$1 / Ne =$$
$$1 / t \cdot (1 / N_1 + 1 / N_2 + 1 / N_3 + \cdots + 1 / Nt)$$

ここで N_1，N_2，N_3，Nt は各世代の Ne をあらわす。数世代にわたり個体数変動が生じた場合，最も個体数（Ne）が小さかった世代が最も大きな影響を及ぼすことになる。図4-7にハドソン湾商会によるオオヤマネコとユキウサギの毛皮の取扱量の変動を示す。ユキウサギの捕獲数は多い年で約15万頭，少ない年で約2千頭と年により70倍以上の差がある。少々乱暴ではあるが，このような毛皮の取扱量を個体数，多い年と少ない年をそれぞれ異なる世代と仮定し，1884年から1933年までを17世代と仮定し，約90年間にわたる集団の平均 Ne を推定してみると約7200頭となる。多い年には10万頭前後捕獲されていたユキウサギであるが，Ne は七千程度し

かなかったことになる。雌雄の個体数に差があればこの数はさらに少なくなる。

　Ne が個体数の少ない性や家族，世代の影響を受けること，また，見かけの個体数よりもだいぶ小さいことに留意しなければならない。Ne は近交係数の上昇に影響する個体数と言い換えることもできる。Ne の減少は近交係数の上昇を増加させ，近交の影響を顕在化させることになる。

参考文献

佐々木義之：動物の遺伝と育種，朝倉書店，1996.
水間豊：新家畜育種学，朝倉書店，2002.
鵜飼保雄：量的形質の遺伝解析，医学出版，2002.
田中嘉成・野村哲郎（訳）：DS ファルコナー・量的遺伝学入門，蒼樹書房，1993.
野澤謙：動物集団の遺伝学，名古屋大学出版会，1994.
三菱総合研究所（監訳）：OH フランケル・ME ソレー・遺伝子資源−種の保全と進化−，家の光協会，1982.
大羽滋：UP BIOLOGY 集団の遺伝，東京大学出版会，1997.
D. Tave：Genetics for fish hatchery managers 2 nd Edition, An A VI book, 1992.
木原均・小島健一・末本雛子（訳）：K. マザー・統計遺伝学，岩波書店，1959.

第5章
Z 量的形質における遺伝の法則

1. 量的形質と質的形質

　量的形質（quantitative trait）とは個体間の変異が連続的で，数量や数値として表される形質である。これに対してメンデルやモーガンがエンドウマメやショウジョウバエで用いた形質は胚乳の色が黄色か緑，や眼が赤か白と個体間の差異が明確で，個体間の差異が不連続な形質で，質的形質（qualitative trait）と呼ばれる。このような量的形質の特性は多くの遺伝子が形質発現に影響することにより遺伝子型と表現型との対応関係が不明確となることである。また，遺伝子一つ一つの形質に対する影響力が相対的に低くなることから，環境要因の影響が相対的に大きくなり形質に影響していることである。そのために形質の測定値は連続変異として観察されるとされている。量的形質にはその特性によりいくつかに分類分けすることができる。

　1）連続形質：体長や体重のように連続した値として計測される形質。
　2）計数形質：鰭条数や脊椎骨数などのような連続した形質であるが数として数えられる形質。
　3）閾値形質：耐病性や高温耐性のようにある閾値を超えることにより発現するかしないかが現れる形質。

　図5-1にグッピーの生後60日目の体長分布を示す。これは前述の連続形質に当たる。雌雄ともに約10mm～25mm連続的に分布し，16mmから17mmにピークがある。

　我々が自然界から得た遺伝資源をより効率よく利用しようとすれば何らかの遺伝的改良が必要となる。成長や再生産能力などは古くから遺伝すると考えられてきたが前述のように，形質間の差異が不明確なことや，対立遺伝子や遺伝子型との対応関係が不明瞭であることからメンデルの法則の例外として扱われた時期があった。1909年にスウェーデンのニルソン－エーレ（H Nilsson-Ehle）は小麦の種皮の色の遺伝様式が二つの遺伝子座（同義遺伝子）によって支配されていることを見出し，このような連続変異する形質には複数の遺伝子が関与している可能性を示した。表5-1に小麦の種皮の色と遺伝子型との関係を示す。ニルソン－エーレは小麦の種皮の色には二つの遺伝子（R_1とR_2）が関与していると考えた。それぞれの遺伝子が対立遺伝子r_1とr_2を有しており，Rの数が種皮の色を決めていると考えた。暗赤色の系統（$R_1R_1R_2R_2$）と白色の系統（$r_1r_1r_2r_2$）の雑種第一代（$R_1r_1R_2r_2$）同士を交配させると図5-2に示すように16通りの対立遺伝子の組み合わせができる。これらの中ですべての対立遺伝子がRである$R_1R_1R_2R_2$は暗赤色を示し，Rを4対立遺伝子中3つ持つ4種類の対立遺伝子の組み合わせ$r_1R_1R_2R_2$，$R_1r_1R_2R_2$，$R_1R_1r_2R_2$，$R_1R_1R_2r_2$，は濃赤色を示し，Rを2つ有する6つ

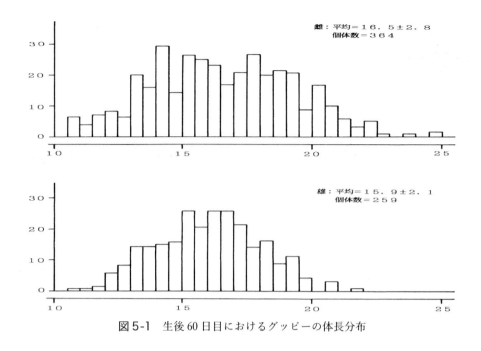

図 5-1　生後60日目におけるグッピーの体長分布

表 5-1　小麦の種皮の色の遺伝

雌の配偶子 ＼ 雄の配偶子	R_1R_2	R_1r_2	r_1R_2	r_1r_2
R_1R_2	$R_1R_1R_2R_2$ 暗赤色	$R_1R_1R_2r_2$ 濃赤色	$R_1r_1R_2R_2$ 濃赤色	$R_1r_1R_2r_2$ 赤色
R_1r_2	$R_1R_1R_2r_2$ 濃赤色	$R_1R_1r_2r_2$ 赤色	$R_1r_1R_2r_2$ 赤色	$R_1r_1r_2r_2$ 淡赤色
r_1R_2	$R_1r_1R_2R_2$ 濃赤色	$R_1r_1R_2r_2$ 赤色	$r_1r_1R_2R_2$ 赤色	$r_1r_1R_2r_2$ 淡赤色
r_1r_2	$R_1r_1R_2r_2$ 赤色	$R_1r_1r_2r_2$ 淡赤色	$r_1r_1R_2r_2$ 淡赤色	$r_1r_1r_2r_2$ 白色

の組み合わせ $r_1r_1R_2R_2$, $r_1R_1r_2R_2$, $r_1R_1R_2r_2$, $R_1r_1r_2R_2$, $R_1r_1R_2r_2$, $R_1R_1r_2r_2$, は赤色を呈し，R を一つだけ有する4つの組み合わせ $R_1r_1r_2r_2$, $r_1R_1r_2r_2$, $r_1r_1R_2r_2$, $r_1r_1r_2R_2$ は淡赤色を，R を全く有しない $r_1r_1r_2r_2$ は白色を呈すると考えた。このような仮定ではそれぞれの色は暗赤色：濃赤色：赤色：淡赤色：白色は1：4：6：4：1に分離するはずである。実際に色彩は仮定通りに分離し，2つの遺伝子が関与することにより表現型の数が多様化した，と結論付けた。図5-3に複数の遺伝子座が関与した場合の遺伝子型の頻度分布を示す。関与する遺伝子の数が少ないうちは表現型が不連続で，遺伝子型との対応関係も把握可能だが，関与する遺伝子数が増加するにつれて階級数が増加し，遺伝子型と表現型との対応関係の把握が難しくなる。さらに環境の影響が加わると遺伝子型と表現型を結び付けることはほとんど不可能となる。最終的に多数の遺伝子が関与する形質の分布は正規分布に近似できるようになる。マザー（K Mather 1949）はこのような形質に対する遺伝子の支配をポリジーン（polygene）とし，単一の遺伝子による支配（メジャージーン：major gene）と区別した。遺伝育種を考える場合，高

第 5 章 量的形質における遺伝の法則　71

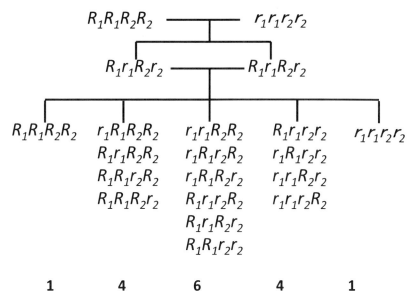

図 5-2　二つの遺伝子座が関与する形質の F_2 世代における分離

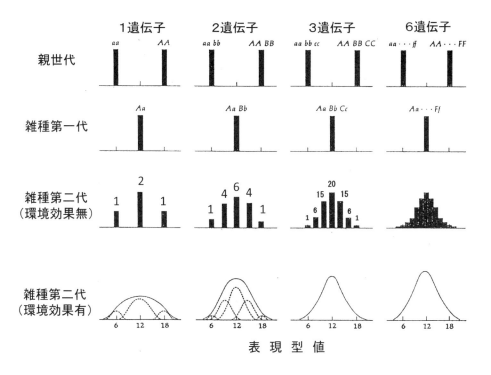

図 5-3　複数の遺伝子が関与した場合の表現型値の分布

成長（体長，体重，肥満度等）や環境適応能力（高温耐性，低温耐性，塩分耐性等），再生産能力（産子（卵）数，生残率等）などの育種対象となる形質の多くがこの量的形質に当たる。量的形質の遺伝的解析は育種における重要な課題であり統計遺伝学と組み合わされることにより，さまざまな形で解析が進められてきた。

2．量的形質をどのように捉えるか

我々がある個体から直接得られる情報は個体の表現型に対する測定値だけである。それぞれの個体について観察あるいは測定された量的形質の値を表現型値（phenotypic value：P）とよぶ。表現型値は遺伝子型による効果（遺伝子型値，genotypic value：G）と，その生物に無作為に働く環境効果（environmental effect：E）の和，すなわち

$$P = G + E \tag{5-1}$$

として表される。環境効果は個体ごとに大きさも正負の符号も異なるので互いに打ち消しあって，その集団全体の平均値はゼロとなり，表現型値の平均は遺伝子型値の平均となる。また，親から子に伝わるのは遺伝子型ではなく遺伝子なので遺伝子の効果が重要となる。その作用には遺伝子自身の加算的（相加的）作用と，対立遺伝子相互間で見られる優性効果による作用，さらに異なる座位上にある遺伝子間あるいは遺伝子型間に見られる相互作用がある。その効果（遺伝子型値）は，相加的遺伝子型値（additive genotypic value, A），優性効果（dominance effect, D），エピスタシス効果（epistatic effect, I）に分割される。

$$G = A + D + I$$

一方，環境効果とは個体の形質の発現や形質の測定値に含まれる全ての非遺伝的因子の効果を意味する。大別すると，生物の生まれた年次や季節などの固定した環境効果，個体に特有な微少な環境効果や測定誤差などの一時的環境効果（temporary environmental effect），哺乳動物の母親が一腹の子に対して与える母胎環境や新生子への哺育などの効果である母性効果（maternal effect）などの永続的環境効果（Permanent environmental effect）がある。母性効果は一腹の子に対して共通した影響なので共通環境効果（common environmental effect）ともよばれる。

1）表現型値と遺伝子型値

前節の式5-1で説明したように表現型値は遺伝子型値と環境効果の和である。ある集団における環境効果の平均値は0であるから表現型値の平均値は遺伝子型値の平均値でもある。したがって，集団平均（population mean）は表現型値の平均値でもある。実際の量的形質では表現型から遺伝子型を識別することは近交系かクローン系でない限り困難である。遺伝子型値と集団平均，遺伝子の効果等について説明するために以下のような単純化したモデルを考える（図5-4）。

ある遺伝子座におけるに対立遺伝子（A_1，A_2）を仮定する。ここでそれぞれの遺伝子型の値を次のように割り当てる。遺伝子型A_1A_1の値を$+a$，遺伝子型A_1A_2の値をd，遺伝子型A_2A_2の値を$-a$とする。A_1とA_2との間に優劣関係が無ければヘテロ型であるA_1A_2の遺伝子型値は両ホモ接合体の中間値である0となる。この場合，対立遺伝子A_1は値を高める方向に働く性質があるということとなる。また，A_1が完全優性であればA_1A_2はA_1A_1と等しくなり，完全劣性であればA_2A_2と等しくなる。また，超優性であればA_1A_1やA_2A_2よりも大きくなったり小さくなったりする。優性の度合いはd/aで表される。

この集団における集団平均値に遺伝子頻度が及ぼす影響を見てみよう（表5-2）。A_1の頻度をp，A_2の頻度をqとし，遺伝子座がハーディ・ワインベルグの法則に従っていると仮定した場合，

第5章 量的形質における遺伝の法則　73

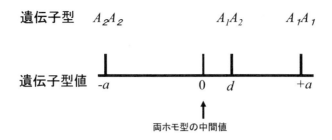

図5-4　遺伝子型と値との関係

表5-2　集団平均と遺伝子型, 頻度, 値の関係

遺伝子型	頻 度	値	頻度×値
A_1A_1	p^2	$+a$	p^2a
A_1A_2	$2pq$	d	$2pqd$
A_2A_2	q^2	$-a$	$-q^2a$
			Sum $= a(p-q) + 2pqd$

集団平均 $(M) = a(p-q) + 2pqd$

表5-3　グッピーの体長と遺伝子型の関係

	遺伝子型		
	$++$	$+/dw$	dw/dw
体長（mm）	16	14	8

この関係から求められる a（遺伝子一個の効果）は4mm, d（優性効果）は2mmとなる。優性の度合いは d/a で表され, この場合 $2/4 = 0.5$ となる。

遺伝子型 A_1A_1 の遺伝子型頻度は p^2, A_1A_2 は $2pq$, A_2A_2 は q^2 となる。それぞれの遺伝子型の値は A_1A_1 が $+a$, A_1A_2 が d, A_2A_2 が $-a$ となる。それぞれの遺伝子型の値に頻度を掛け, 合計したものが集団平均値となる。ここで, $p + q = 1$ であることから, $p^2 - q^2 = (p+q)(p-q) = (p-q)$ となることに注意してほしい。
集団平均値 (M) は

$$M = a(p-q) + 2dpq$$

となる。この集団平均値は遺伝子型値の集団平均値であり, 表現型値の集団平均値でもある。
この形質に対して複数の遺伝子座が関与している場合はそれぞれの遺伝子座の集団平均値の和となる。

$$M = \sum a(p-q) + 2\sum dpq$$

と表される。全ての遺伝子座がプラスの方向に働く対立遺伝子に固定している場合の集団平均値は $+\sum a$ であり, マイナスの方向に固定していれば $-\sum a$ となる。
ここで具体的な数値を当てはめてみよう。表5-3にグッピーにおける野生型（＋）と矮小型（dw）のそれぞれの遺伝子型と体長の例を示す。グッピー野生型の生後180日目の雄の平均体長は16mmである。dw のホモ個体は8mm, ヘテ

表 5-4 ＋の頻度（p）が 0.5，dw（q）の頻度が 0.5 の場合の集団平均

遺伝子型	頻　度	値	頻度×値
＋／＋	0.25	4	1.0
＋／dw	0.5	2	1.0
dw/dw	0.25	− 4	− 1.0
		Sum = $a(p - q) + 2pqd$ = 1.0	

表 5-5 ＋の頻度（p）が 0.8，dw（q）の頻度が 0.2 の場合の集団平均

遺伝子型	頻　度	値	頻度×値
＋／＋	0.64	4	2.56
＋／dw	0.32	2	0.64
dw/dw	0.04	− 4	− 0.16
		Sum = $a(p - q) + 2pqd$ = 3.04	

ロ型は 14mm である。これを図 5-4 に当てはめると，$a = 4$mm，$d = 2$mm となり，優性の度合い（a/d）は 0.5 となる。この集団における＋の頻度を p，dw の頻度を q とし，それぞれ 0.5 とすると，＋／＋の頻度は 0.25，値は 4，それらの積は 1.0 となる。同様にヘテロ型（＋／dw）は 1.0，dw/dw は− 1.0 となる。これらの合計は 1.0 となる。これがこの集団の集団平均値である（表 5-4）。集団平均値 1.0 は両ホモ接合体の中間値からの偏差である。この場合中間値は 12mm であるので，＋ 1 は 13mm となる。＋と dw が同じ頻度で存在するこの集団での集団平均値は 13mm ということとなる。体長がこの遺伝子だけで決められており，相加的に働いていると仮定すれば，この集団平均値は集団の測定値の平均値と一致するはずである。集団平均値は集団の遺伝子頻度が変化すると当然ながら変化する。遺伝子頻度が $p = 0.8$，$q = 0.2$ と仮定すると集団平均値は 3.04 となる（表 5-5）。この場合，中間値（12mm）＋集団平均値（3.04mm）となるので，実測値としては 15.04mm となる。集団中で＋の頻度が上昇し，dw の頻度が低下すれば当然全体の平均値は上昇することとなる。

2）平均効果と育種価

　集団の遺伝的性質が次世代へどのように伝

えられるかを考える場合には親から子に伝わる値を定義しなければならない。親から次世代へ伝えられるのは遺伝子型ではなく遺伝子である。具体的には親の持つ対立遺伝子の一方である。次世代では両親から伝えられた対立遺伝子により新たな遺伝子型が形成される。従って，遺伝子型ではなく遺伝子（対立遺伝子）によって次世代へ伝えられる値を定義する必要がある。このような遺伝子によって次世代へ伝えられる値は，ある対立遺伝子が集団中からランダムに取り出された対立遺伝子と組み合わされてできた次世代集団の集団平均値が元集団の平均値からどの程度変化するか，で定義される。この変化量を平均効果（average effect）と呼ぶ。遺伝子の平均効果のイメージを図 5-5 に示す。元集団には対立遺伝子 A_1 と A_2 が同じ頻度で存在している。元集団内でランダムな交配が行われていれば遺伝子型 A_1A_1，A_1A_2，A_2A_2 がハーディ・ワインベルグの法則に従って形成される。一方，対立遺伝子 A_1 がすでに選ばれており，新たに元集団から対立遺伝子をランダムに選び次世代を形成する場合，次世代で形成される遺伝子型は A_1A_1 と A_1A_2 のみが同頻度で形成されることになり，A_2A_2 は存在しない。当然，集団平均も変化する。

　これを式で表すと表 5-6 のようになる。対立

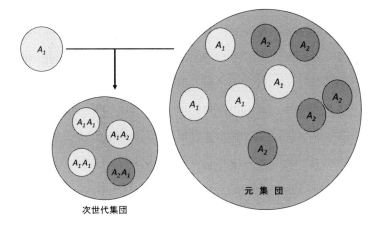

図 5-5 配偶子（A_1）の平均効果を考える

表 5-6 遺伝子の平均効果の推定

配偶子の型	次世代の遺伝子型とその値			次世代の遺伝子型の平均値	集団平均の推定値	遺伝子の平均効果
	A_1A_1 a	A_1A_2 d	A_2A_2 $-a$			
A_1	p	q		$pa + qd$	$-[a(p-q) + 2dpq]$	$q[a + d(q-p)]$
A_2		p	q	$-qa + pd$	$-[a(p-q) + 2dpq]$	$-p[a + d(q-p)]$

遺伝子A_1がすでに選ばれている場合，集団から選ばれるもう一つの対立遺伝子はA_1かA_2となる。A_1が選ばれる確率はA_1の元集団での頻度であるpで，A_2が選ばれる確率はA_2の元集団の頻度であるqである。A_1が選ばれ遺伝子型がA_1A_1となった場合の遺伝子型の値は$+a$，A_2が選ばれ遺伝子型がA_1A_2となった場合の遺伝子型の値はdであるから，次世代で期待される遺伝子型の平均値はA_1が選ばれる頻度pとA_1A_1の値$+a$の積とA_2が選ばれる頻度qとA_1A_2の値dの積との和である$pa + qd$となる。次世代の遺伝子型の平均値と元集団の集団平均値との差が対立遺伝子A_1の遺伝子の平均効果（average effect of the gene）となる。この場合，

A_1の平均効果 $= (pa + qd) - [a(q-p) + 2pdq]$
$= q[a + d(q-p)]$

となる。同様に対立遺伝子A_2の遺伝子の平均効果は以下のように表される。

A_2の平均効果 $= -p[a + d(q-p)]$

対立遺伝子が三つ以上あるときでもそれぞれの対立遺伝子の平均効果を同様に表すことができる。また，この平均効果も遺伝子頻度が関係していることから，集団の遺伝子頻度が変化すれば平均効果も変化することになる。

実際に交配を行う場合は対立遺伝子のみを扱うことは無い。親となる個体は二つの対立遺伝子を有している。従って，親個体の遺伝子の次世代に及ぼす平均効果を求めなければならない。この場合二つの対立遺伝子の平均効果の差としてあらわされる。対立遺伝子A_1の平均効果をα_1，A_2の平均効果をα_2とすると，その差は

$\alpha_1 - \alpha_2 = q[a + d(p-q)] + p[a + d(p-q)]$
$= a + d(q-p)$ (5-2)

と表される。この差は集団中で遺伝子型がA_1A_2

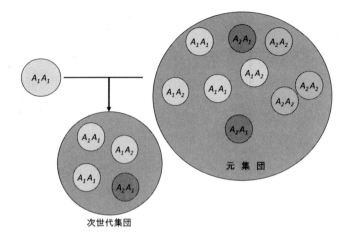

図 5-6 個体 (A_1A_1) の育種価を考える

表 5-7 グッピーにおける育種価の計算例

遺伝子型	育 種 価		
	初期値： $a = 4.0, d = 2.0$	$p = 0.5$ の時 $\alpha = 4.0$	$p = 0.8$ の時 $\alpha = 2.8$
A_1A_1	$2\alpha_1 = 2q\alpha$	4.0	1.12
A_1A_2	$\alpha_1 + \alpha_2 = (q-p)\alpha$	0	-1.68
A_2A_2	$2\alpha_2 = -2p\alpha$	-4.0	-4.48

から A_1A_1 へ対立遺伝子が置換された際に生じる変化と同様である。遺伝子型を A_1A_2 から A_1A_1 へ置換することにより値は d から $+a$ へと変化する。置換の効果は $d+a$ となる。平均の変化量は

$$p(a-d) + q(d+a) = a + d(q-p)$$

となり，式（5-2）と同じになる。このような対立遺伝子が置換することによる効果，平均効果の差は遺伝子置換の平均効果（average effect of the gene substitution）と呼ばれている。遺伝子置換の平均効果は添え字なしの α で表され，

$$\alpha = \alpha_1 - \alpha_2 = a + d(q-p)$$

となる。このような対立遺伝子が一つ変化するごとに遺伝子型値が変化することを「相加的（additive）」な変化と呼び，次世代に伝わる変異として育種を行ううえで重要となる。

遺伝子型 A_1A_1 の個体の親としての能力を評価しようとする場合，遺伝子型 A_1A_1 の個体と集団中からランダムに選ばれた個体を交配することとなる（図 5-6）。親個体の遺伝子型が A_1A_1 の場合，元集団から選ばれる遺伝子型は A_1A_1，A_1A_2，A_2A_2 の三種類で，次世代で生じる遺伝子型は A_1A_1 と A_1A_2 に二種類である。A_1A_1 の値 $+a$，A_1A_2 の値 d，A_2A_2 の値 $-a$ を当てはめると元集団と次世代の平均値は

元集団 $= 0.25a + 0.5d - 0.25a$
次世代 $= 0.5a + 0.5d$

となり，次世代と元集団との差は

次世代 $-$ 元集団 $= 0.5a + 0.5d - (0.25a + 0.5d - 0.25a) = 0.5a$

第 5 章　量的形質における遺伝の法則　　**77**

表 5-8　魚類において推定されている遺伝率

種	形　質	遺伝率	出　　典
ニジマス	4 か月体重	0.52	Gall and Huang 1988
	2 年体長	0.26	Gjerde and Gjedrem 1984
	産卵年齢	0.38	Gall et al. 1988
	卵数	0.32	Gall and Huang 1988
	卵容積	$0.16 \sim 0.76$	Gall and Gross 1978
グッピー	胸鰭条数（19℃）	0.41	Tave 1984
	胸鰭条数（25℃）	0.77	Tave 1984
	高温耐性	0.183	Fujio et al. 1995
	脊椎骨数	0.381	Ando et al. 1996
	海水耐性	0.655	Nakajima et al. 1995
ナイルテラピア	10 週体重	$0 \sim 0.46$	Lester et al. 1988
	45 日目体長	0.10	Tave and Simtherman 1980
	初産年齢	0	Lester et al. 1988
	136 日目 GSI	0.30	Kronert et al. 1989

となる。この値の 2 倍がこの個体が集団平均をどの程度変化させうるかを示す値で，育種価（breeding value）と呼ばれる。遺伝子型 A_1A_1 の育種価は $2\alpha_1$ で表される。それぞれの遺伝子型の育種価を表 5-7 に示す。ここでは p と q の頻度が 0.5，0.5 の時と 0.8，0.2 の時とが示してある。育種価は集団平均を変化させうる能力であるから，集団の遺伝子頻度の影響を受け，対立遺伝子頻度が変われば同じ遺伝子型でも育種価は変わってくる。A_1 の頻度が高い集団中では低い頻度の集団と比べ A_1A_1 の影響力は相対的に低くなる。どの様な遺伝子型の育種価もそれぞれの有する対立遺伝子の平均効果の和としてあらわすことができる。ある形質にいくつかの遺伝子が関与する場合，個々の遺伝子座の遺伝子型の育種価の和としてあらわされる。

3．遺伝率と遺伝相関

　量的形質では表現型値の連続変異は遺伝的変異と環境変異の両方の和となる。そして，表現型値の変異のうち後代に遺伝するのは遺伝的変異であり，環境変異は遺伝しない。遺伝的変異の大きさを表す統計量としての遺伝分散 Vg の表現型分散 Vp に対する割合は広義の遺伝率（heritability）と定義される。

$$h^2 = Vg/Vp \tag{5-3}$$

　遺伝子型変異は相加的遺伝子効果と非相加的遺伝子効果の和であるが，相加的遺伝子効果に基づく遺伝子の加算的効果は遺伝し，非相加的遺伝子効果は遺伝しない。そこで，式 5-4 に示した相加的遺伝分散 Va の表現型分散 Vp に対する割合が狭義の遺伝率として定義され，ある形質の表現型値で見られた変異のうち，親から子にどれだけ遺伝するかを示す指標となる。遺伝率は 0 から 1 の間の値となる。

$$h^2 = Va / Vp \tag{5-4}$$

　例として，魚類において推定された遺伝率を表 5-8 に示す。遺伝率は魚類をはじめ様々な育種対象種の様々な形質において推定されておりその数は膨大な量になる。ここに示されているのはこれまでに報告された遺伝率のごく一部であ

る。一般に遺伝率は0.2以上で選択効果が期待できるとされる（和田1979）。また，遺伝率は特定の集団において推定される値であり，飼育環境や系統，集団が異なる場合は同じ形質でも異なった値が推定される。しかし，多くの形質を調べると一定の傾向性が観察され，一般に繁殖性や活力，抗病性に関する形質の遺伝率は低く，体長や体重などの成長関連形質に関する遺伝率は中程度から高めであることが報告されている。

2）遺伝率の推定

遺伝率は血縁個体間の表現型値の似通い度を利用して推定される。血縁個体とは，親子，兄弟，半兄弟などの血縁関係にある個体のことである。遺伝率の推定法として，①子の測定値の親の測定値に対する回帰係数または相関係数を2倍する方法，子の測定値の両親平均測定値への回帰から求める方法がある。また，②各父親がそれぞれ何頭かの母親と交配し，そのおのおのに数頭の子が生まれた場合，分散分析法によって級内相関係数として遺伝率を推定する方法がある。また，③実際に選択実験を行い，選択された個体の子集団と親集団との差から求める方法（実現遺伝率）がある。近年ではコンピュータの発展により分散成分を推定するための様々なプログラムが開発され利用されている。

1）親子回帰から推定する方法

一般にある個体の表現型値（Y）は以下の式であらわされる。

$$Y = A + \varepsilon \tag{5-5}$$

ここでAは育種価，εは優性偏差やエピスタシス偏差などの相加的遺伝子効果以外の全て（残差）である。表現型値Yと育種価Aとの回帰係数は以下のようにあらわされる。

回帰係数（b）＝共分散 / 分散 = Cov (Y, A) / Vp

$$\tag{5-6}$$

ここで，育種価と残差との間には相関が無いので，

$$\text{Cov}\ (Y, A) = Va \tag{5-7}$$

となる。したがって，

回帰係数（b）= Va/Vp =遺伝率 $\tag{5-8}$

となる。これを実際の親子関係に当てはめてみると，以下のようになる。ここでは子の片親の値に対する回帰を求める。

親の表現型値（Y）= $A + \varepsilon$
子の表現型値（Y'）= $0.5A + \varepsilon'$

ここで$0.5A$となるのは，子は片親の育種価の半分しか受け継がないからである。したがって，子の親に対する回帰係数は以下のようにあらわされる。

$$b = \text{Cov}\ (A + \varepsilon, 0.5A + \varepsilon') / V(Y) \tag{5-9}$$

ここでAとεやε'との間に相関は無いので，Cov $(A, \varepsilon) = 0$, Cov $(A, \varepsilon') = 0$となり，$V(Y)$は表現型分散Vpとなる。したがって回帰係数bは以下のように求められる。

$$b = 0.5 \cdot Va/Vp = 0.5 \cdot h^2 \tag{5-10}$$

遺伝率h^2は以下のように求められる。

$$h^2 = 2b \tag{5-11}$$

となり，回帰係数の2倍が遺伝率に相当することになる。両親の平均値を用いる場合は

$$\begin{aligned} b &= \text{Cov}\ (A + \varepsilon, 0.5A + 0.5A' + \varepsilon') / V(Y) \\ &= \text{Cov}\ (A + \varepsilon, Aave + \varepsilon') = Va / Vp = h^2 \end{aligned}$$

$$\tag{5-12}$$

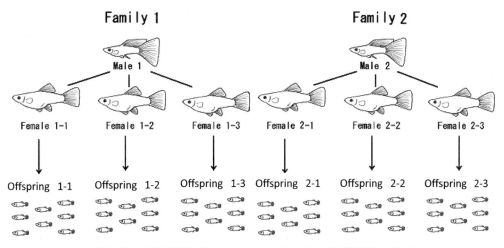

図5-7 同父半兄弟（Paternal half sibs）による半同胞家系の作出

表5-9 同父半兄弟の分析より得られる分散分析表と平均平方の成分

変動の要因	自由度	平均平方	平均平方の成分
雄親間	$s-1$	MS_S	$\sigma^2_W + k\sigma^2_D + dk\sigma^2_S$
雄親内雌親間	$s(d-1)$	MS_D	$\sigma^2_W + k\sigma^2_D$
仔魚内	$sd(k-1)$	MS_W	σ^2_W

となり，回帰係数 b がそのまま遺伝率に相当することになる。この方法で推定される遺伝率は余分な乗除が含まれないため誤差が少ないとされる。しかし，親と子で値を比較するため，親子二代にわたり同様の環境を維持し，データをとる必要があることから，時間がかかることや種によっては大規模な飼育施設を必要とすることになる。

2）級内相関係数から推定する方法

級内相関係数とは大きな個体群がいくつかの組（級）に分けられるとき，それぞれの組の全体的な類似性を表す値である。図5-7にグッピーにおける半兄弟分析の例を示す。この場合一尾の雄に対して複数の雌を交配させ，このような血縁グループ（組）を複数作成している。このように，それぞれの血縁グループ内での形質の類似性が高く他の家系とは異なっている場合，級内相関係数は1に近くなり，血縁グループ内の類似性とグループ間の類似性に差がない場合，級内相関係数は0に近くなる。具体的に級内相関係数（r）は以下の式であらわされる。

級内相関係数 $(r) = \sigma^2_B / (\sigma^2_B + \sigma^2_W)$ （5-13）

ここで σ^2_B はグループ間分散，σ^2_W はグループ内分散である。グループ内の分散が小さく，グループ間の分散が大きい場合，r は1に近づき，グループ内の分散が大きくグループ間の分散が小さいとき r は0に近づく。図5-7のような交配を行った場合，分散分析から表5-9が作成される。変動要因，自由度，平均平方，平均平方の構成からそれぞれの分散を求めることができる。

$MS_W = \sigma^2_W$
$MS_D = \sigma^2_W + k\sigma^2_D$
$MS_S = \sigma^2_W + k\sigma^2_D + dk\sigma^2_S$ （5-14）

ここで MS_W は血縁グループ内の平均平方，MS_D は同父異母グループ間の平均平方，MS_S は異父グループ間の平均平方を表す。また，s は父親の数，d は父親あたりの雌親の数，k は母親あたりの子供の数である。図5-7に示した交配は雌雄を入れ替えても成り立つ。

　具体的な血縁関係でみてみると雄親（Sire）の育種価を A とすると半兄弟平均値は調査個体数が増加するにつれて集団平均＋(1/2)A に近づく。(1/2)A になるのは半兄弟の場合では雄親から半分の育種価しか受け取らないからである。この時の遺伝分散は以下のようにあらわされる。

$$\sigma^2_S = ((1/2)\,A)^2 \tag{5-15}$$

育種価の分散が相加遺伝分散であるから，

$$\sigma^2_S = (1/4)\,V_A \tag{5-16}$$

となる。したがって級内相関係数は

$$r = \sigma^2_S / (\sigma^2_S + \sigma W^2)$$
$$= \{(1/4)\,V_A\} / V_P = (1/4)\,h^2 \tag{5-17}$$

となり，遺伝率は以下のようにあらわされる。

$$h^2_S = 4r = 4\sigma^2_S / (\sigma^2_S + \sigma^2_D + \sigma^2_W) \tag{5-18}$$

　ここで σ^2_S は父親間分散をあらわし，σ^2_W は父親内分散を表す。この場合の遺伝率は父からの成分を表す。同様に母親（Dam）からの成分は以下のように表される。

$$h^2_D = 4r = 4\sigma^2_D / (\sigma^2_D + \sigma^2_S + \sigma^2_W) \tag{5-19}$$

両親からの成分の平均は以下のように表される。

$$h^2_{S+D} = (2\sigma^2_S + 2\sigma^2_D) / (\sigma^2_S + \sigma^2_D + \sigma^2_W) \tag{5-20}$$

　この方法で推定される遺伝率の推定値には優

性分散やエピスタシス分散が含まれない。また，親のデータを必要としないことから，比較的小規模な飼育施設でも実施が可能である。

3）選択に対する選択反応より推定する方法

　図5-8に選択と選択反応の関係を示す。選択（selection）とは，量的形質などの測定値から特定の基準により望ましい遺伝子型と望ましくない遺伝子型を持つ個体を判別し，次世代を生産するために望ましい雌雄の個体を選び，望ましくない個体を淘汰（culling）することである。特定の基準を選択基準（selection criterion）と呼び，測定した複数の形質を組み合わせてつくられる。選択により集団における望ましい遺伝子の遺伝子頻度が高まり集団平均が変化する。

　選択基準に個体自身の記録を用いる場合を個体選択という。兄弟平均値を選択基準に用い，最も高い家系を選択する方法を家系選択，さらに，家系平均からの偏差を選択基準に用い，各家系から優れた個体を選択する場合を家系内選択という。肉質など個体自身を殺さないと測定できない形質や，雄では測定できない産卵数等の，選択対象個体で記録が得られない場合，兄弟や子の記録から推定する。この場合，それぞれ，兄弟検定，後代検定という。

　今，ある集団において測定した形質の値が正規分布を示し，この中から一定以上の値（k）の個体を選び，選ばれた個体をランダムに交配することにより次世代を得る場合を考える。親集団の平均値を μ_0，選ばれた個体の平均値を μ_S とすると，μ_0 と μ_S の差，ΔP を選択差（selection difference）である。この形質が遺伝要因のみによって決まっていれば選ばれた個体をランダムに交配して得られる次世代の平均値 μ_S に等しくなる。しかし，環境要因など他の要因が加わることにより，次世代の平均値は μ_S よりも小さくなる。すなわち，選択したほど選択結果が現れないことになる。次世代の平均値 μ_1 と親世代の平均値の差，ΔG を選択反応（selection response）である。選択個体群における選択差を ΔP とすると，それら個体群におけ

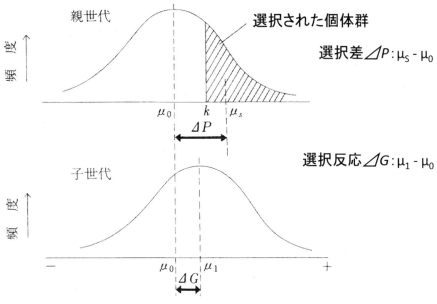

図 5-8 選択差と遺伝獲得量（選択反応）

表 5-10 各遺伝率推定方法の比較

算出方法	利　点	欠　点
親子回帰	余分な係数や乗除をしないので三つの方法の中で誤差が最も小さい	親と子の両方の測定をする必要がある。
半兄弟比較	優性分散やエピスタシス分散を含まない。比較的小規模な設備で推定可能	共通環境による過大推定になりやすい。
選択に対する反応	実際の選択に対する反応であるため誤差が少なく，信頼性が高い	親子回帰と同様に，二世代におけるデータが必要となる。 また，二世代にわたり同様の環境を整備する必要があるなど大規模な設備が必要

る平均育種価は $h^2 \Delta P$ となる。選択個体群が交配され，生まれる子世代にはこの育種価分だけが伝えられるので，子世代の遺伝獲得量は以下のようにあらわされる。

$$\Delta G = h^2 \Delta P \tag{5-21}$$

したがって，遺伝率は以下のようにあらわされる。

遺伝率 $(h^2) = \Delta G / \Delta P =$ 選択反応 / 選択差
$$\tag{5-22}$$

このように遺伝率がわかっていれば選択差から遺伝獲得量（選択反応）を予測することができる。このような実際に選択を行った結果に基づいて推定される遺伝率を実現遺伝率（realized heritability）という。この手法で推定された遺伝率も親子回帰と同様に余分な乗除が無いため，誤差が少ないとされている。しかし，親子回帰と同様に親子二代からデータをとる必要があり，種によっては時間や大規模な飼育施設が必要となる場合がある。本節では，人為的に特定の形質を選ぶ場合に「選抜」が用いられることが多いが，本節では原理を説明することから「選択」を用いた。

以上三種類の遺伝率推定方法を紹介してきたが，それぞれの方法に利点欠点が存在する。表

5-10 にそれらを紹介する。それぞれの手法の利点欠点と自らの有する系統，飼育環境等を考慮し，最も適した手法を選ぶことが望まれる。

3）選択限界と関与する遺伝子の数

　選択を行えばメダカやグッピーのような小型魚類でもマグロのように大きくなるのであろうか？実際には選択を行っていてもいつかは限界に達する。それは集団中に存在する遺伝的変異が無くなってしまうとそれ以上変化しなくなってしまうからである。したがってある形質における選択限界は集団中に存在する遺伝的変異の量と関係する遺伝子の数によって決まるといえる。逆の言い方をすれば選択限界からその形質に関与する遺伝子の数を推定することができる。

　非常に異なった形質を有する二つの系統を考える。これらの系統はある形質に関して異なった二つのホモ接合体に固定していると考えることができる。体長に関して言えば，系統 I は体長に関与する遺伝子全てが大きくなる対立遺伝子 *A*, *B*, *C* に固定しており，系統 II はすべての遺伝子が小さくなる対立遺伝子 *a*, *b*, *c* に固定していると仮定する。系統 I の遺伝子型は *AA*, *BB*, *CC* となり，系統 II は *aa*, *bb*, *cc* となる。これら二つの系統間の遺伝子型の差異は二つの対立遺伝子が混在する元集団から大きくなる方向と小さくなる方向へ選択を行いそれが固定された結果ともいえる。したがって二つの系統間の体長の差異は選択に対する応答のレンジ（R_T）と考えることができる。この応答のレンジは関与する遺伝子の数（n）とそれぞれの対立遺伝子一個の効果（*a*）の和といえる。

$$R_T = 2na \tag{5-23}$$

　ここで na が 2 倍されているのは大小への二方向を考慮しているためである。ここで系統 I と系統 II を交配し，F_1，F_2 を得たとき F_1 の遺伝子型は全ての個体でヘテロ型となるため，遺伝分散は 0 となり，環境分散のみとなる。一方，F_2 では遺伝子型の分離が生じるため観察される分散は遺伝分散と環境分散の和となる。F_2 での遺伝分散は以下のように推定することができる。2 つの系統の F_2 であるから，各遺伝子座の対立遺伝子頻度はそれぞれ 0.5 となる。したがって相加遺伝分散（V_A）は以下のように求められる。

$$V_A （相加遺伝分散）= 2pq(a + d(q - p))^2$$
$$p = q = 0.5$$

であるから

$$
\begin{aligned}
V_A （相加遺伝分散）&= 2pq(a + d(q - p))^2 \\
&= 2 \cdot 0.5 \cdot 0.5(a + d(0.5 - 0.5))^2 \\
&= 0.5 \cdot a^2 \tag{5-24}
\end{aligned}
$$

　n 個の遺伝子に関しては

$$V_A = 0.5\Sigma a^2 = 0.5\,n\,a^2 \tag{5-25}$$

　応答のレンジから

$$a = R_T / 2n \tag{5-26}$$

となり，遺伝子数（n）は以下の式で求められる。

$$n = R_T^2 / 8V_A \tag{5-27}$$

　ここで R_T は 2 つの系統間の差異（$m_1 - m_2$）と置き換えることができ，V_A は F_2 世代の分散から F_1 世代の分散を引いた値として求められる。したがって，異なる値を有するに系統間の差異に関与する遺伝子の数を以下のように推定することができる。

$$n = (m_1 - m_2)^2 / 8(V_{F2} - V_{F1}) \tag{5-28}$$

　表 5-11 にグッピーの F 系統と S 系統における体長の比較と推定された体長差に関与する遺伝子数を示す。F 系統と S 系統との体長差に関与する遺伝子数はあまり多くないことが期待され

表 5-11　交配実験から推定されたグッピーの体長の系統差に関与する遺伝子数

交　配	性別	平均	標準	体長	(mm)	分	散	遺伝子数
雌　雄		S	F	F_1	F_2	F_1	F_2	
S × F	雌	22.8	–	30.1	28.9	0.4	3.9	1.6
	雄	–	19.7	18.1	18.8	0.7	1.6	1.4
F × S	雌	–	29.4	27.8	26.8	2.8	4.4	3.5
	雄	16.5	–	18.2	18.0	0.3	0.9	2.3

ている。この遺伝子数の推定はすべての遺伝子の寄与率が等しいことや遺伝的に均質な系統同士の交配であることなどいくつか推定のための条件がある。また，このようにして作成された F_2 間での形質の差異を利用した QTL 解析も行われている。

4．遺伝相関

　二つ以上の測定値間の関連性を表す尺度として相関係数（correlation coefficient）が用いられる。表型相関，遺伝相関および環境相関係数の三つが計算され区別される。特に遺伝相関は一つの形質を選択対象として改良を進める場合，他の形質の変化を推定する情報を与えてくれる。遺伝相関が生じる要因としては遺伝子の多面発現と連鎖，エピスタシスを挙げることができる。ある遺伝子がいくつかの形質に対して影響を及ぼしている場合，それぞれの形質間で一定の傾向が現れる可能性がある。また，連鎖した遺伝子の影響で二つの形質間で関連が現れる場合がある。遺伝相関の推定方法は遺伝率の推定方法と同様に血縁個体間の表型似通いを利用して推定する。

　推定方法として以下の二つの手法がある。ひとつは回帰係数から推定する方法で，もう一つは共分散から推定する方法である。ここではサクラマスの脊椎骨数を例に推定方法について紹介する。回帰係数から推定する方法では以下のように求められる。

b_{AXBY}：A 集団の形質 X と B 集団の形質 Y の回帰係数

b_{AXBX}：A 集団の形質 X と B 集団の形質 X の回帰係数

b_{AYBY}：A 集団の形質 Y と B 集団の形質 Y の回帰係数

b_{AYBX}：A 集団の形質 Y と B 集団の形質 X の回帰係数

の時，

$$遺伝相関 = \sqrt{(b_{AXBY} \cdot b_{AYBX} / b_{AXBX} \cdot b_{AYBY})}$$

(5-29)

で表される。サクラマスにおける親の腹椎に対する子の尾椎の回帰係数は − 0.648，親の尾椎に対する子の腹椎の回帰係数は − 0.702，親の腹椎に対する子の腹椎の回帰係数は 0.647，親の尾椎に対する子の尾椎の回帰係数は 0.843 となるので，これらの数値を式 5-29 に代入すると，腹椎と尾椎の遺伝相関は以下のように求められる。

遺伝相関（腹椎−尾椎）
$$= \sqrt{(− 0.648 \cdot − 0.702 / 0.647 \cdot 0.843)} = 0.913$$

となり高い相関があることがわかる。しかし，この手法は平方根を求めるため，正の相関か負の相関かはわからない。相関の方向性を見るためには共分散から求める方法を用いる必要がある。

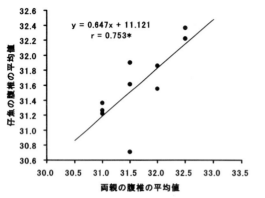
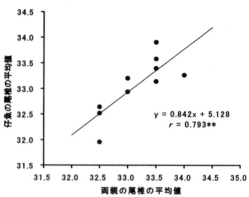

図 5-9　サクラマスの腹椎と尾椎における親子間の関係

$$r = \frac{1/2\ (COV_{AV \cdot CV} + COV_{AV \cdot CV})}{\sqrt{COV_{AV \cdot CV} \times COV_{AV \cdot CV}}} \quad (5\text{-}30)$$

ここで

$COV_{AV \cdot CV}$：両親の腹椎と仔魚の尾椎との間の共分散

$COV_{CV \cdot AV}$：両親の尾椎と仔魚の腹椎との間の共分散

$COV_{AV \cdot AV}$：両親の腹椎と仔魚の腹椎との間の共分散

$COV_{CV \cdot CV}$：両親の尾椎と仔魚の尾椎との間の共分散

である。それぞれの共分散は以下のとおりである。

$COV_{AV \cdot CV}$：-10416.809
$COV_{CV \cdot AV}$：-10477.254
$COV_{AV \cdot AV}$：-10002.765
$COV_{CV \cdot CV}$：-10957.164

この値を式 5-30 に代入すると以下のように遺伝相関が求められる。

遺伝相関＝$(-10461.809 - 10477.254) /$
$(2\sqrt{(-10002.765 \cdot -10957.164)}) \fallingdotseq -1.000$

となり，強い負の遺伝相関があることがわかる。脊椎骨数は遺伝的に変化するが，全体の数を一定に保つ仕組みがある可能性が示唆されている。

5．遺伝率推定の実際

1）親子回帰による遺伝率の推定

図 5-9 にサクラマスにおける脊椎骨数の親子関係を示す。脊椎骨は肋骨を有する腹椎と血管棘を有する尾椎に分けることができる。ここでは腹椎と尾椎それぞれについて 10 ペアの親子間での相関を調べている。

両親の腹椎の平均値に対する仔魚の腹椎の平均値の回帰係数 b は 0.647 で有意な正の相関が観察された。また，両親の尾椎の平均値に対する子の尾椎の平均値の回帰係数 b は 0.842 と腹椎の場合と同様に正の有意な相関を示した。これらの回帰係数がそれぞれ腹椎数と尾椎数の遺伝率に相当する。サクラマスの腹椎，尾椎は高い遺伝率を示し，数の変異には強い遺伝要因が関与していることを示している。

2）級内相関係数から推定する方法

級内相関係数から遺伝率を推定する方法では

第 5 章　量的形質における遺伝の法則　**85**

表 5-12　グッピーにおいて推定された高温耐性の遺伝率

雌仔魚			
	自由度	平均平方	平均平方の成分
雄親間	4	10.768	$\sigma^2_W + k\sigma^2_D + dk\,\sigma^2_S$
雄親内雌親間	5	9.075	$\sigma^2_W + k\sigma^2_D$
仔魚間	82	1.238	σ^2_W
	$k = 9.2,\ d = 2$	雄親成分 = 0.092	雌親成分 = 0.852

雄仔魚			
雄親間	4	4.158	$\sigma^2_W + k\sigma^2_D + dk\,\sigma^2_S$
雄親内雌親間	5	4.225	$\sigma^2_W + k\sigma^2_D$
仔魚間	66	0.497	σ^2_W
	$k = 7.6,\ d = 2$	雄親成分 = − 0.004	雌親成分 = 0.491

1 個体の雌，あるいは雄に対して複数の雄，あるいは雌を交配して得られた次世代の形質を用いて推定する。親魚の交配様式は図 5-7 で示した手法と同様である。この手法を用いてグッピーにおいて高温耐性の遺伝率を推定した例を紹介する。

　グッピーの 1 尾の雄親に 3 〜 4 尾の雌を交配させ次世代を得る。得られた次世代の生後 180 日目に水温 37℃ での生存時間を指標とし，環境適応能力の遺伝率推定を行った。分散分析結果を表 5-12 に示す。雌仔魚，雄仔魚でそれぞれ雌親成分と雄親成分を求めた。得られた結果を表 5-12 に示す。雌仔魚における雌親成分，雌親の遺伝率，が 0.852 と最も高い値を示し，雄仔魚における雌親成分はその約半分の 0.491 であった。一方，雄親成分は雌仔魚，雄仔魚とも低い値であった。このことは雌親の遺伝的影響（母性遺伝）を含むために高い値が推定されていることを示している。

3）選択に対する選択反応より推定する方法
　グッピーにおける高温耐性の選択実験結果を図 5-10 に示す。3 回の選択実験の結果，初代の平均生存時間が 2.9 時間であったものが 3 世代後に 4.4 時間となっている。この間の選択された親の生存時間とその次世代の生存時間を表

5-13 に示す。最初の選択では平均生存時間 2.9 時間の集団から平均 3.9 時間の親が選ばれた。この時の選択差は 1.0 時間である。選ばれた親魚から得られた次世代の平均生存時間は 3.7 時間であった。選択反応は 0.8 時間で，選択差に対する選択反応，$\Delta G/\Delta P$ は 0.8 となり，これが遺伝率に相当する。二回目の選択では平均 3.7 時間の親から平均 4.6 時間の親が選択され，選択差は 0.9 時間，得られた次世代の平均生存時間は 4.5 時間で選択反応は 0.8 時間となった。この時の選択差に対する選択反応，$\Delta G/\Delta P$ は 0.889 と非常に高い値となった。しかし，三回目の選択では平均 4.5 時間の集団から平均 5.1 時間の親が選ばれ，次世代の平均値は 4.4 時間であった。この時の選択差に対する選択反応，$\Delta G/\Delta P$ は − 0.167 となり，負の値となった。これは全く選択の効果がないことを示している。選択の効果が無くなることに関しては選択限界として解説している通り，系統差やその形質の変異に関与する遺伝子の数やその系統が有する変異の量による。

　何回かの選択を行った場合，選択の回数による平均の実現遺伝率を求める必要がある。この場合累積選択差に対する選択反応の回帰として遺伝率を求めることができる。図 5-11 にグッピーの高温耐性における累積選択差に対する選

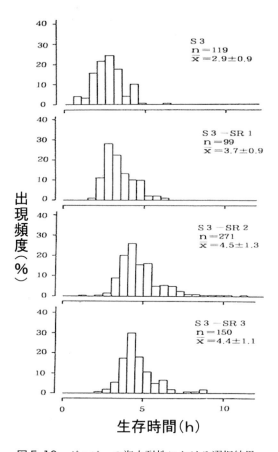

図5-10 グッピーの海水耐性における選択結果

表5-13 グッピーの海水耐性における実現遺伝率の推定

世代	μ_0	μ_S	μ_1	ΔP	ΔG	$\Delta P/\Delta G$
S3-SR1	2.9	3.9	3.7	1.0	0.8	0.800
S3-SR2	3.7	4.6	4.5	0.9	0.8	0.889
S3-SR3	4.5	5.1	4.4	0.6	−0.1	−0.167

択反応の相関を示す。横軸が累積選択差である。初代は選択差0, 二代目は選択差1.0, 三代目は選択差0.9であるので, 累積選択差は1.9となる。四代目は1.0 + 0.9 + 0.6で2.5となる。縦軸は各世代の平均値である。この時の回帰係数 b の0.651が3回の選択での平均の実現遺伝率となる。

3) 選択と選択反応

前項では遺伝率推定手法の一つとして選択(selection)について述べてきた。しかし, 選択は量的形質などの測定値から特定の基準により望ましい遺伝子型と望ましくない遺伝子型を持つ個体を判別し, 次世代を生産するために望ましい雌雄の個体を選び, 望ましくない個体を淘汰(culling)することである。特定の基準を選択基準(selection criterion)と呼び, 実際には一つの形質だけではなく測定したいくつかの複数の形質を組み合わせて選択される。選択により集団における望ましい遺伝子の遺伝子頻度が高まり集団平均が変化することになる。

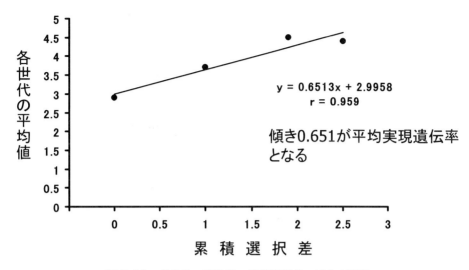

図5-11　各世代の平均値の累積選択差に対する回帰

　複数の形質に対して選択を行おうとする場合，以下のようないくつかの手法が考案されている。

1)繰り返し選択法
2)独立選択法
3)選択指数法

　これらの手法について説明して行く。
繰り返し選択法：ある形質に対して選択を行い，目標の値に達した後に次の目標となる形質の選択を行う手法である。一つの形質に対して選択を行い目標の値まで選択を行った後に次の形質に対しての選択を行うため非常に長い時間を要する。また，選択する二つの形質の間に負の遺伝相関が存在している場合，選択目標を達成することはできない。
独立選択法：複数の形質に対してそれぞれの選択基準を設けすべてを満たした個体のみを選択する手法である。独立選択の概念を図5-12に示す。繰り返し選択法に比べ短時間で目標を達成することができる。しかし，複数の形質の全てに対して優れた値を示した個体しか選択されないことになり，ある形質で非常に優れていても他の形質で少しでも劣っている場合は選択されないことになる。また，親として選択される個体数が少なくなる傾向があり，近交係数の上昇や多様性の低下など他の負の要因が働く可能性がある。

選択指数法：上記二つの手法の欠点を補う形で考案されたのが選択指数法である。選択指数法とは対象となる全ての形質の表現型値を式に当てはめ総合値を算出し，算出された総合値を元に選択する手法である。選択指数は以下の式で求められる。

$$選択指数\ (I) = b_1X_1 + b_2X_2 + b_3X_3 + \cdots + b_nX_n \tag{5-31}$$

　ここでIはその個体の総合値，bはその形質のその集団における遺伝率や相関，経済的重要度から決められる重み付け値である。また，Xはその個体のそれぞれの形質の表現型値である。

　しかし，遺伝率は特定の集団に対して求められる値であるため，異なる集団など，当てはめることができない場合がある。これを解決するために考案されたのがヘーゼルの選抜指数法である（Hazel 1943）。選択と選抜の違いについては4-5-3で述べた。ここでは選抜を用いる。ヘーゼルの選抜指数法には血縁関係にある個体の情報が用いられる。いま，二つの形質を仮

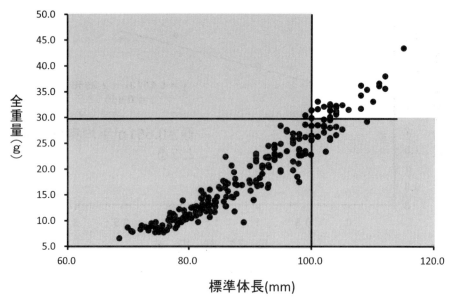

図5-12 イサキにおける全重量と標準体長を用いた独立選択
網掛けの部分が除去される個体をあらわす。標準体長で100mm以上，全重量が30g以上の個体が選ばれる。

定する。ある個体の対象とする形質における相対経済価値を a_1, a_2, 育種価を A_1, A_2 とすると，総合育種価（H）は以下のように求められる。

$$H = a_1 A_1 + a_2 A_2 \quad (5\text{-}32)$$

一方，対象となる形質の選抜指数は以下のように表すことができる。

$$I = b_1(y_1 - \mu_1) + b_2(y_2 - \mu_2) \quad (5\text{-}33)$$

ここで，総合育種価と選抜指数との間の相関係数が最大となるように重み付け値 b_1 と b_2 を求める。ここで y_1, y_2 は両親の平均値，μ_1 と μ_2 は集団平均である。重み付け値は以下の式から求めることができる。

$$\begin{vmatrix} b_1 \\ b_2 \end{vmatrix} = \begin{vmatrix} \mathrm{Var}(y_1) & \mathrm{Cov}(y_1, y_2) \\ \mathrm{Cov}(y_1, y_2) & \mathrm{Var}(y_2) \end{vmatrix}^{-1}$$
$$\begin{vmatrix} \mathrm{Var}(A_1) & \mathrm{Cov}(A_1, A_2) \\ \mathrm{Cov}(A_1, A_2) & \mathrm{Var}(A_2) \end{vmatrix} \begin{vmatrix} a_1 \\ a_2 \end{vmatrix}$$

$$(5\text{-}34)$$

ここで得られた重み付け値 b_1 と b_2 を式5-33に当てはめた式がヘーゼルの選抜指数式である。この式は次に述べるBLUP法が開発されるまでは家畜育種の分野で広く用いられていたが，母数効果を考慮できないことや複雑な血縁関係を考慮できないなどの問題点があった。

4）育種価と育種価の推定法

育種価（breeding value）とは次世代の集団平均をどの程度変化させうるかを表す，親としての個体の能力を示す値である。5-2-2で育種価の概念を説明したが，実際に我々が知ることができるのは表現型値だけである。実際の表現型値は多数の遺伝子や環境の総合的な効果であることから，育種価は統計的な手法を用いて推定することとなる。この場合，多数の遺伝子が関与する形質であったとしても個々の遺伝子の効果は無視され，関与する遺伝子の総合的な効果として表現型値と育種価を扱うこととなる。この場合関与する遺伝子数を無限個のポリジーンと仮定し，全ての遺伝子の寄与率を等しいとすることとなる。

量的形質の選択では表現型値から育種価を

予測し，予測育種価が選択基準として用いられる。従って，育種価をいかに正確に予測するかが量的形質の改良の際には重要となる。育種価を予測するには遺伝率などの遺伝的パラメータが予め知られていなければならない。遺伝的パラメータと集団の平均が既知で，選択の対象となっている個体が全て同じ時期で同じ条件のもとで飼育されている場合，育種価の予測には最良線形予測法（Best Linear Predictor）が用いられる。一方，飼育条件，時期などがバラバラである場合，全個体の平均値を単純に集団平均とみなせない。そこで，飼育条件，時期など一定の固定した効果である母数効果の影響を取り除き，個体の血縁情報を取り込むことにより，正確で偏りのない親や個体の遺伝的能力（育種価）を変量効果として予測する手法が開発された。Henderson（1973）は式5-34に示す混合モデル方程式を解くことで母数効果と変量効果を同時に求められることを証明した。この手法は偏りのない推定方法ということでブラップ法（Best Linear Unbiased Predictor，BLUP法）と呼ばれている。

育種価の最も単純な求め方は個体自身の一回の記録に基づく予測法である。表現型値（Y）は集団平均（μ），育種価（A）とその他の効果の合計（ε）で表される。

$$Y = \mu + A + \varepsilon \tag{5-35}$$

これを集団平均からの偏差で表すと

$$Y = A + \varepsilon \tag{5-36}$$

となる。基本的にある形質が遺伝要因のみで決定されていればεは0となり，

$$Y = A \tag{5-37}$$

となるが，実際の表現型は遺伝率分しか反映されない。従って育種価は以下のように表される。

$$A = Yh^2 \tag{5-38}$$

複数回の記録が得られている場合には記録の回数やそれぞれの計測値の安定性を反復率（R）として求めそれらを考慮し以下のように推定される。この場合のYはm回の測定における平均値である。

$$A = (m / (1 + (m - 1) R)) \cdot Yh^2 \tag{5-39}$$

ある親個体に対して複数の個体を交配し後代が得られている場合は以下のように求めることができる。

$$A = (1/2) n / (1 + (n - 1) r) \cdot Yh^2 \tag{5-40}$$

ここでnは後代の数，rは級内相関係数，Yは後代の平均値である。いずれの場合も母数効果を考慮しておらず，親子関係以外の血縁関係を考慮していない。

BLUP法の解説には行列式が用いられる。これは以下のような状況を簡潔に表すためである。表5-14に示すように異なる固定因子A（年次の効果）と変量因子B（親の遺伝的能力）から8個体の子が得られているとする。この場合，8個体の表現型値はそれぞれ以下の式で表されることとなる。εは残差を表す。このような固定因子（効果）と変量因子（効果）が組み合わされた一連の式は混合モデル方程式と呼ばれる。

$$\begin{aligned}
Y_{111} &= \mu + \alpha_1 + \beta_1 + \varepsilon_{111} \\
Y_{112} &= \mu + \alpha_1 + \beta_1 + \varepsilon_{112} \\
Y_{121} &= \mu + \alpha_1 + \beta_2 + \varepsilon_{121} \\
Y_{122} &= \mu + \alpha_1 + \beta_2 + \varepsilon_{122} \\
Y_{211} &= \mu + \alpha_2 + \beta_1 + \varepsilon_{211} \\
Y_{212} &= \mu + \alpha_2 + \beta_1 + \varepsilon_{212} \\
Y_{221} &= \mu + \alpha_2 + \beta_2 + \varepsilon_{221} \\
Y_{222} &= \mu + \alpha_2 + \beta_2 + \varepsilon_{222}
\end{aligned} \tag{5-41}$$

これを以下のように変形する。

表 5-14 混合モデルにおける測定値，主効果，交互作用

	変量因子 B 水準 B_1	（親の遺伝的能力） 水準 B_2	
固定因子 A （年次の効果）	測定値	測定値	
水準 A_1	y_{111} y_{112}	y_{121} y_{122}	主効果 α_1
水準 A_2	y_{211} y_{212}	y_{221} y_{222}	主効果 α_2
	主効果 β_1	主効果 β_2	

$Y_{111} = 1\cdot\mu + 1\cdot\alpha_1 + 0\cdot\alpha_2 + 1\cdot\beta_1 + 0\cdot\beta_2 + \varepsilon_{111}$

$Y_{112} = 1\cdot\mu + 1\cdot\alpha_1 + 0\cdot\alpha_2 + 1\cdot\beta_1 + 0\cdot\beta_2 + \varepsilon_{112}$

$Y_{121} = 1\cdot\mu + 1\cdot\alpha_1 + 0\cdot\alpha_2 + 0\cdot\beta_1 + 1\cdot\beta_2 + \varepsilon_{121}$

$Y_{122} = 1\cdot\mu + 1\cdot\alpha_1 + 0\cdot\alpha_2 + 0\cdot\beta_1 + 1\cdot\beta_2 + \varepsilon_{122}$

$Y_{211} = 1\cdot\mu + 0\cdot\alpha_1 + 1\cdot\alpha_2 + 1\cdot\beta_1 + 0\cdot\beta_2 + \varepsilon_{211}$

$Y_{212} = 1\cdot\mu + 0\cdot\alpha_1 + 1\cdot\alpha_2 + 1\cdot\beta_1 + 0\cdot\beta_2 + \varepsilon_{212}$

$Y_{221} = 1\cdot\mu + 0\cdot\alpha_1 + 1\cdot\alpha_2 + 0\cdot\beta_1 + 1\cdot\beta_2 + \varepsilon_{221}$

$Y_{222} = 1\cdot\mu + 0\cdot\alpha_1 + 1\cdot\alpha_2 + 0\cdot\beta_1 + 1\cdot\beta_2 + \varepsilon_{222}$

$$(5\text{-}42)$$

これを行列式に書き換えると以下のようになる。

$$
\begin{vmatrix} Y_{111} \\ Y_{112} \\ Y_{121} \\ Y_{122} \\ Y_{211} \\ Y_{212} \\ Y_{221} \\ Y_{222} \end{vmatrix}
=
\begin{vmatrix} 110 \\ 110 \\ 110 \\ 110 \\ 101 \\ 101 \\ 101 \\ 101 \end{vmatrix}
\begin{vmatrix} \mu \\ \alpha_1 \\ \alpha_1 \end{vmatrix}
+
\begin{vmatrix} 10 \\ 10 \\ 01 \\ 01 \\ 10 \\ 10 \\ 01 \\ 01 \end{vmatrix}
\begin{vmatrix} \beta_1 \\ \beta_1 \end{vmatrix}
+
\begin{vmatrix} \varepsilon_{111} \\ \varepsilon_{112} \\ \varepsilon_{121} \\ \varepsilon_{122} \\ \varepsilon_{211} \\ \varepsilon_{212} \\ \varepsilon_{221} \\ \varepsilon_{222} \end{vmatrix}
$$

$$(5\text{-}43)$$

これを以下のような数学モデルに書き換えることができる。

$$Y = X\cdot\beta + Z\cdot u + \varepsilon \tag{5-44}$$

ここで Y は各個体の観察値，X は観察値がどの母数効果の水準に属するかを示す計画行列，β は母数効果のベクトル，Z は各個体がどの親から生まれたかを示す計画行列，u は親の遺伝的能力を示すベクトル，ε は残差のベクトルである。このような数学モデルを設定すると β および u の解は以下の混合モデル方程式の解として得られる。

$$
\begin{vmatrix} X'X & X'Z \\ Z'X & Z'Z + A^{-1}\sigma_\varepsilon^2/\sigma_\alpha^2 \end{vmatrix}
\begin{vmatrix} \hat{\beta} \\ \hat{u} \end{vmatrix}
=
\begin{vmatrix} X'y \\ Z'y \end{vmatrix}
$$

$$(5\text{-}45)$$

ここで A^{-1} は用いた個体間の血縁行列の逆行列である。表5-12では親間の関係を単純化するために血縁関係は示さなかった。しかし，それぞれの個体の育種価を得ようとする場合は親や観測値の得られていない祖父母や更にその前の代の血縁関係が得られているとより正確な育種価を算出することができる。$\sigma e^2/\sigma a^2$ は環境分散と相加遺伝分散との比である。遺伝率を0.4とした場合，$1/0.4 - 1 = 1.5$ となる。

BLUP法には個体自身の記録をも含めて育種価を推定するアニマルモデルや反復率モデル，父親モデルなどがある。遺伝率推定と同様に大規模な動物集団での育種価推定のためのコンピュータプログラムが開発され利用されている。

BLUP法には以下のような利点と欠点がある。利点として挙げられるのは以下の5点である。

1）環境補正効果

異なる年次や異なる地域，異なる飼育者により飼育された個体を評価しようとする場合，これらを母数効果に取り入れることによりこれらの効果を補正したうえで育種価を求めることができる。

第5章 量的形質における遺伝の法則 91

２）血縁個体の情報

個体自身の情報だけではなく，血縁個体の情報を取り入れることができるため，選択の正確度が高まる。特に遺伝率の低い形質において効果が高いとされている。

３）不揃いなデータの利用

欠測値など情報量が異なる個体についても比較を行うことができる。

４）複数形質の評価

複数の形質についても同時に評価することができる。

５）情報を持たない個体の評価

血縁情報を用いることにより，情報を持たない個体や今後生産される個体の能力も予測することができる。

BLUP法はこのように非常に優れた手法であるが，一方で以下に示すような欠点も存在する。BLUP法は形質が無限のポリジーンにより支配されていることを仮定している。そのためにより血縁関係の近い近縁個体が選択されやすく，その結果，近交係数が上昇しやすいことが挙げられる（Calus 2010）。また，メンデルの分離効果が考慮できない点が挙げられる（Daetwyler *et al.* 2007）。すなわち，父母が同一の全兄弟は分子血縁行列から区別することができない。このような欠点はあるものの，BLUP法は様々な場面で現在でも用いられている。

一方でこれらの欠点を補うとともにより正確な育種価の推定が可能となる手法としてゲノム選抜法が考案されている。ゲノム選抜法は高密度なDNAマーカーの利用が可能となった2000年代にNeuwissen *et al.*（2001）によって考案された。ゲノム選抜法では血縁個体の能力ではなく全ての遺伝マーカーの能力を変量効果として求め総計を育種価（ゲノム育種価）として推定する。数学モデルは式5-45と同様であるが計画行列は各マーカーの効果を示す行列で，一方のホモが0，ヘテロが1，もう一方のホモが2の数値が割り当てられる。またuは遺伝マーカーの変量効果（能力）となる。この手法を用いることにより，特定の形質に関与する対立遺伝子の

組み合わせのみを選び出すことが可能となるため，他の遺伝子の多様性を低下させることなく選択を行うことができるとされている。Nielsen *et al.*（2010）は従来の育種価を用いた選択とゲノム育種価を用いた選択のコンピュータシミュレーションによる比較を行い，ゲノム育種価で選択を行う方が選択効果が高く，近交係数の上昇も少ないことを示している。現在でも様々な改良や手法が加えられている。

6. 近親交配と近交弱勢

近親交配については第4章でハーディ・ワインベルグの法則を乱す要因として説明している。ここでは近親交配により遺伝子型頻度が変化することによりどのような弱勢が生じるかについて述べる。第4章で示した表4-3より，近親交配が原因で毎世代 pqF ずつホモ接合率が増加する。従って，観察されるホモ接合体のうち近親交配が原因で増加したホモ接合の割合（Q）を以下のように表すことができる。

$$Q = q\,(1-q)\,F\,/\,(q^2 + q\,(1-q)\,F) \qquad (5\text{-}46)$$

この近親交配によるホモ接合体の割合は近交係数が高いほど，また，ホモ接合体の頻度が低いほど高くなる。図4-4に示したように初期頻度0.5の劣性致死遺伝子は100世代後に自然選択により0.0098と1％以下まで頻度が低下する。この時に近親交配が生じた場合，この低下した劣性致死遺伝子の頻度がどのように変化するかを式5-46にそれぞれの値を代入し，シミュレーションした結果を表5-15に示す。ランダムな交配が行われている場合，劣性致死遺伝子がホモ接合体となる確率は0.000096で約一万個体に一個の割合となる。ここで，いとこ交配，全兄弟交配，自殖が行われた場合のホモ接合体の頻度はそれぞれ0.00131，0.00252，0.00495となりランダムな交配が行われている時と比べいとこ交配で13.6倍，全兄弟交配で26.3倍，自殖で51.6倍となり，劣性の致死遺伝子がホモ化する確率

表5-15 100世代後の劣性致死遺伝子が近交によりホモ化する確率

近交係数	近交によりホモ接合となる割合 (Q)	ホモ接合体となる確率	ランダム交配と比べた場合のホモ接合体となる倍率
ランダム交配 (F = 0)		0.000096	
いとこ交配 (F = 0.125)	0.927	0.00131	13.6倍
全兄弟交配 (F = 0.25)	0.962	0.00252	26.3倍
自殖 (F = 0.5)	0.981	0.00495	51.6倍

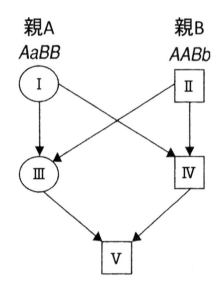

図5-13 致死相当量推定の原理

が高くなることがわかる。この時，ホモ接合体の中で近親交配が原因でホモ接合体となる割合はいとこ交配で0.927，全兄弟交配で0.962，自殖で0.981と近親交配が原因でホモ接合となる割合が非常に高いことがわかる。このような有害遺伝子のホモ化が近交弱勢の原因の一つと考えられている。

一方，近親交配による様々な形質の劣化から原因遺伝子の数を致死相当量（lethal equivalent）として求める試みがなされている。致死相当量の推定には生残率が良く用いられている。致死相当量はある単一遺伝子座の場合その対立遺伝子がホモ接合となった時に致死となり，二つの対立遺伝子の場合その対立遺伝子がホモ接合となった時の致死の確率が0.5と考える。いま，

二倍体生物の全兄弟交配における致死相当量を考えてみよう（図5-13）。雌親Aの遺伝子型は$AaBB$，雄親Bの遺伝子型は$AABb$である。対立遺伝子aとbはそれぞれ致死遺伝子である。遺伝子座Aと遺伝子座Bでaとbがホモ接合となった時致死となる。個体Vの近交係数は第3章での計算例の通り0.25である。一方，Vにおいて遺伝子座AもBもホモ接合とならない確率は$(15/16)^2 = 0.879$となる。これはそれぞれの遺伝子座の対立遺伝子がホモ接合となる確率が1/16であるから，である。このことは近交係数0.25の時生残率が12%(1 − 0.879)低下することを示している。

一般的に致死相当量の推定は近交係数に対する生残率の回帰として表される（図5-14）。近

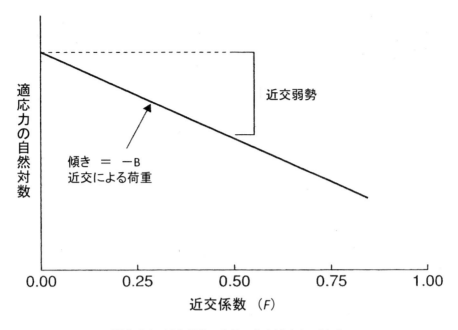

図 5-14 近交係数の上昇に伴う適応力の低下

表 5-16 グッピー集団における誕生時死亡に関与する遺伝子数の推定

	系統名	誕生時死亡率 ($F=0$)	誕生時死亡率 ($F=0.25$)	A	B	A+B	$2\times(A+B)$
継代飼育系統	F	0.024	0.254	0.024	0.920	0.944	1.888
	S	0.019	0.120	0.019	0.404	0.423	0.846
野生化集団	Na − 1	0.006	0.032	0.006	0.104	0.110	0.220
	Na − 2	0.061	0.032	0.061	− 0.116	− 0.055	− 0.110
	Na − 3	0.052	0.019	0.052	− 0.132	− 0.080	− 0.160

親交配により様々な有害遺伝子が顕在化すると仮定すると，近交係数の上昇に伴い生残率の低下が観察されることになる。ここで生残率の減少の量が近交弱勢であり傾き B が近交による荷重（inbreeding load）となる。モートン（Morton et al. 1956）は近交係数と生残率との間に以下の関係を示した。

$$S = e^{-(A+BF)}$$
$$\text{Ln } S = -A - BF \tag{5-47}$$

ここで e^{-A} は無作為交配時の生残率，B は近親交配時の適応力の低下で，ホモ接合時の生残率の低下を表す。従って，A + B は配偶子あたりの致死相当量であり，$2\times(A+B)$ は個体あたりの致死相当量を表すことになる。

グッピーの F 系統と S 系統における無作為交配（$F=0$）時と兄弟交配（$F=0.25$）時の誕生時生残率を表 5-16 に示す。F 系統では誕生時死亡率が $F=0$ の時 0.024 であったのに対して $F=0.25$ の時 0.254 と約 10 倍に上昇している。S 系統も同様に 0.019 から 0.120 と上昇している。これらの結果から推定される F 系統と S 系統における個体あたりの致死相当量はそれぞれ約 1.9

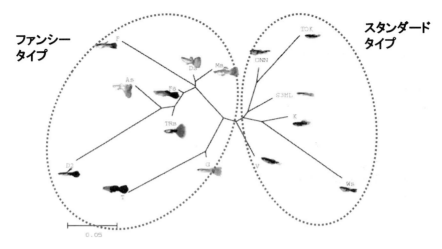

図 5-15　グッピー 15 系統間の遺伝的類縁関係

と 0.8 となる。野生化集団で求められている値，0.2 や − 0.1 と比べ高い値となっている。人為管理下で飼育され，様々な観賞用の形質が自然選択の対象とはならなくなることにより，有害遺伝子の蓄積が進んだものと考えられる。

7．ヘテロシスと雑種強勢

これまでは育種手法として集団の中から目的とする遺伝子を選択し，集団平均を変化させる手法を中心に述べてきた。この手法とは全く異なる育種手法として雑種強勢やヘテロシス育種が挙げられる。雑種強勢とヘテロシスは厳密には異なる現象を指しているが，最近ではほとんど区別されなくなっている。ヘテロシスは 2 つの遺伝的に異なる系統を交配した際に雑種第一代が両親系統よりも強健になることを指す。基本的に一代限りの性質に関して定義される。一方，雑種強勢は集団中でのヘテロ性の優位性を指し，世代にこだわらない。ヘテロ接合体率の高い個体が低い個体よりも強健であるような状態を指す。2 つの異なる系統を交配すると両親系統よりも強健になる現象はメンデル以前から知られており，最初の記録は 1763 年のケルロイターによるもので，タバコ属のパニキュラータ種とルスチカ種を掛け合わせると雑種第一代は親のいずれよりも早く成長した，とされている。それ以降様々な種，特に植物において研究されトウモロコシの生産量増加などに貢献している。

1）ヘテロシス

水産生物の分野でヘテロシスを用いた育種の例は少ない。しかし，グッピーなどの実験魚を用いた交配実験では雑種第一代の有利性が示されるなどヘテロシス育種の可能性は示されている。以下にグッピーにおける実験を例とし，ヘテロシスの解析法を紹介する。

図 5-15 に示すように，グッピーには大きく異なる 2 つの系統が存在する。一つはスタンダードタイプで野生型に近い形質を残している。もう一つはファンシータイプで観賞魚として選択され様々な形態や色彩の系統が作成されている。これらの系統からいくつかの系統を選び系統間交配を行い，人工海水中での生存時間を比較した（表 5-17）。一見してスタンダードタイプとファンシータイプの交配で生存時間が長いことがわかる。しかし，どの系統間での交配が最も優れているかを定量的に表す必要がある。ヘテロシスが最も強く表れる系統や品種の組み合わせを明らかにするための総当たり交配をダイアレルクロス（diallel cross）という。グッピーの 4 系統におけるダイアレルクロスの結果から優れ

第5章　量的形質における遺伝の法則　　95

表5-17　グッピー4系統と系統間交雑における塩分耐性

	系統平均	S	SC	S3HL	F22	系統総和
S	2.66		3.84	3.84	5.68	13.36
SC	3.40			3.81	5.35	13.00
S3HL	3.72				5.00	12.65
F22	3.47					16.03

単位は時間

表5-18　グッピーにおける塩分耐性の組み合わせ能力の期待値（上段）と特定組み合わせ能力（下段）

	GCA	S	SC	S3HL	F22
S	− 0.20	−	4.01	3.83	5.53
SC	− 0.38	− 0.17	−	3.65	5.35
S3HL	− 0.56	− 0.01	0.16	−	5.17
F22	1.14	0.15	0	− 0.17	−

上段：組み合わせ能力の期待値，下段：特定組み合わせ能力

た性質を示す系統の組み合わせを明らかにする。

　組み合わせ能力にはどの組み合わせでも高い能力を示す一般組み合わせ能力（general combining ability, GCA）とある特定の組み合わせの場合に優れた能力を発揮する特定組み合わせ能力（specific combining ability, SCA）がある。表5-17の結果について一般組み合わせ能力を推定してみる。ここで，総和$2\sum X = \sum T = 55.04$，平均Xは4.59である。この場合のS系統の一般組み合わせ能力は以下の式で表される。

$$GCA = T_S / (n − 2) − \sum T / (n(n − 2))$$
$$= 13.36 / 2 − 55.04 / (4 × 2) = − 0.20$$

　ここでT_SはS系統の総和，Tは全体の総和，nは系統数である。同様にSC，S3HL，F22の一般組み合わせ能力はそれぞれ− 0.38，− 0.56，1.14と推定される（表5-18）。この結果から，F22系統がどの系統と交配しても優れた能力を発揮することが示された。

　全体の平均値，4.59と一般組み合わせ能力との和がそれぞれの系統の組み合わせに期待される値である。S系統とSC系統の組み合わせの場合，S系統の一般組み合わせ能力− 0.20とSC系統の一般組み合わせ能力− 0.38，全体平

均4.59の和，4.01が期待値となる。そして実測値3.84と期待値4.01との差，− 0.17がS系統とSC系統の組み合わせにおける特定組み合わせ能力となる。同様にして算出された各組み合わせの期待値と特定組み合わせ能力を表5-18に示す。最も高い値を示しているのがS3HLとSCの組み合わせの0.16で，二番目がF22とSの組み合わせの0.15となっている。一方，F22とSCの組み合わせは低い値であった。これはF22がもともと塩分耐性で比較的高い値を示しているためである。

　GCAは親の系統について，SCAは系統間の組み合わせについて定義される。ある系統のGCAとはその系統に種々の系統を交配させたときに，それらのF_1におけるその系統に帰せられる平均的遺伝効果である。一方でSCAはある特定の交配組み合わせのF_1で観察される遺伝効果のうち両親系統のGCAだけでは説明できない部分である。両親系統がホモ接合度の高い近交系あればGCAは相加効果を，SCAは優性効果とエピスタシスとを反映することになる。

2）雑種強勢

　雑種強勢（hybrid vigor）は個体における様々な形質におけるヘテロ性の増加に伴う有利性を

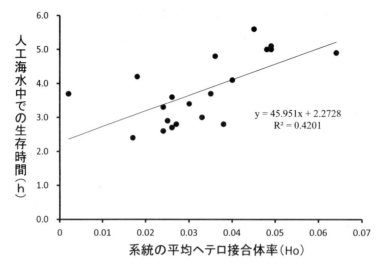

図 5-16　グッピーにおける人工海水中での生存時間と系統の平均ヘテロ接合体率との相関

表し，世代にこだわらない。図 5-16 にグッピーにおけるヘテロ接合体率と塩分耐性との関係を示す。アイソザイムマーカーによるヘテロ接合体率の高い系統ほど塩分耐性が高くなる正の有意な相関が観察され，ヘテロ性が高いほど環境適応能力に優れていることがわかる。このような現象は系統や集団で観察される場合や家系，個体で観察される場合がある。

参考文献

佐々木義之，1996，動物の遺伝と育種，朝倉書店，東京
佐々木義之，2007，変量効果の推定とBLUP法，京都大学出版会，京都
野澤　謙，2000，動物集団の遺伝学，名古屋大学出版会，名古屋
Tave, D, 1993, Genetics for fish hatchery managers, 2nd edition, An Avi Book, New York
ファルコナー D.S., 1993, 量的遺伝学入門（原書第3版），田中嘉成・野村哲郎共訳，蒼樹書房，東京
和田克彦，1979，量的形質の遺伝，水産生物の遺伝と育種，水産学シリーズ 26，恒星社厚生閣，東京，pp.140

＜話題２＞

環境適応能力評価手法の開発

阪本　憲司

　近年，魚介類の増殖技術が急速に発達し，人工種苗の大量生産法が多くの魚介類で確立され，養殖生産の顕著な増大がもたらされた。一方，生産技術が発達したことによって，親魚の系統保存や養殖品種の改良といった育種学的課題の重要性が広く認識されるようになってきた。系統や品種の作出においては，成長，生残率，耐病性，体形や体色，肉質，環境ストレス耐性など，様々な形質における優秀性が育種目標に挙げられる。環境ストレス耐性には，温度耐性，塩分耐性，薬物耐性など物理的・化学的要因に関係のある様々な耐性形質を挙げることができる。これらの環境ストレス耐性形質は，養殖においては対象魚の成長や生残などに直接的に関係し飼育成績を大きく左右する形質であるため，これらの形質の発現に関わる生理学的・遺伝学的評価法を確立することは重要な研究課題となる。

　変温動物である魚類の体温は環境水の影響を強く受けており，環境水の温度は魚類の棲息域を決める制限要因の一つである。高温や低温に対する耐性の遺伝的要因を明らかにすることは，外部環境への適応性の遺伝支配を明らかにする上で重要である。内水面養殖業の基幹魚種であるニジマスやヒメマスなどのサケ科魚類は，冷水性魚類であるために水温があまり高くならない河川の上流域や湧水地で養殖されている。しかし，夏季の高水温などによるストレスによって大量斃死を招き，養殖生産にとっては大きな打撃となる場合がある。このため，高水温に耐性のある品種や系統を作出することは，養殖生産の安定化に繋がると考えられている。一方，低温耐性は，冬季などの水温低下に伴う斃死の緩和に繋がる有用形質といえる。

　魚類の塩分耐性に関する研究においては，サケ科魚類などの広塩性魚類が重要な対象種となっている。サクラマス類は，各地で採集された天然魚を親魚として採卵し，それをもとに継代飼育されて養殖がなされている。そのなかには降海型や陸封型をもとにしたもの，また，降海型に固定することを目標として銀毛になりやすいものなどを選択して幾つかの系統が作出されている。降海型と陸封型の大きな違いは降海の有無であり，これに関連した形質として塩分耐性の違いが考えられる。塩分耐性形質に関して遺伝性が把握できれば，適地適作型の系統や品種の作出が有効にできる可能性がある。また，ギンザケやニジマスおよびサクラマスなどでは，内水面域での養殖生産だけではなく，稚魚期を淡水で飼育し，海面で成魚を生産する海面養殖という特徴的な養殖も盛んに行われている。この海面養殖は，淡水飼育したものを海水に移行する海水馴致が生産コストに大きく反映し，ときとして海水馴致時の死亡が養殖生産の効率化を妨げている。

　このように，温度耐性や塩分耐性は，増養殖を行う上で飼育成績や生産性に関わる重要な形質であり育種目標となるため，耐性形質の遺伝支配の把握や耐性能力の適切な評価法の確立が望まれる。そのためには，これらの環境ストレス耐性における形質発現を知ることが重要であり，耐性能力の成長（発育）に伴う変化や飼育履歴の影響を調べることが必要である。温度耐性や塩分耐性といった環境ストレス耐性の評価手法としては，ある温度あるいはある塩分濃度に曝露された後の死亡までの経過時間や一定時間後の生存率，さらには成長や繁殖能力等の調査が挙げられる。しかし，これらの手法は致死的な条件に曝露された場合に生き残った個体のみを扱うことになり，例え環境ストレス耐性を有する個体であっても，その他の形質において優秀性を持っている可能性もある。このことから，魚体を殺すことなく評価することが重要であるため，魚体の皮膚組織を利用した安定且つ簡便な評価手法の開発が行われた。魚体への損傷が少なく，再生する組織として尾鰭組織に着目した「尾鰭細胞による高温耐性能力評価法」が開発され，有用魚種への応用が期待されている。

第6章

染色体操作と育種

1. 染色体操作の原理と技術

　染色体操作（染色体セット操作，ゲノム操作，染色体工学ともいわれる）とは，染色体セットの数と組み合わせに人為的な変更を加える技術である。染色体操作の基礎原理と技術は，20世紀初頭の両生類を材料とした基礎生物学的研究により明らかにされ，1960年代には，魚類においても同様の操作が可能であることが示された。水産への応用を念頭においた，有用魚類および水産無脊椎動物（主に貝類）を対象とした研究は1980年代に盛んになった。そして，染色体操作は魚類の性操作法や不妊化法としても利用可能なことから，育種のみならず生殖統御の技術としても体系化されてきた。

1）染色体と核型

　生物の活動と機能の基本となる遺伝情報は，あらかじめ決められた領域毎に染色体（chromosome）という構造に組織化される。遺伝情報の複製（replication），組換え（recombination），分離（segregation），発現（expression）は染色体を通じて行われる。染色体は体細胞分裂（mitosis）の中期（metaphase）に顕微鏡下に観察できる。図6-1aはドジョウ *Misgurnus anguillicaudatus* 二倍体の鰓から得た体細胞分裂（mitosis）の中期像（metaphase）であり50本の染色体を数えることができる（2n = 50）。染色体には分裂装置である紡錘糸（spindle fiber）が付着する動原体

（centromere）がある。そして，その位置は短腕と長腕の比により示され，染色体は中部動原体型（metacentric: m），次中部動原体型（submetacentric: sm），次端部動原体型（subtelocentric: st），端部動原体型（telocentric: t）に分類される（図6-2a）。また，染色体によっては，付随体（サテライト）と二次狭窄をもつ場合もある（図6-2b）。染色体の数と形態による生物学的な特徴を表したものを核型（karyotype）とよび，一般に生物種ごとに一定であり，種間で異なるが，種内に変異のある場合（例：ニジマス，ギンブナ，ドジョウ）もある（表6-1）。図6-1aの分裂像についてドジョウ二倍体の核型を分析すると，5対10本の中部動原体型，2対4本の次中部動原体型，18対36本の端部動原体型染色体に分類できる（図6-1b）。同じ大きさと形態の染色体が2本ずつ並ぶが，これらを相同染色体（homologous chromosome）とよび，一方は母親に，他方は父親に由来する。染色体の構成に雌雄で差があり，性決定に関わる染色体が形態で識別できる場合，これらを性染色体（sex chromosome）とよび，その他の常染色体（autosome）と区別する。

　染色体をさらに詳細に識別するためには，異質染色質（heterochromatin）領域を特異的に染めるC-バンド法，核小体（仁）形成域を銀で染めるAg-NOR法などの分染（differential staining）法や，特定の遺伝子（DNA）領域を識別するFISH（fluorescence *in situ* hybridization）法

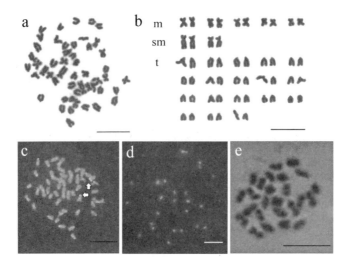

図6-1 ドジョウ *Misgurnus anguillicaudatus* の染色体数 2n = 50 を示す体細胞分裂像（a）とその核型（10m + 4sm + 36t）（b），FISH 法による核小体形成域（矢印）の検出（c），25 本の二価染色体を示す卵母細胞卵核胞の減数分裂像（d），および 25 本の二価染色体を示す精母細胞における減数分裂像（e）．図中のスケールバーはすべて 20μm（写真撮影と提供は北大院水黒田真道氏（a-c）と大連海洋大学李雅娟教授（d,e）による）

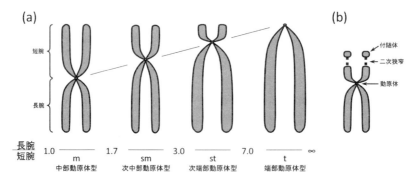

図6-2 核型分析の基準となる動原体位置による染色体分類（a）と染色体形態の概要（b）

がある．図6-1c はドジョウにおいて 5.8S + 28SrDNA 塩基配列をプローブとした FISH 法により，2本の中部動原体型相同染色体短腕端部において核小体形成域を識別した例である．染色体の数と形態（長さ，太さ，動原体の位置，二次狭窄の存否，付随体（サテライト）の存否，分染によるバンド）を詳細に記載し，図式化したものをイディオグラム（idiogram）というが，その作成は目下のところ魚類では少数の種に限られている．

配偶子形成に際して，染色体は減数分裂（meiosis）を行うが，この際，相同染色体は複製した後，二倍体であればそれらは対合して，二価染色体（bivalent）を作る．二価染色体は 4 本の染色分体（chromatid）からなり，そのうちの 2本（相同染色分体）の間で交差（crossing-over）が起こり，キアズマ（chiasma）が形成される．すなわち，遺伝子の組換えが起こる．ドジョウ二倍体の卵母細胞（oocyte）の核，すなわち卵核胞（germinal vesicle）および精母細胞（sper-

第6章 染色体操作と育種 **101**

表6-1 主要水産動物の染色体数と核型

	種 名	学 名	染色体数 (2n)	核 型
魚類	オオチョウザメ	*Huso huso*	115	68 m/sm + 6 t + 41 微小染色体
	ミカドチョウザメ	*Acipenser mikadoi*	268	80 m/sm + 48 t + 140 微小染色体
	ニホンウナギ	*Anguilla japnonica*	38	12 m + 8 sm + 18 t
	ニジマス	*Oncorhynchus mykiss*	「58」	30 m + 16 sm + 12 st/t
	ニジマス		「59」	29 m + 16 sm + 14 st/t
	ニジマス		「60」	30 m + 14 sm + 16 st/t
	サクラマス	*O. masou masou*	66	34 m/sm + 24 st + 8 t
	シロザケ	*O. keta*	74	26 m/sm + 6 st + 42 t
	アメマス	*Salvelinus leucomaenis*	84	16 m/sm + 2 st + 66 t
	コイ	*Cyprinus carpio*	100	12 m + 40 sm + 48 st/t
	キンギョ	*Carassius auratus*	100	20 m + 40 sm + 40 st/t
	ギンブナ（三倍体）	*Carassius langsdorfii*	(3n = 156)	30 m + 60 sm + 60 st/t + 6 微小染色体
	ギンブナ（四倍体）		(4n = 206)	40 m + 80 sm + 80 st/t + 6 微小染色体
	ゼブラフィッシュ	*Danio rerio*	50	4 m + 16 sm + 30 st
	ドジョウ	*Misgurnus anguillicaudatus*	50	10 m + 4 sm + 36 t
	ドジョウ（四倍体）		(4n = 100)	20 m + 8 sm + 72 t
	ニホンメダカ	*Oryzias latipes*	48	4 m + 16 sm + 2 st + 26 t
	マダイ	*Pagrus major*	48	2 sm/st + 46 t
	クロマグロ	*Thunnus thynnus*	48	2 m + 2 st + 44 t
	ヒラメ	*Paralichthys olivaceus*	48	48 t
貝類	エゾアワビ	*Haliotis discus hannai*	36	20 m + 16 sm
	フクトコブシ	*Haliotis diversicolor diversicolor*	32	16 m + 14 sm + 2 st/t
	マガキ	*Crassostrea gigas*	20	20 m/sm
頭足類	ヨツメダコ	*Octopus (Amphioctopus) areolatus*	60	48 m + 8 m/sm + 4 sm
	ウサギコウイカ	*Sepia arabica*	68	6 m + 28 sm + 34 t
甲殻類	クルマエビ	*Penaeus japonicus*	86	76 m/sm + 10 st

m, sm, st および t はそれぞれ，中部動原体型，次中部動原体型，次端部動原体型，端部動原体型染色体を示す
倍数体変異は括弧で，染色体多型（変異）は鍵括弧で示す

matocyte）の核において観察した減数分裂像を
それぞれ図6-1dと6-1eに示す。ドジョウ二倍
体は 2n = 50 の染色体をもつので，減数分裂像
では25本の二価染色体が観察できる。

2）倍数体誘起の原理と技術

　棘皮動物のウニ類では，減数分裂が完了し，
半数体（haploid, 1n）となった状態で成熟卵は
体外に放出され，減数分裂が完了した半数体精
子を受け入れ，受精が成立する。ところが，軟
体動物の貝類の多くでは，卵は減数分裂開始以
前あるいは減数分裂の第一分裂の中期で最終成
熟に達し，受精可能になることから，精子侵入

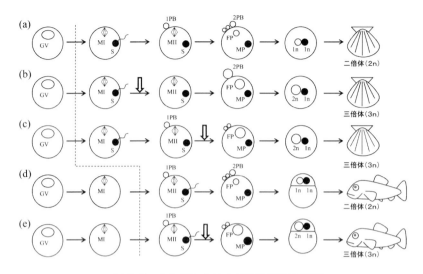

図 6-3　魚介類における三倍体誘起の原理
(a) 正常二倍体貝類，(b) 第一極体（1PB）放出（第一減数分裂，MI）阻止による三倍体貝類の誘起，(c) 第二極体（2PB）放出（第二減数分裂，MII）阻止による三倍体貝類の誘起，(d) 正常二倍体魚類，(e) 第二極体（2PB）放出（第二減数分裂，MII）阻止による三倍体魚類の誘起．GV：卵核胞，S：精子，FP：雌性前核，MP：雄性前核，下向きの矢印：染色体操作（圧力処理等）のタイミング．図内の点線は卵が排卵・放卵され受精（精子侵入）可能となる時期を示す

後に第一極体（first polar body），そして，第二極体（second polar body）を放出する（図6-3a）．魚類では他の多くの脊椎動物と同様に，生理的に成熟した卵は，減数分裂の第二分裂の中期で排卵され，受精可能となる．従って，精子（1n）の侵入後，卵は第二極体（1n）を放出し，減数分裂の第二分裂を完了する．減数分裂の完了により，卵核は雌性前核（female pronucleus）（1n）となり，精子核由来の雄性前核（male pronucleus）（1n）と融合して，受精が完了する（図6-3d）．以上の事実は，貝類では，受精卵に対して物理・化学的な処理（後述）を施すことにより，第一極体放出を阻害し，第一極体核（2n）を卵内に封じ込めれば，次の第二極体核（2n）放出後に，2nの卵核を持つこととなる（図6-3b）．従って，精子（1n）の受精により三倍体（triploid，3n）が生じる．受精後，第二極体放出を阻止すると，貝類においても，魚類においても，余分な極体核1nをもつ三倍体個体（精子核1n＋卵核1n＋第二極体核1n＝3n）を誘導しうることを示す（図6-3ce）．

魚類では，肺魚，チョウザメ類等を除くと，精子の侵入後，動物極側に細胞質が集まり，胚盤（blastodisc）を形成し，卵割（cleavage）はこの部分で生じる（盤割）．雌雄両前核の融合後，精子により持ち込まれた中心粒（centriole）は二つに分裂して，分裂装置の極となる中心体（centrosome）を形成する．そして，第一卵割の紡錘体（spindle），星状体（aster）が形成され，最初の体細胞分裂の準備が整う．この後，胚盤は同調的な卵割を開始し，割球（blastomere）の数を増やす．もし，この第一卵割完了以前の分裂中期に処理を施し，染色体複製期に分裂を一時止めることができれば，倍加した染色体が再び，複製とその後の分裂過程に入り，四倍体（tetraploid，4n）となる．

詳細な細胞学的研究から，第一卵割の始まる前の時期（前中期）に処理を行った場合，紡錘体は一度破壊されるが，その後すぐに再生されて，第一卵割が起こり，二つの割球が生じることが判明した．そして，2細胞期の各割球では異常な単極紡錘体（monopolar spindle）が形成される．この為，染色体の複製は起こるが，その後の染色体分離と細胞質分裂は生じず，各割球に倍加した染色体を持つ4n核が封じ込められる．これらが，次に複製した後に卵割の過

第6章 染色体操作と育種　103

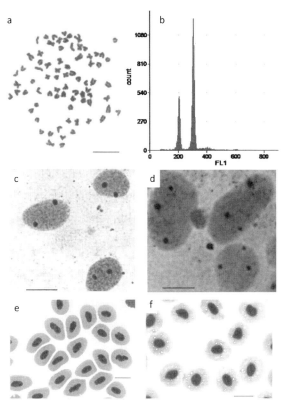

図6-4　染色体数 (a), DNA量フローサイトメトリー (b), 核小体数 (c, d), および赤血球サイズ (e, f) によるドジョウ二倍体と三倍体の識別. (a) 三倍体の染色体分裂像 (3n = 75), (b) フローサイトメトリーによるヒストグラム (縦軸：細胞数, 横軸：DNA量), 三倍体 (3n) は対照二倍体 (2n) の約1.5倍のDNA量を持つことに注意, (c) 二倍体細胞静止核の2個の核小体数, (d) 三倍体細胞静止核における3個の核小体数, (e) 二倍体の赤血球塗抹標本, (f) 三倍体の赤血球塗抹標本, 赤血球の核と細胞サイズの大型化に注意

図中のスケールバーはすべて10μm.（写真撮影と提供は北大院水　黒田真道氏による）

程に入れば, 四倍体 (4n) の割球が四つできることとなる. 従って, 実際には, 第二分裂が阻止され, 2細胞期の二つの割球で核内分裂 (endomitosis) が生じることになる. しかし, 本書では処理開始時期に注目して, 混乱を避けるため, 以下の記述では従前通り「第一卵割阻止」を使うこととする.

三倍体誘起は減数分裂過程, すなわち第二あるいは第一極体放出の阻止である. 一方, 四倍体誘起は体細胞分裂, すなわち卵割の阻止である. 細胞分裂の阻止には, 中心体, 紡錘体等の分裂装置の基本構造であるチュブリンの重合体である微小管（microtubule）の破壊に起因

する染色体移動の阻害による核分裂（nuclear division）の阻止と, 収縮環のくびれ阻害による細胞質分裂（cytokinesis）の阻止の二つの方法がある. 低温, 高温, あるいは圧力による物理的な処理, カフェイン, 6-ディメチルアミノプリンによる化学的な処理は核分裂を阻害し, サイトカラシンBによる化学的処理は細胞質分裂を阻害する. しかし, 魚類ではほとんどの場合, 温度, 圧力処理が, 貝類では多くの場合, 化学的処理が利用されている.

三倍体あるいは四倍体を誘起するためには, 対象とする魚介類の種毎に処理開始時期, 処理強度（水温, 圧力, 薬品濃度）, 処理持続時

表 6-2　主要魚介類にみられる人為三倍体および四倍体作出の処理条件概要

倍数体	種	倍加処理	強　　度	時　間 (分)	時　期 (受精後, 分)	倍加率 (%)
三倍体	サケ科	P	$500 - 730 \, kgf/cm^2$	4 - 7	6 - 40	90 - 100
		H	26 - 32℃	5 - 20	10 - 20	90 - 100
	アユ	P	$650 \, kgf/cm2$	6	5 - 6	70
		C	0 - 1℃	30 - 60	2 - 6	90 - 100
	コイ	H	40℃	2	5 - 7	100
		C	0 - 2℃	30 - 60	1 - 15	100
	ティラビア	P	$580 \, kgf/cm^2$	2	9	100
		H	41℃	3.5	5	100
		C	9℃	30	7	100
	チョウザメ	H	34℃	3 - 6	15 - 20	97 - 100
	ウナギ	H	37℃	3	10	70 - 100
	ヒラメ	C	0℃	45	3	100
	シーバス	P	$576 \, kgf/cm^2$	2	6	70 - 90
		C	0 - 1℃	10 - 20	5	100
	マガキ	CB	$1.0 \, \mu g/ml$	10	20 - 30	80 - 84
		H	37℃	10	40 - 50	62
		C	0℃	10	40 - 50	62
		CF + H	10 mM, 34℃	12	8 / 23*	90 / 94**
	アコヤガイ	CB	$1.0 \, \mu g/ml$	30	20	100
	エゾアワビ	C	3℃	15	12 / 32*	70 - 80
		CF	10, 15 mM	24	12	91 - 100
	フクトコブシ	C	9℃	10	5 / 15*	60 / 70**
四倍体	ニジマス	P	$500 \, kgf/cm^2$	4	315	***
		P	$633 \, kgf/cm^2$	8	62 - 65% FCI	***
		H	36℃	1	300	10
	カラドジョウ	H	40.5℃	3	28	22.6
	ダントウボウ	H	40℃	2	$33 (1.4 \, \tau \, 0)$	6.3
	キャットフィッシュ	H	40.5℃	2	$1.4 \, \tau \, 0$	9.2

P：圧力処理, H：高温処理, C：低温処理, CB：サイトカラシン B 処理, CF：カフェイン処理,
FCI：受精から第一卵割開始までの間隔, τ_0：卵割間隔

* 第一極体放出時期／第二極体放出時期
** 第一極体放出阻止による三倍体化率／第二極体放出阻止による三倍体化率
*** 結果は多様, 受精から四倍体成魚まで 0 〜 0.52%（長野県水試）

間の三条件を最適化する必要がある。魚類では, 一定水温下での時間経過による, 第二極体放出から第一卵割, また, 貝類では第一極体放出から第一卵割に至るまでの受精卵の細胞学的過程が明らかになっていると, 最適処理条件を見出しやすい。一部の研究者は魚種間の発生速度の差に関わらず, 共通の指標として同調分裂をす

る卵割間の時間, すなわち τ_0（tau zero）あるいは FCI（The first cleavage interval: 受精と第一卵割開始までの間隔）を用いて, 受精後の時期を相対化して最適な卵割阻止処理開始時期を決定している。処理の副作用に起因する発生胚の異常や死亡は避けられないことから, 最も倍数体の出現率が高く, かつ, 正常な子孫の出現率が

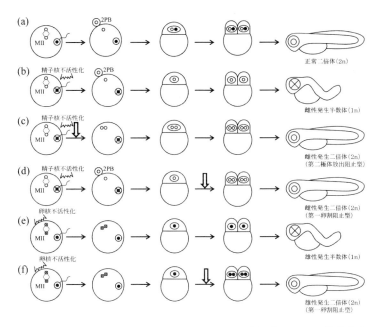

図6-5　魚類における雌性発生，雄性発生半数体および二倍体作出の原理
(a) 正常二倍体，(b) 雌性発生半数体（致死），(c) 第二極体放出（第二減数分裂）阻止型雌性発生二倍体，(d) 第一卵割阻止型雌性発生二倍体（＝倍加半数体），(e) 雄性発生半数体（致死），(f) 第一卵割阻止型雄性発生二倍体（＝倍加半数体）．○母系1n核，●父系1n核，MII：第二減数分裂中期，2PB：第二極体，下向きの矢印：倍加処理のタイミング

高くなる条件を選ぶことになる．

倍数性の確認は，かつては胚の染色体標本の作製と観察（図6-4a），核小体の数（図6-4cd）あるいは，稚魚の細胞（赤血球）サイズの測定（図6-4ef）によっていたが，これらの手法は労力が大きく，熟練も必要であった．しかし，最近はフローサイトメトリー（flow cytometry）を利用した迅速かつ正確な核DNA量の測定（図6-4b）が広く利用されている．主要魚類における人為三倍体と四倍体作出の処理方法，処理条件の概要を表6-2に示す．魚介類における三倍体誘起は比較的容易で高い率で得られ，生存率も満足すべき率であるが，成体の大きさまで生存・成長し，かつ成熟可能で次世代作出に必要な妊性ある配偶子を生産する四倍体の誘起は極めて困難である．

3）雌性および雄性発生誘起の原理と技術

以上は，半数性（1n）精子で受精を行った場合であるが，遺伝的に不活性化した精子（0n）で受精した場合は，それらが引き金となって，卵は卵核のみで雌性発生（gynogenesis）を開始する．精子への放射線（エックス線，ガンマ線）照射量を増加するにつれて，それによる受精卵の胚発生の率は低下するが，ある線量以上を照射すると，逆説的に胚発生の率は高くなる．この現象はヘルトヴィッヒ効果（Hertwig effect）とよばれ，20世紀初頭より知られていた．これは照射により精子の染色体に異常が生じ有害な作用を胚にもたらすが，ある一定線量以上になると，精子由来の染色体断片は完全に削減され，母方由来の染色体のみによる雌性発生半数体が生じたと解釈される．雌性発生は単為発生（処女生殖 parthenogenesis）の一種であるが，精子の関与が必要である（精子依存型単為発生 sperm-dependent parthenogenesis）．

精子の遺伝的不活性化には，古くはエックス線，ガンマ線照射が用いられたが，これらの放射線照射には作業の安全確保のため，特別な装置あるいは施設が必要であった．しかし，現

表6-3 主要魚介類における雌性発生および雄性発生二倍体の処理条件概要

種	雌性／雄性発生	配偶子遺伝的不活性化	倍加処理	第二極体放出阻止処理 強度	時間(分)	時期(受精後,分)	第一卵割阻止 強度	時間(分)	時期(受精後,分)
(魚類)									
サケ科 *1	G	UV	H	26 − 29℃	10 − 20	20	28 − 32℃	4 − 10	180 − 240
	G	UV	P	650 kgf/cm²	4	5 − 30	700 kgf/cm²	7	390
	A	ガンマ線	P	−	−	−	650 kgf/cm²	6	450
	A	ガンマ線	P	−	−	−	648 kgf/cm²	3	320,340
コイ	G	UV	C	0 − 4℃	45 − 60	1 − 15	−	−	−
	G	UV	H	−	−	−	40℃	2	28 − 30
	A	UV	H	−	−	−	40℃	2	26 − 30
キンギョ	A*3	ガンマ線	H	−	−	−	40℃	2	40
ゼブラフィッシュ	G	UV	P	580 kgf/cm²	4.5	1.5 − 6	580 kgf/cm²	5.5	22.5
ドジョウ	G	UV	C	1℃	60	4 − 5	−	−	−
	G	UV	P	700 kgf/cm²	1	5	800 kgf/cm²	1	30,35
	A	3℃, 30分	H	−	−	−	42℃	2	65
カラドジョウ	A*3	UV	H	−	−	−	40℃	2	30
テラピア	G	UV	H	41.1℃	3.5	5	41.1℃	3.5	30 − 35
	G	UV	P	−	−	−	630 kgf/cm²	2	40 − 50
	A	UV	H	−	−	−	42.5℃	4	25
チョウザメ *2	G	UV	H	34℃	3 − 6	15 − 20	−	−	−
	G	UV	H	37℃	2	18	−	−	−
	G	UV	P	612 kgf/cm²	5	20	−	−	−
マダイ	G	UV	H	35℃	2.5	3	−	−	−
	G	UV	C	1℃	30	3	−	−	−
	G	UV	P	−	−	−	700 kgf/cm²	5.5	46
ヒラメ	G	UV	C	0℃	45	3	−	−	−
	G	UV	P	−	−	−	650 kgf/cm²	6	60
マツカワ	G	UV	C	− 1.5℃	70	7	−	−	−
	G	UV	P	−	−	−	650 kgf/cm²	6	180 − 240
トラフグ	G	UV	C	0℃	45	5 − 30	0.6℃	6	60
タラ（欧州）	G	UV	P	612 kgf/cm²	5	22.5 − 36	−	−	−
スズキ（欧州）	G	UV	C	0℃	10	5	−	−	−
	A	UV	P	−	−	−	846 − 950 kgf/cm²	4	64 − 79
(無脊椎動物)									
エゾアワビ	G	UV	C	3℃	15	32	−	−	−
	G	UV	CB	0.5 μg/ml	10 − 20	25 − 45	−	−	−
マガキ	G	UV	CB	0.5 μg/ml	25	25	−	−	−
アズマニシキ	G	UV	CB	0.5 μg/ml	20	25	−	−	−
マナマコ	G	UV	CB	0.5 μg/ml	20	35	−	−	−

G：雌性発生，A：雄性発生，P：圧力処理，H：高温処理，C：低温処理，CB：サイトカラシンB

*1　ニジマス，サクラマス
*2　ベステル（オオチョウザメ雌×コチョウザメ雄），シベリアチョウザメ，ショートノーズチョウザメ
*3　コイ卵使用

在では，殆どの場合，市販の殺菌灯による紫外線（UV）照射により精子の遺伝的な不活性化が図られている。しかし，UV は透過力が低いことから，精液を精漿，人工精漿等で希釈した後，親水化したシャーレの上に薄層として，振とうさせながら，均一な照射をする必要がある。UV 照射の不足に起因する正常精子の受精によるコンタミネーションを防ぐため，正常精子で受精した場合でも致死的な交雑が生じるように，異種精子の利用が推奨される。例えば，ヒラメの雌性発生誘起の場合は，異種（マダイ）由来の精子を使う。

　魚類の場合（図 6-5a）遺伝的に不活性化した精子の受精により人為雌性発生が生じた場合，胚は雌性前核由来の遺伝情報のみをもつので半数体となる（図 6-5b）。半数体は小頭，小眼，浮腫，矮小等の一連の「半数体症候群（haploid syndrome）」と言われる異常を示し，多くの場合，孵化以前あるいは摂餌開始前に死亡する。従って，生存性のある雌性発生個体を得るためには，半数体胚の染色体（セット）を，第二極体の放出あるいは第一卵割を阻止して倍加して雌性発生二倍体とする必要がある（図 6-5cd）。なお，貝類の場合は第一極体放出阻止によっても倍加が可能である。染色体倍加のためには，三倍体および四倍体誘起の場合と同様に，温度，圧力等による処理開始時期，処理強度，処理持続時間の最適化が必要である。染色体倍加に成功すると，雌性発生半数体は雌性発生二倍体となることから，発生異常が解消あるいは改善され，生存性が回復する。しかしながら，染色体倍加処理による生存性への副作用に加えて，二倍体化による劣性有害遺伝子のホモ接合化の影響も生じる。主要魚介類における雌性発生二倍体の作出方法とその処理条件の概要を表 6-3 に示す。第二極体放出阻止に比べ第一卵割阻止による雌性発生二倍体誘起は困難である。また，両者の遺伝的構成は大きく異なるが，この問題は後節で詳しく述べる。

　予め卵の核を遺伝的に不活性化し，正常な精子を受精すると，卵は精子由来の雄性前核のみ

による雄性発生（androgenesis）を開始する（図 6-5e）。卵が小型の魚種であれば，卵を生理塩類溶液，自然あるいは人為卵巣腔液等に浸漬して受精能を保持しつつ，UV 照射を行うことにより，卵核の不活性化が可能である。しかしながら，卵が大型のサケマス類やチョウザメ類では，透過力の強いガンマ線，エックス線が用いられている。雄性発生胚は半数体であるため致死的である。従って，生存性の雄性発生個体を得るためには染色体の倍加が必要である。卵核が破壊されていることから，染色体倍加の機会は第一卵割の阻止に限られる（図 6-5f）。そのため，雄性発生二倍体の作出には，最適条件の温度，圧力処理による第一卵割阻止が行われる（表 6-3）。最近，UV 照射等によらずに雄性発生を誘起する方法がドジョウとゼブラフィッシュで開発された。この方法は，正常精子での授精後直ちに，受精卵を低温処理する方法であり，比較的高い率で雄性発生半数体が生じ，その後の卵割阻止による倍加も可能である。

4）染色体操作と自然倍数体・クローン

　魚類には，同じ種に二倍体と四倍体の両性生殖をする二つのタイプが存在する種（例：ドジョウ *Misgurnus anguillicaudatus*，シマドジョウ *Cobitis biwae*）や，両性生殖タイプに加え，雌性発生によりクローン生殖をする倍数体をもつ種（例：ギンブナ *Carassius auratus langsdorfii*）がある。これらは，自然の倍数体であり，その一部は特殊な生殖を行う雌性発生個体である。卵の老化・過熟が原因となる自然倍数体の出現，種間交雑により倍数体の出現する例も知られている。これらの自然倍数体等の実態と利用については第 10 章で検討する。

2. 倍数体

　3 セットの染色体をもつ個体を三倍体，4 セットの染色体をもつ個体を四倍体という。染色体セットの増加に伴い，五倍体（pentaploid），六倍体（hexaploid），七倍体（haptaploid），八倍

表6-4　本邦で養殖生産される染色体操作魚

魚　種	染色体操作	確認年 (申請者)[1]	生産量（トン） 1993	2001	2005	備　考 地域ブランド名（自治体）
ニジマス	全雌2n	1992 (滋賀県醒井養鱒場)	53	2.0	6.8	
	全雌3n	1992 (長野県水試)	631.3	620.7	614.7	ヤシオマス（栃木県）銀河サーモン（北海道）ギンマス（新潟県）
	全雌4nと その3n子孫	2000 (長野県水試)	—	—	—	
アマゴ	全雌2n	1994 (岐阜県水試)	—	14.7	13.4	
	全雌3n	1992 (岐阜県水試)	6.4	8.9	0.05	飛騨大アマゴ（岐阜県）
ヤマメ	全雌2n	1992 (山形県内水試)	4.5	—	—	
	全雌3n	—[2]	—	3.0	0.4	奥多摩ヤマメ（東京都）
サクラマス	全雌3n	1993-2000[3] (北海道孵化場)	74.0	—	—	
ギンザケ	全雌2n	1993 (宮城県内水試)	6.0	—	—	
ヒメマス	全雌2n，3n	2000，2006 (中禅寺湖漁協)	—	—	0.9	
ビワマス	全雌3n	2012 (滋賀県醒井養鱒場)				
イワナ	全雌3n	2002 (宮城県内水試)	—	—	0.03	伊達イワナ（宮城県）
ニジマス雌× イワナ雄	全雌異質3n	1997 (愛知県水試)	—	3.2	0.07	絹姫サーモン（愛知県）
ニジマス雌× アマゴ雄	全雌異質3n	1994 (愛知県水試)	—	—	14.5	絹姫サーモン（愛知県）
ニジマス4n雌× ブラウントラウト雄	全雌異質3n	2004，2008 (長野県水試)	—	—	38.3	信州サーモン（長野県）
ニジマス雌× アメマス雄	全雌異質3n	(1997)[4]	—	—	—	魚沼美雪マス（新潟県）
アユ	全雌3n	1997 (神奈川県水試)	—	—	97.5	
ヒラメ	全雌2n，完全同型接合体	1993 (鳥取県水試)	5.7	9.4	1.7	
		1997 (鳥取県水試)	—	—	—	
マガキ	3n	1994，2003 (広島県水試)	—	60.0	37.4	かき小町（広島県）
合計			780.9	721.9	834.35	

＊1　水試：水産試験場，内水試：内水面水産試験場，孵化場：水産孵化場
＊2　ヤマメとサクラマスは同種
＊3　試験放流実施計画が適正と認められた
＊4　ニジマス×イワナ全雌異質3nと実質的に同等

体（octoploid），九倍体（nonaploid），十倍体（decaploid）と順次呼ぶことになる。そして，3セット以上の染色体をもつ個体を倍数体（polyploid）と総称する。同種由来の相同な染色体のみをもつ倍数体を同質倍数体（autopolyploid）とよび，異種由来の非相同な染色体をもつ，雑種の倍数体を異質倍数体（allopolyploid）とよぶ。魚類の倍数体は人為的な染色体操作により誘起するが，一部の魚種では倍数体が自然に生じる例も見られる（第10章参照）。

倍数体および次節の雌性発生・雄性発生個体の適切な応用には，社会的な合意が重要である。本邦では，水産庁が長官通達として「三倍

体魚等の水産生物の利用要領」としたガイドラインを示し（平成４年７月２日），事業者は事前に作出利用する三倍体等の生物学的特性を十分に調査しその結果を報告し，開放水系では利用しない，放流はしないということを原則に，養殖利用を認めている。

1）同質三倍体（autotriploid）魚類

　魚類の倍数体のうち，三倍体は比較的簡単に誘起できることから，現在までに多種多様な種で人為三倍体が作出され，実際の養殖にも利用されてきた（表6-4）。同質三倍体魚の養殖性能評価については多数の研究例がある。しかし，それらの結果は多様であり，種に特異的な事例も多く，生物の飼育環境や評価方法により大きくばらつくが，おおよそ以下のようにまとめられる。

　生存度：人為染色体操作の副作用のため，生活史初期の胚期，仔魚期における死亡率は高く，一般に三倍体の生存率は不良である。しかし，摂餌を開始した稚魚期以降は，次第に生存性は安定し，一定のステージ以降，両者の生存度に大きな差は見られない。また，産卵後に死亡する魚種（たとえば，アユ *Plecoglossus altivelis*）は，三倍体化による不妊のため越年して生存することがある。

　細胞・組織・器官・体サイズ：植物では倍数性の上昇に伴い，植物体が大型化するギガス性（gigantism）が見られ，その可能性は貝類（マガキ等）でも指摘されている。魚類の三倍体では，細胞核のDNA量が対照二倍体の1.5倍に増加することにより，細胞核ならびに細胞自体のサイズが増加するが，魚体内の器官を構成する細胞数は減少することから，同一年齢魚のこれら器官の大きさに変化は生じない。この現象は，脳，網膜，上皮，軟骨，筋肉，肝臓，腎臓（前腎管），リンパ球，赤血球で確認されている。しかし，この調節の分子機構は不明である。

　魚種と成長：サケマス類，テラピア類，コイ科魚類および多くの淡水魚では，稚魚，幼魚および未成魚の時期においては，三倍体魚の成長は対照二倍体と同様あるいはそれに劣るが，成熟期以降の成長は三倍体で改善する。同様の結果が異体類でも報告されている。しかし，成長に関連すると考えられるインシュリン様成長因子IGF-Iのレベルは二倍体と三倍体間で同一であった。

　飼育条件と成長：同一魚種であっても，飼育条件によって成長が異なり，二倍体と三倍体を分離飼育した場合は三倍体の成長が対照の二倍体よりも良好になる場合があるが，同じ池の中で両者を混合飼育した場合，倍数体間の競争の結果，二倍体の成長が三倍体よりも良好となることが多い。この結果は，三倍体の活動が鈍く，摂餌競争において二倍体より不利なためと説明されている。飼料効率が倍数性により影響を受けるか否かは相反する結果が出されており不明である。

　配偶子形成：3セットの染色体を有するため，同質三倍体では減数分裂の際に，これらの対合が異常になる。すなわち，正常二倍体では半数性染色体と同じ数の二価染色体（bivalent）が母系，父系由来の相同染色体が対をつくるため形成されるが，三倍体では，過剰な染色体の存在により，二価染色体に加えて一価染色体（univalent）や，三価染色体（trivalent）が形成される。これらにより，減数分裂の進行に支障が起き，雌では，卵黄蓄積を行う卵母細胞は希にしか生じず，卵巣自体の発達も退行する。従って，卵濾胞の発達不全のため，ステロイド合成は大きく抑制される。そのため，雌は第二次性徴を示すことは無い。三倍体雌のホルモン量は幼魚のままである。一方，雄では，二倍体とほぼ同じサイズの精巣が発達することもあるが，産する精液量は少量で，生じた異数性精子（1.5nを最頻値とする場合が多い）も形態異常をもち，運動性と授精能力を喪失していることが多い。しかし，魚類では，この様な三倍体の精子の受精から生じる異数体も，ある程度の生存能力をもつ場合がある。三倍体雄は二倍体雄と同様の生殖関連ホルモンの分泌をし，婚姻色も生じる。

成熟と成長：三倍体雌は多く不妊となるが，三倍体雄は精巣を発達させ，少量の異数体精子も作るので，第二次性徴となる婚姻色等を発現する場合も多い。そこで，サケ科のように雄ヘテロ型の性決定機構（XX雌，XY雄）をもつ魚種では，完全な不妊三倍体作出のために，性転換雄（XX雄）の作るX精子を受精して，全雌三倍体（XXX雌）を誘起している。この様な全雌三倍体が実際の養殖に利用されている（表6-4）。上述の成熟期以降における三倍体の成長改善は，生殖腺形成のエネルギーが体の成長に再分配されたことにより生じると説明され，特に三倍体雌における成長改善は完全な不妊性の発現の効果とされる。しかし，不妊化が筋肉の増加に結びつかず，脂肪蓄積となる例も報告されている。

成熟と肉質：生殖腺の発達が抑制されることにより，可食部の比率が高くなる。また，性成熟は脂質等の魚肉成分のみならず，肉色，食味，テクスチュアにも影響することから，不妊三倍体魚においては，肉質の改善が期待される。しかし，体成分（水分，タンパク質量，灰分）で差が見られないという報告もある。

呼吸と代謝：赤血球細胞サイズの増大は体積に対する表面積比率を低下させるため，このことが代謝やイオン交換，細胞膜への分子の結合に様々な影響を与えることが予測されるが，その影響の詳細はよくわかっていない。三倍体では，血球あたりのヘモグロビン量は増加するが，全血中あるいは全血球ヘモグロビン濃度は低下もしくは無変化である。三倍体は二倍体に比較して，酸素要求が高くなる傾向がある。三倍体は酸素不足に弱く，短時間に平衡を失い横転することが報告されている。

ストレス耐性と環境適応力：サケ科魚類では，追いかけまわし，閉じ込め，輸送，海水順致等のストレスを与えた場合，二倍体と三倍体の間で，血中のコーチゾル，グルコース，乳酸に差は見られなかった。しかし，急激あるいは緩慢な水温変化や塩分濃度の上昇への順致過程において，二倍体に比較して，三倍体は高い死亡

率を示す。しかし，その原因は不明である。海水養殖への順致過程でも，三倍体サケマス類が死亡することが多いが，海水移行時の浸透圧調節能力において二倍体と三倍体の間では差は認められていない。

免疫系と抗病性：赤血球と同様に白血球もサイズが大型化するが細胞数が減少し，バランスが保たれており，ワクチン接種の効果は二倍体と三倍体で差はない。抗病性と倍数性の関係は明らかではなく，病原菌の攻撃試験を行った場合，ワクチン非接種の二倍体と三倍体アユの間で死亡率に差は無かったが，ギンザケでは三倍体の死亡率が高く，また，早く死亡した。二倍体と三倍体間でビブリオ，エーロモナス，IHNウイルスに対する抗病性に差はなく，ワクチンに対する感受性も差が見られない。しかし，鰓の疾病について三倍体は二倍体よりも弱い。一方，三倍体では発がん率が低いとの報告がある。

2）異質三倍体（allotriploid）魚類

生存性回復効果：ニジマス *Oncorhynchus mykiss* の卵に異種のアマゴ *O. masou ishikawae* の精子を媒精した後に，受精卵の第二極体放出を阻止すると，ニジマスの染色体2セット（卵核＋第二極体核）とアマゴの染色体1セット（精子核）をもつ雑種の三倍体，すなわち，異質三倍体が生じる。異種間あるいは異属間交配により子孫が致死的になる場合であっても，異質三倍体化により，生存性が劇的に回復する例が知られている（シロサケ *O. keta* 雌×イワナ *Salvelinus leucomaenis* 雄等）。異科間交配（例：ドジョウ雌×キンギョ *Carassius auratus* 雄）の場合は，異質三倍体化により生存性は回復しないが，胚の形態異常は緩和される。しかし，生存性回復あるいは改善の機構は目下不明である。

生殖能力：異質三倍体は，同質三倍体の場合と同様に，減数分裂における染色体対合の異常から，不妊を示す例が報告されており，この様な場合は成長の改善も見込まれる。しかし，ドジョウ雌×カラドジョウ *M. mizolepis* 雄の交配に由来する異質三倍体の場合は，非相同のカラド

ジョウ由来の1セットの染色体を配偶子形成過程で削除し，2セットあるドジョウ由来の染色体間でのみ対合し，正常な機能をもつ半数性精子を産生した。

養殖利用：異質三倍体養殖魚は，地域ブランド品として，国内自治体により開発された（表6-4）。例えば，愛知県の絹姫サーモン（無斑系統ニジマス雌×アマゴあるいはイワナ雄），新潟県の魚沼美雪ます（ニジマス雌×アメマス雄），および長野県の信州サーモン（ニジマス雌×ブラウントラウト *Salmo trutta* 雄，口絵6-1）がよく知られている。前二者は交雑した受精卵の操作により作出しているが，後者は妊性をもつニジマス人為四倍体雌と性転換ブラウントラウト雄との交配により作出した全雌不妊異質三倍体である。

3）四倍体魚類

魚類では正常精子の受精後，第一卵割の前中期での物理的な処理が染色体セットの倍加に効果的と考えられる。しかし，多くの種で四倍体誘起が試みられてきたにもかかわらず，処理による生存度低下は著しく，成体まで成長し，成熟に至る正常な同質四倍体（autotetraploid）を得ることは困難であった。報告されている研究例の多くでは，実験群中に四倍体が作出され，胚期には生存していた。しかし，発生の進行とともに死亡数が増え，摂餌期を超えて生残した子孫はごくわずかな数であった。現在のところ，四倍体を作出し，成体の大きさまで育成した成功例はニジマス，カラドジョウ，ダントウボウ *Megalobrama amblycephala* 等の少数魚種に限られる（表6-2）。純粋な四倍体では，組織・器官あたりの細胞数の減少による生理機能の低下はさけられず，循環系に障害を起こして，浮腫等の異常により死亡するものが多い。四倍体作出を目的とした実験群においては，二倍体と四倍体両方の細胞集団を併せ持つ，二倍体-四倍体モザイクが認められる。モザイクとは，一つの受精卵に由来するが，複数の遺伝子型をもつ細胞集団から成り立つ個体をいう。これらは四倍体の生殖細胞に由来する配偶子をもつ場合があり，二倍体配偶子の給源となりうる。

同質四倍体：ニジマスの四倍体では，生存と成長は対照二倍体のみならず，三倍体にも劣った。成熟した四倍体個体より妊性のある二倍体配偶子（卵，精子）を得ることが期待されたが，ニジマス四倍体で成熟に達した個体は生残個体の約10％程度であった。カラドジョウ雄の場合は，二倍性精子をつくる四倍体個体は6％であり，残りは半数体あるいは異数性の精子を産生した。期待される二倍体配偶子を生産せず，半数体配偶子を生産する例は，ドジョウの人為四倍体においても認められる。一方，ダントウボウでは，性成熟は遅れ気味であったが雄は2年で成熟し，雌の11％が2年で，71％が3年で成熟した。成魚の性比は雌：雄＝3：7と雄へ偏ったが，四倍体間の交配から同質四倍体系統作出に成功した。ニジマスでは，四倍体が作る二倍性の卵と精子を用いて，様々な交配と染色体操作がおこなわれた。四倍体同士の交配からは四倍体系統の確立ができ，四倍体と二倍体との交配からは，染色体操作を用いずに，三倍体を作出できた。しかし，頭部サイズが大きくなった二倍体精子が卵門を通過できず，二倍体雌×四倍体雄では受精率が低下した。倍数体間交雑に第二極体放出阻止による染色体操作法を組み合わせると，二倍体雌×四倍体雄，四倍体雌×二倍体雄，四倍体雌×四倍体雄の交配では，それぞれ，四倍体，五倍体，六倍体ニジマスが生じた。

異質四倍体：人工的に異質四倍体（allotetraploid）（複二倍体（amphidiploid））を作出した例は *Ictalurus* 属のナマズで報告されているが，成体の生存，成長，成熟等の特性に関する知見は得られていない。自然倍加の現象により，フナとコイ間の異種間雑種（二倍体）から異質四倍体（複二倍体）が出現することがあり，これらの生殖能力は大きく改善された（第10章参照）。このことは不妊雑種であっても，異質四倍体化により妊性を回復可能なことを示す。

高次倍数体：四倍体以上の高次倍数体魚類

の特性についての研究は乏しいが，ドジョウでは自然四倍体の産する二倍体の卵と精子を用いた交配（二倍体雌×四倍体雄，四倍体雌×二倍体雄，四倍体雌×四倍体雄）と染色体操作（第二極体放出阻止）により，各々四倍体，五倍体，六倍体が誘起された。さらに，作出した六倍体は妊性をもつ三倍体配偶子を形成することから，これらを用いて四倍体（六倍体雌×二倍体雄），五倍体（六倍体雌×四倍体雄），六倍体（六倍体雌×六倍体雄）が誘起された。

チョウザメ類（口絵6-2）の種はゲノムサイズ（染色体数）により，A（染色体数約120），B（約240），およびC（約360）のグループに分けられ，それぞれ機能的な二倍体，四倍体，六倍体，あるいは，進化的な四倍体，八倍体，十二倍体と考えられている。最近，Bグループの種では，他の多くの個体に比べ1.5倍のゲノムサイズを持つ遺伝的な三倍体（六倍体あるいは十二倍体相当）が生じ，これらが妊性を持つことが判明した。すなわち，この様な高次倍数体では，倍加しても染色体が対合しうる場合は生殖能力を示すことが考えられる。

高次倍数体がどのような性質を示すかについての知見は乏しいが，ドジョウの二倍体，三倍体，四倍体を用いた混合飼育試験では，四倍体の成長が劣り，四倍体，五倍体，六倍体の混合飼育試験では，六倍体の成長が著しく劣った。従って，少なくともコイ目魚類の場合では，四倍体以上の倍数性上昇に伴う成長改善は期待できないかもしれない。

4）倍数体貝類

水産無脊椎動物の倍数体作出とその性質に関する知見は乏しく，多くは貝類に限られ，その特性は，おおよそ，以下の通り要約できる。すなわち，処理の副作用によりトロコフォア，ベリジャー幼生期の死亡は大きいが，一般に貝類の産卵数は莫大であるので，生残する率が低くても，ある程度の率で生存個体が生じる。三倍体貝類の成長は二倍体に比較して改善される。また，可食部（軟体部）の率が高くなるとの報告もある。三倍体では生殖腺の発達は二倍体に比べて劣るが，必ずしも全て不妊とはならず，低い率ではあるが機能的な配偶子が形成される。我が国ではマガキ *Crassostrea gigas* 三倍体が養殖利用されている（表6-4，口絵6-3カキ三倍体の写真）。

貝類では第一卵割阻止法による四倍体誘起は成功していない。四倍体化処理に成功しても，その結果，生じる大型の四倍体細胞は発生の進行に伴い，一つの胚の中に収容しきれず，一定の発生段階に必要な細胞数が不足する。そのため人為四倍体胚は致死的と考えられている。しかし，マガキでは人為三倍体が低い率で三倍体の卵を産生するので，その第一極体放出（第一減数分裂）を阻止することにより，第一極体と卵核を卵に封じ込めることができる。これらの処理卵は第二極体（3n）放出の後も，三倍体（3n）の卵核をもつこととなるので，侵入した半数体（1n）の精子核と合核することで人為四倍体が出現する。この様な四倍体も二倍体配偶子を雌雄とも産生するので，正常な二倍体の産する半数性配偶子と受精させることにより，次世代で三倍体マガキを作出できる。米国における養殖用三倍体カキの多くはこの手法で生産されている。

3. 雌性発生と雄性発生

1）雌性および雄性発生二倍体の遺伝的特性

UV照射により遺伝的に不活性化した（異種）精子で卵を受精すると，雌性発生が始まる。この場合，精子核は発生に遺伝的に関与せず，卵核のみの発生が開始されるが，胚は致死的半数体となる（図6-5b）。そこで，魚類では，雌性発生開始後に第二極体放出を阻止するか，第一卵割を阻止して，生存性の雌性発生二倍体を誘起する（図6-5cd）。第二極体を放出抑制して作出した雌性発生二倍体個体では第一減数分裂時の組換え（交差）の影響を受けて，染色体端部にある一部の遺伝子座がヘテロ接合体になる（図6-6）。従って，一腹の雌性発生二倍体子孫

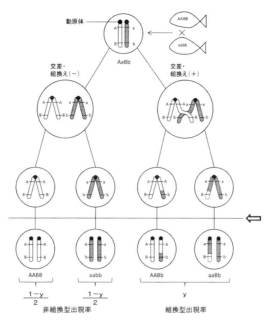

図 6-6 ヘテロ接合型親魚に由来する第二極体放出阻止型雌性発生二倍体の遺伝子型とその頻度
矢印は第二極体放出阻止を示す．yは第二減数分裂分離型頻度（遺伝子／マーカー―動原体組換率）

に生じるヘテロ接合体の頻度から，遺伝子座と染色体動原体間の組換え率（y：第二減数分裂分離型頻度 second division segregation frequency）の推定が可能となる（図6-6）。現在までの多くの研究では，第二極体放出阻止型雌性発生二倍体を用いて検討した結果，y値は遺伝子座により0から1の間に分布し，1を示す座も多い。この様な現象は，魚類の染色体全域に強い干渉，すなわち，組換え（交差）部位近辺で再度の組換えを抑制する現象の作用と考えられている。主要魚介類において複数のアロザイム遺伝子座あるいはDNAマーカー座について，動原体からの地図距離を推定した結果の一例を表6-5に示す。

第二極体放出阻止型雌性発生二倍体の誘起により，完全ホモ接合体作出はできない。しかし，たまたま，染色体の動原体近くに位置する形質がホモ接合化し顕在化すると，次世代以降，同様の第二極体放出阻止型の雌性発生二倍体作出を繰り返すことにより，当該の形質が固定され，養殖上優良な高成長系統が作出される。

従って，この様な手法によっても形質の集積と固定化は進み，飼育集団は一種のヘテロクローンに近い状態となる。

第一卵割阻止により作出した雌性発生二倍体を，特に倍加半数体（doubled haploid）とよぶ。倍加半数体は，すべての遺伝子座についてホモ接合となるので，兄妹交配を繰り返して作成する「純系（inbred line）」と同じ状態となる。従って，倍加半数体の形成する配偶子は遺伝的に同一となることから，この様な卵を使って次世代で第二極体放出阻止による雌性発生二倍体作成を繰り返すと生じる子孫は遺伝的に均一なクローン（clone）系統となる。完全ホモ接合体の作る配偶子は，組換え（交差）があっても同じエレメントの交換となるので，遺伝的変異は生じない。したがって，雌性発生の場合は第二極体放出阻止によって，次世代でクローン作出が実現する。しかし，第一卵割阻止による雌性発生個体の染色体倍加は技術的に困難であり，倍加半数体においては劣性有害遺伝子がホモ接合化により顕在化する。そのため，著しく生存

表6-5 主要魚介類における第二極体放出阻止型雌性発生二倍体および三倍体を用いたアロザイムおよびマイクロサテライトDNAマーカー座の動原体からの遺伝地図距離

サケ科*		ドジョウ		マツカワ		ヒラメ		エゾアワビ	
座	cM	座	cM	座	cM	座	cM	座	cM
*Ldh-A₂***	2	*Gpi-1***	0	*Vemos6*	0	*Poli104MHFS*	0	*α-Gpdh***	1.6
*Ldh-A₁***	5	*Mac3*	3	*Vemos29*	0	—		*Hdh1321*	8
*Ldh-B₂***	1-8	*Mac49*	3	*Vemos13*	1.5	—		*Hdh1761*	8
*Pgm3***	5-12	*Mac2*	4	*Vemos4*	9	—		*Hdd108*	9
μSat73	9	*Mac45*	5.5	*Vemos31*	9	—		*Hdh512*	10
μSat15	22	*G3pdh***	16	*Vemos39*	12	*Poli1TUF*	21.5	*Hdh145*	12
μSat60	24-34	*Mac4*	19	*Vemos43*	16.5	*Poli24MHFS*	25.5	*LapS***	15.6
*Idh3***	29-45	*Mac37*	23	*Vemos19*	25	—		*Pgi***	24.2
OGO2	31	*Mac36*	23.5	*Vemos71*	25	—		*Hdh57*	30
*Aat***	33-49	*Mac24*	33.5	*Vemos61*	26.5	—		*Sod***	38.7
*Adh***	34-47	*Ldh-1***	39.5	*Vemos60*	32	—		*Pgm***	39.6
OGO4	45.5	*Mac35*	45	*Vemos70*	43	*Poli18TUF*	49	—	
*G3pdh***	46-50	*Mac15*	45.5	*Vemos57*	45.5	*Poli2TUF*	49.5	—	
OGO3	48.5	*Mac44*	46.5	*Vemos25*	47	*Poli9TUF*	49.5	—	
ONEμ3	49	*Mac40*	47.5	*Vemos10*	48.5	*Poli107TUF*	49.5	—	
*Sod***	49-50	*Mpi***	47.6	*Vemos66*	49	*Poli174TUF*	49.5	—	
OGO8	50	—		*Vemos68*	49.5	*Idh***	50	—	

（0 – 10cM：動原体近傍，40 – 50cM：テロメア近傍）

* カワマス，イワナ，カワマス×レイクトラウト，カワマス×北極イワナ，ニジマス，シロサケ，カラフトマスにおける結果から
** アロザイム遺伝子座

表6-6 第二極体放出阻止型および第一卵割阻止型雌性発生二倍体アユの量的形質（尾叉長，体重）と計数形質（脊椎骨数）にみられる変異の拡大例

形 質		対照二倍体	第二極体放出阻止型雌性発生二倍体	第一卵割阻止型雌性発生二倍体（倍加半数体）
尾叉長（cm）	平均	16.62	16.73	15.10
（11ヶ月令）	標準偏差	0.86	1.28	1.98
	変異係数	0.052	0.077	0.131
	サンプル数	40	30	30
体重（g）	平均	58.53	59.91	41.54
（11ヶ月令）	標準偏差	10.92	14.62	19.54
	変異係数	0.187	0.244	0.439
	サンプル数	40	30	40
脊椎骨数	平均	61.03	61.26	61.07
	標準偏差	0.56	0.75	0.83
	変異係数	0.009	0.012	0.013
	サンプル数	30	34	30

率が低下し，成体まで生存しても，良質な配偶子（卵，精子）が十分得られない等の弊害が頻繁に生じる。例えば，マダイでは倍加半数体雌13尾のうち1尾のみが繁殖可能であった。

第一卵割阻止により倍加半数体誘起を試みたとしても，自然発生の第二極体放出阻止により出現する雌性発生二倍体の生存度が高いため，これらのみが子孫として生残する事例が多くある（ヒラメなど）。倍加半数体は次世代におけるクローン作成のために重要な遺伝資源であるので，その完全ホモ接合性を予め確認しておくことが重要である。通例は，遺伝子（マーカー）－動原体間の組み換えの影響を受けやすい，$y = 1$近くを示し，染色体の端部に座するマイクロサテライトDNAマーカー座を準備し，それらのホモ接合性を確認する。

遺伝的に不活性化した卵を正常精子で受精することにより，雄性発生が誘起される。この場合，卵核の遺伝的関与はないことから，胚は半数性となり致死的である。雄性発生の場合，既に卵核は遺伝的に不活性化されていることから，第二極体放出は生じない。そこで，雌性発生の場合と同様に，生存性をもつ雄性発生二倍体を得るためには，第一卵割阻止により完全ホモ接合体となる倍加半数体を誘起する。これらの雄性発生倍加半数体のつくる配偶子は遺伝的に均一なことから，雌の場合はそれらの卵を用いて次世代で，第二極体放出阻止型雌性発生二倍体を作出することにより，クローン系統を樹立できる。雄の作る精子は遺伝的に均一であるので，次世代で雄性発生を行うことによりクローンを作出可能であるが，染色体倍加のためには第一卵割阻止しか方法はない。

2）染色体操作魚の近交係数と変異性

雌性発生二倍体初代の近交係数（F: inbreeding coefficient）は$F = 1 - y$で表される。上述のように，第一卵割阻止型雌性発生二倍体は純系に相当し，組換え型の生じる余地は無いので（$y = 0$），$F = 1$となる。第二極体放出阻止型雌性発生二倍体ではヘテロ接合の部位が生じるた

め，遺伝子座毎に推定したy値を用いてFを求め平均することになる。この場合，Fは0と1の間で変動する。

近交係数の変化により，雌性発生二倍体子孫の変異性も増減する。初代の表現型分散（V_P），遺伝分散（V_G），環境分散（V_E）は次式により表わされる。

$$V_P = (1 + F) \times V_G + V_E$$

従って，第一卵割阻止型雌性発生二倍体では$F = 1$であるので，

$$V_P = 2V_G + V_E$$

と最大になり，変異の幅は広がる。これに対して，第二極体放出阻止型雌性発生二倍体では，Fに従ってV_Pは変化する。第二極体放出阻止型雌性発生二倍体と第一卵割阻止型雌性発生二倍体（倍加半数体）における量的変異（体長と体重）の拡大の実例を表6-6と口絵1-1に示す。

それでは，第二世代ではどうなるであろうか，第二世代のV_Pは次式となる。

$$V_P = (1 - F) \times V_G + V_E$$

第一卵割阻止型雌性あるいは雄性発生二倍体（倍加半数体）では，次世代で$F = 1$となるので，$V_P = V_E$となる。すなわち，クローンであり，遺伝的に均一であることから，その表現型分散は環境分散によってのみ規定される。なお，第二極体放出型雌性発生二倍体では，次世代で遺伝分散が小さくなることから，変異の幅が小さくなることが期待される。

3）性決定と性統御

魚類の場合，形態的に区別可能な性染色体をもつ種は一部にとどまり，性決定遺伝子が明らかになっている種は目下のところメダカ，フグ，ニジマス，ペヘレイに留まる。人為雌性発

生および雄性発生二倍体の誘起は，性決定機構推測の有用な手法である。例えば，精子の遺伝的な関与のない雌性発生二倍体が全て雌となった場合，その魚種は雄ヘテロ型（XX雌XY雄）の性決定機構をもつことが推定される。雄ヘテロ型の魚種における雄性発生二倍体では雌（XX）と超雄（YY）が期待されるが，超雄は致死性の場合も想定される。これに対して，雌性発生二倍体において雌雄が観察された時は，(a) 雄ヘテロ型性決定を基本とするが，性分化期の環境による遺伝的雌から雄への性転換が生じた場合（例：ヒラメ等），(b) 雌ヘテロ型（ZW雌ZZ雄）であり，雄（ZZ）と超雌（WW）に加えて，性染色体における組換え（交差）により雌（ZW）が生じる場合（例：ベステルチョウザメ等）が考えられる。雄性発生二倍体の場合，雌ヘテロ型の魚種では雄（ZZ）のみの出現が期待される。

　染色体操作，特に雌性発生および雄性発生二倍体の誘起は性統御の技術としても，重要である。雄ヘテロ型と推定される魚種では，雌性発生二倍体は遺伝的雌（XX）と考えられるので性分化期における性ホルモン投与あるいは環境（水温，密度など）コントロールにより生じた雄は，XX型を有する性転換雄（偽雄）である。従って，次世代で正常雌（XX）と性転換雄（XX）を交配することにより全雌集団（XX雌）が作出可能となる。染色体操作により生じる超雄（YY）と正常雌（XX）との交配からは全雄集団（XY雄）が生じ，超雌（WW）と正常雄（ZZ）の交雑からは全雌集団（ZW雌）が期待できる。

　魚類の場合，性は性染色体および性決定遺伝子のみで説明できないことが多い。全雌が期待できる雌性発生二倍体において雄が出現することがあり，しかも，その出現率に系統差や，親魚差がある。しかし，このような染色体操作魚を用いた研究から，性への環境要因（温度など）の関わりが明らかにされてきた。例えば，ヒラメでは雌の成長が雄より良好なことから，雌性発生二倍体誘起を主体とした全雌生産が試みら

れ，予想外の雄が出現したが，その原因は性分化期の水温による遺伝的雌の雄への性転換であることが，その後，明らかにされてきた。

4）融合精子，凍結保存精子および核－細胞質雑種

　生存性の雌性発生二倍体は第二極体放出阻止により比較的容易に作出できるが，第一卵割阻止は技術的に困難なことから雄性発生二倍体作出は難しい。卵割阻止を使わずに，雄性発生二倍体を作出する方法としては，人為的に誘起あるいは自然四倍体が産生する二倍体精子を使う方法がある。この方法によれば，卵核を遺伝的に不活性化した卵とこれら精子の受精のみで生存性の雄性発生個体が得られるが，倍加半数体と異なり，遺伝的多様性は高い。また，ポリエチレングリコールや高pH高Ca処理等を用いた精子融合による二倍体精子の誘起とその利用による雄性発生二倍体作出が試みられてきたが，成功率は一般にきわめて低い。

　雄性発生を精子から個体を作出する方法と定義すると，その有用性は高い。現在，絶滅危惧にある魚種の凍結保存精子から，近縁種の遺伝的不活性化卵を用いて雄性発生個体を再生する試みがなされており，そのモデルとしてコイの卵を用いてキンギョの精子から雄性発生二倍体を作出した例がある。雄性発生の場合，近縁異種の遺伝的不活性化卵を用いた場合，核－細胞質雑種（nucleo-cytoplasmic hybrid）を誘起しうる。これらは，胚発生における核と細胞質の役割や相互作用を研究するための良い実験系となる。

4. クローン

1）ホモクローンとヘテロクローン

　倍加半数体では，全ゲノムにわたりホモ接合となるので，一腹の子孫間での変異性は高くなる（第6章3.2）参照）。しかし，各個体の作る配偶子は遺伝的に均一なことから，1個体から得た卵を用いて，次世代で雌性発生あるいは雄

性発生二倍体作出を行うと，その子孫は遺伝的に均一なクローンとなる。この様な手段により，わずか二世代でクローンが作出できる。現在までに，ゼブラフィッシュ *Danio rerio*，メダカ *Oryzias latipes*，アユ，コイ，ヒラメ，ニジマス，アマゴ，マダイ，テラピアなどでクローンが作出されている。

　次世代における雌性発生あるいは雄性発生二倍体作出によりホモクローン魚が得られるが，その一部について，人為性転換を施こせば，ホモクローン雌雄間の交配により系統維持ができる。また，自然産卵により種苗生産をする海産魚では，雌雄のクローン魚を産卵水槽に入れ，自然産卵させることによりクローンの大量生産が可能となる。また，異なるホモクローン系統間の交配により，ヘテロ接合ではあるが，個体間の遺伝的差異の無いヘテロクローン集団を作出することができる。一般に，ヘテロクローンは劣性有害遺伝子の発現を抑制できるため，ホモクローンで見られる有害形質の発現は緩和される。水産応用にあたってはホモ接合クローンを親魚系統として維持し，実際の養殖には，ホモクローンの交配により作製するヘテロ接合クローン集団を商品として利用するのが望ましい。作出されるクローンでは，体形や模様はよく類似し，外観上均一な商品となる。

2）クローン魚の確認と利用

　クローン魚作出のためには，まず，親となる倍加半数体のホモ接合性を，1 に近い y 値を示す DNA マーカー座で調査することが重要である（3.1）参照）。クローン集団の遺伝的均一性は，ミニサテライト反復配列プローブを用いた DNA フィンガープリント法，RAPD（Random Amplified Polymorphic DNA）- PCR 法，AFLP（Amplified Flagment Length Polymorphisms）法，マイクロサテライト DNA マーカー型分析法等の分子生物学的な手法により，比較的簡単かつ短時間で確認できる。また，親子，同胞間の組織移植実験（鱗，鰓蓋組織片の生着）によっても，組織適合遺伝子の一致からクローン性を確認できる。

　クローン系統内で，個体間の V_G は 0 となるので，変異性は V_E のみで決まることとなり，V_P の幅は小さくなる。普通の交配から生じる家系に比較して，クローン系統では，脊椎骨数，体重，血液性状等の形質の変異性が縮小することが報告されている。

　量的遺伝学において，V_P に対する V_G の割合は遺伝率（heritability，h^2）と定義され（広義），表現型のばらつきのうちの遺伝的要因の程度を示す指標である。遺伝率の推定方法は複数あるが（第 5 章），クローン系統を用いるとその推定は容易である。既に述べたようにクローン集団の V_P は V_E に等しい。クローンと同時に作出し，同じ環境で飼育した正常二倍体集団の V_E はクローン集団の V_E に等しい。従って，正常二倍体集団の V_P から，クローン集団の V_P（$= V_E$）を差し引いた残りが，V_G となることから，遺伝率は次式で示される。

$$h^2 = （正常二倍体集団 V_P － クローン集団 V_P）／ 正常二倍体集団 V_P$$

$$= 正常二倍体集団 V_G ／ 正常二倍体集団 V_P$$

　また，クローン集団における V_P は $V_G = 0$ であるので，クローン集団内の分散を環境分散（σE^2），クローン集団間の分散を遺伝分散と環境分散の和（$\sigma E^2 + k\sigma G^2$）として考えると，表現型分散に対する遺伝分散の値を得られる。

参考文献

水産生物の遺伝と育種（日本水産学会編）水産学シリーズ 26. 1979. 恒星社厚生閣．東京．

魚類育種遺伝学（キルピチニコフ・ヴエ・エス編著．山岸宏・高畠雅映・中村将・福渡淑子訳）1983. 恒星社厚生閣．東京．

魚類細胞遺伝学（小島吉雄）．1983. 水交社．東京．

水産育種の基礎（藤尾芳久・木島明博）水産増養殖叢書 36. 1987. 日本水産資源保護協会．東京．

水産増養殖と染色体操作（鈴木亮編）水産学シリーズ 75. 1989. 恒星社厚生閣．東京．

魚類の DNA 分子遺伝学的アプローチ（青木宙・隆島史

夫・平野哲也編）1997. 恒星社厚生閣. 東京.

水産育種に関わる形質の発現と評価（藤尾芳久・谷口
順彦編著）水産学シリーズ 117. 1998. 恒星社厚生閣.
東京.

魚類生理学の基礎（会田勝美編）2002. 恒星社厚生閣.
東京.

水産増養殖システム 1　海水魚（熊井英水編）2005.
恒星社厚生閣. 東京.

サケ学入門　自然史・水産・文化（阿部周一編著）2009.
北海道大学出版会. 札幌.

改訂版　育種における細胞遺伝学（渡辺好郎監修　福
井希一・辻本壽共著）2010. 養賢堂. 東京

Sex determination in fish. (Pandian T J) 2011. CRC Press,
Taylor & Francis Group, FL, USA.

Genetic sex differentiation in fish. (Pandian T J) 2012. CRC
Press, Taylor & Francis Group, FL, USA.

サケ学大全（帰山雅秀・永田光博・中川大介編著）2013.
北海道大学出版会. 札幌.

読んでおくべき重要な文献

Arai K (2000) Chromosome manipulation in aquaculture :
recent progress and perspective. Aquaculture Science 48 :
295-303.

Arai K (2001) Genetic improvement of aquaculture finfish
species by chromosome manipulation techniques in Japan.
Aquaculture 197: 205-228.

Devlin RH and Nagahama Y (2002) Sex determination
and sex differentiation in fish: an overview of genetic,
physiological, and environmental influences. Aquaculture
208:191-364.

Komen H and Thorgaard GH (2007) Androgenesis,
gynogenesis and the production of clones in fishes: A
review. Aquaculture 269:150-173.

Pandian TJ and Koteeswaran R (1998) Ploidy induction and
sex control in fish. Hydrobiologia 384: 167-243.

Piferrer F, Beaumont A, Falguiere J-C, Flajshans M, Haffray
P, Colombo L (2009) Polyploid fish and shellfish:
Production, biology and applications to aquaculture for
performance improvement and genetic containment.
Aquaculture 293:125-156.

第7章

連鎖解析と
マーカーアシスト選抜

1. 目的

　水産分野においては，産業に利用される水産生物の育種を推進する必要がある。本章では，育種を推進するための手法として有効性が示されているマーカーアシスト選抜育種法について解説し，マーカーアシスト選抜育種法に必要となる有用形質と連鎖する遺伝マーカーの開発（連鎖解析）とマーカーアシスト選抜育種法の実施例について理解することを目的とする。

2. 連鎖解析の原理

　連鎖と組換えについては，第2章において説明されている様に，配偶子形成の減数分裂時におこる相同染色体の乗換えを遺伝マーカーによる遺伝子型により遺伝的組換えとして検出し，遺伝マーカー間の連鎖関係を推定する。ここでは，連鎖解析の原理，遺伝子地図作成のための遺伝マーカー間の連鎖解析，優良遺伝形質の責任遺伝子座を検出する連鎖解析，水産分野における連鎖解析の実際例について解説する。

1）連鎖解析の原理

　水産育種においては，単一遺伝子により支配されている遺伝形質に対して，その遺伝子座を推定する際に用いられる。連鎖解析のサンプルには，血縁関係とその遺伝形質の表現型が明らかな解析家系が用いられる。連鎖解析の結果

を評価するために，統計学的な解析が用いられるため，解析サンプル数が多いことが望まれる。ヒトやほ乳類などと違い，一般的に同胞数もしくは一腹子数が多い魚類は，連鎖解析サンプルの準備においては，有利であると言える。しかしながら，表現型の正確な評価が必要であるため，そのサンプル数は百尾から数百尾程度が一般的である。

　連鎖解析は，二つの場面で利用される。一つ目は，遺伝マーカーを用いて，ある生物の遺伝子地図を作成する際に，遺伝マーカー間の関連性を見いだすために行われる場合である。二つ目は，優良遺伝形質の責任遺伝子座を検出するために行われる場合である。これらの連鎖解析では共に，一つの遺伝マーカーもしくは遺伝形質について，数多くの遺伝マーカーとの関連性の有無を調べることになる。数多くの遺伝マーカーを用いることによって，偶然性による関連が起こりやすくなることが予想される。すなわち，連鎖解析では一つの遺伝マーカーもしくは遺伝形質について，関連性が見られた遺伝マーカーが偶然であるのか，必然であるのかを統計学的に解析し，その関連性の有意性を確認することになる。

　二つの遺伝マーカーAとBで得られたマーカー型情報でその連鎖関係を考える場合，遺伝マーカーAとBが同一染色体上にあれば，ある程度の割合で二つのマーカーが一緒に次世代に伝達されるため，減数分裂期における遺伝子座（遺

119

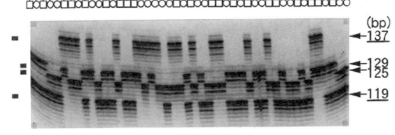

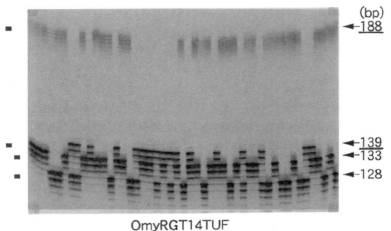

図7-1 自然交配で得られたクロマグロ稚魚と親魚のマイクロサテライトDNAマーカーにおける泳動像

伝マーカー)の分離は,独立ではなくなると考えられる。すなわち,対象とする遺伝子座の次世代への分離の独立性を解析することにより,連鎖関係が明らかとなる。

父親由来の遺伝マーカーをA_1B_1とし,母親由来の遺伝マーカーをA_2B_2とすると,両方の遺伝子座が極近傍にある場合には,親におけるマーカーの組合せ(A_1B_1とA_2B_2)はそのまま分離せずに次世代へと伝えられる。この遺伝子座が離れていれば,減数分裂期の乗換えによって,親におけるマーカーの組合せ(A_1B_1とA_2B_2)は崩れ,新しい組合せ(A_1B_2とA_2B_1)が生じるようになる。次世代での親と同じマーカーの組合せ(A_1B_1とA_2B_2)は,非組換え型であり,新しい組合せ(A_1B_2とA_2B_1)は,組換え型である。二つ

の遺伝マーカー座間の距離が遠いほど,組換え型頻度は増加することになる。二つの遺伝マーカー座間の次世代への分離の独立性を解析するためには,減数分裂後の卵や精子などの配偶子を調べることが必要になるが,個別の配偶子を調べることは,その単離や解析に必要なDNA量などの問題で,難しい。そのため,受精後の各個体をサンプルとして用いて遺伝マーカー間の連鎖を解析する。一つの遺伝マーカーもしくは遺伝形質と,ある遺伝マーカーとの関連性の有無を解析する際に,その独立性を解析し,その確からしさを推定する方法として,ロッドスコア法が一般的に知られている。

2）遺伝マーカー間の連鎖解析（連鎖地図の作成）

　遺伝マーカー間の連鎖解析は，対象生物の連鎖地図を作成する際に行われる。ここでは遺伝マーカーとしてMSマーカーを用いた解析について，例を挙げる。遺伝マーカー間の連鎖関係を解析するためには，数多くの遺伝マーカーの開発と一対交配などで作出した解析家系が必要となる。

　遺伝マーカー間の連鎖関係を得るためには，解析家系で収集した数多くの遺伝マーカーの遺伝子型情報について，遺伝マーカー間の遺伝子型を総当たりで解析する必要がある。魚類においては，減数分裂時の乗り換えが染色体腕毎に1回程度と考えられており，ほ乳類や他の生物に比べて比較的連鎖関係は得られやすいと考えられる。その一方で，乗り換えが起こる場所もある決まった場所（ホットスポット）で起こることが予想され，解析家系のサンプル数が少ない場合には，数多くの遺伝マーカーでの解析を行っても，遺伝マーカー間で組み換えを検出できない（完全連鎖）ために，多くの遺伝マーカーが同一の座位に位置するクラスター状態になることがある。ヒトや家畜などでは，同胞数が限られるために，複数の家系を用いて連鎖解析が行われるが，魚類においては同胞数が十分に得られることから，一対交配などで作出した1家系で実施されることが多い。多くの遺伝マーカーが同一の座位に位置するクラスター状態を解消するためには，複数の家系もしくはより多くのサンプルで連鎖解析をする必要がある。

3）連鎖解析の実例

　3）で述べる遺伝マーカーと遺伝形質との連鎖解析は，各解析家系で実施する必要があるため，対象生物で連鎖地図が作成されていない場合，遺伝形質情報を持った解析家系を利用することで，遺伝マーカー間の連鎖解析により連鎖地図を作成できるだけでなく，遺伝マーカーと遺伝形質との連鎖関係を明らかにできる可能性があり，有効である。

　ニジマスの連鎖地図で連鎖関係のあったMSマーカー（*OmyRGT51TUF*と*OmyRGT14TUF*）の電気泳動像を実例に挙げて解説する（図7-1）。雌親（F64）と雄親（90FxS51）との交配で得られた家系を用いた。雌親（F64）は，*OmyRGT51TUF*で119bpと137bp，*OmyRGT14TUF*で139bpと188bpのアリルを保持している。雄親（90FxS51）は，*OmyRGT51TUF*で125bpと129bp，*OmyRGT14TUF*で128bpと133bpのアリルを保持している。その子孫では，雌親（F64）から*OmyRGT51TUF*で119bpもしくは137bpのどちらか，雄親（90FxS51）から125bpもしくは129bpのどちらかを受け継ぎ，119bpと125bp，119bpと129bp，125bpと137bp，129bpと137bpの4種類が存在することになる。同様に*OmyRGT14TUF*では，128bpと139bp，133bpと139bp，128bpと188bp，133bpと188bpの4種類が存在することになる。*OmyRGT51TUF*と*OmyRGT14TUF*の電気泳動像における雌親（F64）のアリルの子孫への伝達を見比べてみると，*OmyRGT51TUF*の119bpと*OmyRGT14TUF*の188bp（もしくは，*OmyRGT51TUF*の137bpと*OmyRGT14TUF*の128bp）が連動しているように見える。*OmyRGT51TUF*と*OmyRGT14TUF*との間に連鎖関係がある場合には，このようにアリルの伝達状況に同調性が見られることになる。しかしながら，いくつかの個体では，*OmyRGT51TUF*の119bpと*OmyRGT14TUF*の188bpの連動が見られない。この個体が組換え個体である。子孫90個体を解析した際，6個体の組換え個体を検出した。この同調性が偶然であるか否かを推定する方法として，ロッドスコア法がある。

　ロッドスコアを推定する関数として，$Z(\theta) = \log_{10}[L(\theta)/L(1/2)]$がある。

　$L(\theta)$は，ある遺伝子型の下で，ある表現型が観測される尤度，θは組換え率であり，この関数から計算される値をロッドスコアという。ロッドスコア＞3で連鎖している，ロッドスコア＜2で連鎖していない。つまり，帰無仮説：MSマーカー同士は連鎖していないという仮説（θ

= 0.5）に対して，対立仮説：マーカー同士は連鎖しているという仮説（$\theta \neq 0.5$）を尤度比検定していることになる。ロッドとは，Lod（Logarithm of the Odd）の略であり，確率の比であるオッズの常用対数（log）を取っている。

すなわち，そのオッズは

$$\frac{p}{1-p} \quad \frac{\text{（対立仮説：（連鎖している）下での尤度）}}{\text{（帰無仮説：（連鎖していないの）下での尤度）}}$$

となる。

　よって，連鎖が無いとした時（組み換え頻度50%）の確率に対する連鎖があるとした時（組み換え頻度は50%よりずっと小さい）の確率の比を常用対数で示したスコアがロッドスコアということができる。上記のように，ロッドスコアが3以上の値が得られた時に連鎖ありと判定するが，これは連鎖が無いとする確率に対して連鎖があるとする確率が1000倍（10の3乗）以上大きいということを示す。ロッドスコアが3よりも小さい場合には否定的ではなく，1－2はinteresting，2－3はsuggestiveと考える。

　なお，ロッドスコアは，最尤推定法（maximum likelihood estimation）というそれぞれのデータの確率分布に基づき，その確率を最大化するように組換え率や遺伝子効果といったパラメーターを推定する方法も用いられる。解析個体数および組換え個体数が明らかになっている場合に，その連鎖関係を確かめるロッドスコア（$Z(\theta)$）の最大値：Z maxを以下の式で求めることが出来る。

$$Z\,max = r\,\log_{10}(\theta) + (n-r)\,\log_{10}(1-\theta) + n\,\log_{10}(0.5)$$

　nは解析個体数，rは組換え個体数，θは組換え率であるので，$\theta = r/n$である。

　OmyRGT51TUF と *OmyRGT14TUF* との連鎖解析を調べてみると，解析個体数 n = 90，組換え個体数 r = 6 であり，$\theta = 6/90 \fallingdotseq 0.0667$で

ある。このとき，Z max は 17.52（$10^{17.52}$）となり連鎖していると言える。また，*OmyRGT51TUF* と *OmyRGT14TUF* との2点だけの遺伝的距離は $\theta \times 100$（cM）となり，$\theta \fallingdotseq 0.0667$から6.67cMとなる。

4）遺伝マーカーと遺伝形質との連鎖解析

　遺伝マーカーと遺伝形質との連鎖解析については，解析原理は遺伝マーカー間の連鎖解析と同様である。遺伝マーカーの遺伝子型（アリル型）情報の代わりに，一方を表現型情報として単一遺伝子により支配されている遺伝形質の表現型を1と0のような2タイプの遺伝子型を各個体に与えて解析することになる。例えば性決定遺伝子座に関する解析では，表現型の雌雄を雄を1，雌を2として遺伝子型を与え，解析することになる。

　連鎖解析は，単一遺伝子により支配されている遺伝形質に対して，その遺伝子座を推定する際に用いられるが，遺伝形質に関しての解析情報が少ない水産分野においては，単一遺伝子により支配されている遺伝形質として性決定遺伝子座の解析などが考えられる。もっともその種において，性決定機構が遺伝的な支配を受けている（環境的性決定機構ではなく遺伝的性決定機構である）ことが前提となる。遺伝マーカーとして，表現型マーカーやタンパク質マーカーを利用していた時代に，メダカやサケ科魚類において性決定遺伝子座の報告（Aida, 1921; May and Johnson, 1990; Allendorf et al., 1994）があるように，最も取り組みやすい遺伝形質であると言える。性決定遺伝子座の他で水産育種における単一遺伝子により支配されている遺伝形質の連鎖解析の例としては，ニジマスのIPN耐病性遺伝子座（Ozaki et al., 2000），優性アルビノ形質遺伝子座（Nakamura et al., 2001），ヒラメのリンホシスチス耐病性遺伝子座（Fuji et al., 2006）などがある。

　魚類では，減数分裂時の染色体当たりの乗換えの頻度（遺伝的組み換え率）が全体的に低いことが明らかとなった。一つの染色体当たり，

一度程度の乗換えしか起こっていないと考えられている。そのため，通常はホ乳類などでは対象種毎に300〜500個程度のDNAマーカーが無ければ遺伝形質の解析は難しいと考えられてきたのに対し，養殖魚類の耐病性形質の最初の報告例となったニジマスの伝染性すい臓壊死症（IPN）耐性形質識別マーカー（Ozaki et al., 2001）は，121個のDNAマーカーによる解析で開発された。そして，ヒラメのリンホシスチス病耐性形質識別マーカー（Fuji et al., 2006）は，わずか50個のDNAマーカーによる解析で開発することができた。つまり，魚類では，染色体乗換えの頻度（遺伝的組み換え率）が全体的に低いことで，DNAマーカーと遺伝形質との関連性が比較的検出されやすいと考えられる。

今後の遺伝情報解析基盤整備や高速化を考えると，生物がもつ優良遺伝形質に対する表現型の評価法や検出法の重要性が増してくると考えられる。

5）魚類における連鎖地図作成

連鎖地図に用いられる遺伝マーカーについては，第3章で説明したように，色素変異体などの表現型マーカー，アロザイムなどのタンパク質マーカー，DNAマーカーと続いている。DNAマーカーについては，RFLPマーカー，VNTRマーカー，RAPDマーカー，AFLPマーカー，MSマーカー，SNPマーカー，RADマーカーと続いている。

DNAマーカーを用いた魚類における連鎖地図作成は，ゼブラフッシュ（Postlethwait et al., 1993）やメダカ（Wada et al., 1995）などの小型実験魚類において実施された。水産生物で見てみると，テラピア（Kocher et al., 1998），ニジマス（Young et al., 1998），アメリカナマズ（Waldbieser et al., 2001），ヒラメ（Coimbra et al., 2003），タイセイヨウサケ（Moen et al., 2004）など世界的に種苗生産技術が安定している魚種で先行して，連鎖地図が作成された。その後，これらの魚種ではマッピングされるDNAマーカーが増加し，詳細化が進められた。また，他のさまざまな魚種

においても連鎖地図が作成されている。

連鎖地図作成の歴史について小型魚類のメダカと養殖魚類のニジマスを例に見てみると，メダカは，遺伝学のモデル生物として用いられてきており，古くから変異体が収集されていたため，色素変異体であるR遺伝子座と性決定因子Y遺伝子座の連鎖関係は，100年近くも前に報告されている（Aida, 1921）。アロザイムによる地図（Naruse and Shima, 1989），RAPDマーカーによる地図（Wada et al., 1995），AFLPマーカーによる地図（Naruse et al., 2000）が作成された。その後，メダカではサンガーシーケンス法による全ゲノム解読がなされた（Kasahara et al., 2007）。

ニジマスは，卵径が大きく比較的に種苗生産が容易であることから，養殖対象種として古くから用いられている。まず始めに，アロザイムによる地図が報告され（May and Johnson, 1990），AFLPマーカーによる地図（Young et al., 1998），MSマーカーによる地図（Sakamoto et al., 2000），RADマーカーによる地図（Miller et al., 2012）が報告されている。2000年以降，養殖魚類の育種研究においては，共優性マーカーであること，近縁種でも利用可能であることなどから，MSマーカーを用いた連鎖地図が作成され，そのマーカー数を増加させる方法がとられた。一方，トラフグ（Takifugu rubripes）などにおいては，全ゲノム配列解読が先に完了した後に（Brenner et al., 1993），その情報をもとに連鎖地図作成が行われる事例もある（Kai et al., 2005）。近年では，次世代シーケンサーを用いたRADマーカーによる連鎖地図作成（Amores et al., 2011）や全ゲノム配列解読が可能になっており，今後，これらの技術を用いた連鎖地図が多くの魚種で報告されると予想される。

複数の親魚が自然交配に参加したクロマグロの稚魚において，DNAマーカーを用いて親子鑑定をおこなった例を以下に示す。表7-1は，親魚候補（1から10）および稚魚の遺伝子型の解析結果を示している。稚魚A，稚魚Bの親魚はそれぞれ何番と何番かを解析してみる。

マーカーXにおける稚魚Aのアリル型は3

表 7-1　親魚候補の遺伝子型と稚魚の遺伝子型

親魚候補	1	2	3	4	5	6	7	8	9	10	稚魚 A	稚魚 B
マーカー X	1/1	1/6	1/5	2/2	2/3	2/4	2/6	1/1	1/3	1/4	3/5	1/6
マーカー Y	1/7	2/2	3/7	5/8	1/1	3/4	4/5	4/4	5/5	2/8	5/7	4/8

と 5 であるが，親魚候補のなかでマーカー X においてアリル 5 を保持する個体は 3 番のみである。すなわち，親魚候補 3 番が 1 尾目の親魚である。次に，稚魚 A のアリル型は 3/5 であるため，もう一尾の親魚候補はアリル 3 を保持する必要がある。親魚候補のなかでマーカー X においてアリル 3 を保持する個体は 5 番と 9 番である。稚魚 A のマーカー Y におけるアリル型は 5/7 である。このうちアリル 7 は親魚候補 3 番から受け継いだと考えられるため，もう一尾の親魚候補はアリル 5 を保持する必要がある。先ほどのマーカー X で絞り込んだ親魚候補 5 番と 9 番のマーカー Y におけるマーカー型を見てみると，9 番がアリル 5 を保持していることがわかる。よって，稚魚 A の親魚は，3 番と 9 番である。

マーカー X における稚魚 B のアリル型は 1/6 であるが，親魚候補のなかでマーカー X においてアリル 6 を保持する個体は 2 番と 7 番である。すなわち，まずこの 2 尾が親魚候補として絞られる。さらにマーカー Y のアリル型を見てみると，親魚候補 2 番では 2/2，親魚候補 7 番では 4/5 である。マーカー Y における稚魚 B のアリル型は 4/8 であるため，4 と 8 のどちらかのアリルを親魚候補から受け継いでいなければならない。そのため，親魚候補 2 番とはアリル型が合わないことになり，親魚候補 7 番からアリル 4 を受け継いだと考えることができる。稚魚 B は，親魚候補 7 番からマーカー X ではアリル 6，マーカー Y ではアリル 4 を受け継いだことになる。このことから，もう一方の親魚候補からは，マーカー X ではアリル 1，マーカー Y ではアリル 8 を受け継ぐ必要がある。すなわち，そのようなマーカー型を保持した（マーカー X ではアリル 1，マーカー Y ではアリル 8 を持つ）親魚候補を探せば良いことになる。親魚候補 10 番がこ

れに当てはまる個体となる。よって，稚魚 B の親魚は 7 番と 10 番ということとなる。

表 7-2 は 1 対 1 交配家系の親魚およびその子孫 20 尾について，DNA マーカー A，DNA マーカー B，DNA マーカー C を用いて解析した電気泳動像結果を模式化した図である。子孫については，表現型情報として雌雄判別結果が得られている。ここから以下の事に関しての解析を行った。

(1)　子孫のアリル型について，雄親由来および雌親由来のアリル型を明らかにする。

(2)　DNA マーカー A,B および性決定遺伝子座間のそれぞれの組換え頻度および遺伝子間距離を明らかにする。

(3)　DNA マーカー C は，DNA マーカー A，および DNA マーカー B との間で組換え頻度および遺伝子間距離を求めることが出来なかった。それはなぜか？

(1) DNA マーカー A における雄親のアリル型は，1/3 であり，ヘテロ接合体である。雌親のアリル型は 2/2 であり，ホモ接合体である。DNA マーカー B における雄親のアリル型は，1/3 であり，ヘテロ接合体である。雌親のアリル型は 2/2 であり，ホモ接合体である。DNA マーカー C における雄親のアリル型は，2/2 であり，ホモ接合体である。雌親のアリル型は 1/3 であり，ヘテロ接合体である。例として DNA マーカー A における子孫のサンプルを見てみると，サンプル番号 1, 2 のアリル型は 1/2，サンプル番号 3, 4, 5 では 2/3 である。全てのサ

第7章 連鎖解析とマーカーアシスト選抜　125

表7-2　DNA多型解析の模式図

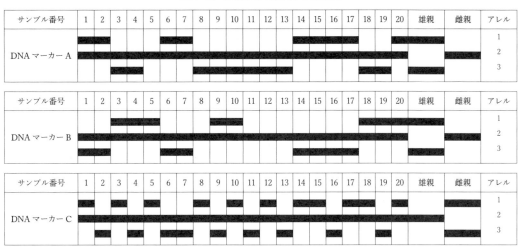

ンプルは，雌親からアリル2を受け継ぎ，雄親からアリル1もしくはアリル3のどちらかを受け継いでいる。同様にDNAマーカーBにおける子孫のサンプルを見てみると，サンプル番号1,2のアリル型は2/3，サンプル番号3,4,5では1/2であり，全てのサンプルは，雌親からアリル2を受け継ぎ，雄親からアリル1もしくはアリル3のどちらかを受け継いでいる。DNAマーカーCにおける子孫のサンプルを見てみると，サンプル番号1のアリル型は1/2，サンプル番号2では2/3であり，全てのサンプルは，雌親からアリル2を受け継ぎ，雄親からアリル1もしくはアリル3のどちらかを受け継いでいる。

（2）子孫サンプルにおけるDNAマーカーAとDNAマーカーBの雄親由来のアリルを見てみると，DNAマーカーAのアリル1とDNAマーカーBのアリル3，DNAマーカーAのアリル3とDNAマーカーBのアリル1に対応関係があるように見える。すなわち，DNAマーカーAのアリル1を受け継いだ個体の多くは，DNAマーカーBのアリル3を受け継いでおり，DNAマーカーAのアリル3を受け継いだ個体の多くは，DNAマーカーBのアリル1を受け継いでいる。この対応関係からずれた個体が組換え個体であると考えられる。アリル型の対応関係を見てみると，サンプル番号8番と20番が組換え個体である。サンプル数が20個体，組換え個体が2個体であるから，組換え率が10%，遺伝子間距離は10cMと考えることができる。

表現型（雌雄）との対応関係を見てみると，DNAマーカーBのアリル3と雄，アリル1と雌との間に，組換え個体がいない完全連鎖関係を見出すことができる。（DNAマーカーAについては，表現型（雌雄）とDNAマーカーBとの間は同一である。）よって，DNAマーカーAと性決定遺伝子座との遺伝子間距離は10cM，DNAマーカーBと性決定遺伝子座との遺伝子間距離は0cMとなる。

（3）DNAマーカーAおよびDNAマーカーBにおいては，雄親のアリル型がヘテロ接合体であり，子孫へのアリルの分離（伝達）が検出できる。一方，雌親のアリル型はホモ接合体であり，子孫へのアリルの分離（伝達）が検出できない。また，DNAマーカーCにおいては，雄

親のアリル型はホモ接合体であり，子孫へのアリルの分離（伝達）が検出できない。一方，雌親のアリル型はヘテロ接合体であり，子孫へのアリルの分離（伝達）が検出できる。すなわち，DNAマーカーAとDNAマーカーBの間では，雄親のアリル型の次世代への分離（伝達）情報によって，そのDNAマーカー間の連鎖関係を調べることが可能であるが，DNAマーカーCにおいては，雄親のアリル型はホモ接合体でありアリルの分離（伝達）が検出できないため，DNAマーカーAとDNAマーカーBの間では連鎖関係を調べることが不可能である。

3．QTL解析の原理

1）遺伝マーカーと遺伝形質とのQTL解析

遺伝形質の中で，集団内の形質が連続的な値を取る場合，量的形質（quantitative trait）と呼ばれ，複数の遺伝子（座）が一つの形質に作用しており，さらに環境要因が影響すると考えられる。量的形質に関わる遺伝子座を量的形質遺伝子座（QTL：quantitative trait locus）と呼ぶ。一つの形質に一つの遺伝子が関与している場合には，質的形質（qualitative trait）と呼ばれ，連鎖解析の対象となる。

複数の遺伝子座が一つの形質に作用する場合，複数の遺伝子座の遺伝子型の組合せが多くなり，それぞれの組合せにより形質の値が決まるため，さまざまな表現型値となる。また，同じ遺伝子型の組合せにおいても，環境要因によりある程度の幅で形質の値がばらつき，連続的な値として観察されることになる。

QTL解析は，遺伝マーカーとの連鎖を利用してある形質に関与するQTLを推定する方法である。遺伝マーカーの開発が困難で遺伝マーカー数が少ない時期などは，各マーカーの遺伝子型ごとにグループ分けを行い，そのグループ間で表現型の分散分析を行い，そのグループ間差の有意性を検定することでQTL解析が行われた。この方法では，そのQTLの位置やその遺伝効果などが正確にわからない。近年では，

量的形質の表現型値と，その表現型値の内で遺伝子型によって決まる遺伝子型値を用いた統計モデルを用いた解析が主流となっている。統計モデルから観察データが得られる確率である尤度について，QTLの効果の有無を仮定した統計モデル間の最尤度を比較し，ロッドスコアの大きさによりQTLを推定する各種方法が用いられている。これらのQTL解析におけるインターバルマッピング方法により，遺伝マーカー上および遺伝マーカー間の両方でQTLを検出することが可能になっている。QTL解析には，解析ソフトウェアとしてMapmaker/QTLやR/qtlなどが用いられている。

2）養殖魚類におけるQTL解析

養殖魚類におけるQTL解析は，遺伝マーカーの開発や連鎖地図作成が進んでいたニジマスにおいて実施された。ニジマスにおける温度耐性形質（Jackson et al., 1998）や産卵時期形質（Sakamoto et al., 1999）などに関するQTL解析が行われ，分散分析法により解析された。遺伝マーカーと連鎖地図の充実により，疾病に対する耐病性形質についても，人為感染実験後の表現型を生／死－0,1の質的形質としてとらえて連鎖解析による方法とともに，死亡までの日数を量的形質としてとらえてQTL解析が行われるようになった（Houston et al., 2008）。また，MSマーカーが近縁種でも利用可能な性質を生かして（Sakamoto et al., 1996），近縁種で推定されたQTLを検出するMSマーカーを用いて別魚種での同一形質のQTL解析が行われ，QTLの検出が報告されている（Somorjai et al., 2003; Houston et al., 2008）。MSマーカーの保存性により，近縁種間の遺伝的な保存（シンテニー）関係が明らかになり，そのシンテニー領域にある相同遺伝子がその形質に同様に関与していると考えられている。近年では，これまでに推定されているQTLをさらに詳細に解析し，その責任遺伝子の単離に向けたRADマーカーによる解析も行われている（Houston et al., 2012）。今後，これまでに遺伝マーカーが全く開発されていない魚類

においても，RADマーカーなどによるQTL解析が期待される。

4．マーカーアシスト選抜

　水産養殖用種苗で最も求められる形質（性質）は，養殖現場で病気による被害が大きいことを考えれば，病気に強い性質すなわち耐病性形質であると考えられる。これまでの育種法では，成長の良い大きい個体を次世代の親魚にするなど，見た目による選抜育種法が行われることが多いが，病気に対する抵抗性を見た目だけで判断することは，基本的には不可能である。「基本的には」と書いたのは，人為的な感染実験を行うことで，その生存個体と死亡個体により，耐病性系質の有無を判別することは可能なためである。しかしながら，病気に強い形質を遺伝的に固定するためには，人為的な感染実験を何世代も行う必要があり，さらに選抜された個体は多くの場合，病原体の保菌者となってしまうため，隔離施設などの特別な飼育実験環境を必要とする。このため，種苗生産現場において，見た目による耐病性形質の育種を進めるのは，通常は困難である。

　一方，マーカーアシスト選抜（marker assisted selection：MAS）育種法では，その個体が目的とする形質を保持しているか，いないかを識別する指標（遺伝マーカー）を開発することにより，耐病性形質の遺伝的固定時間を短縮し，種苗生産現場では病原体の非保菌個体を扱うことが出来る。このように，MAS育種法の利用が最も期待される遺伝形質は，その表現型が見た目だけでは評価することが出来ない耐病性形質であると言える。もっとも，見た目（測定や観察など）での表現型の評価が可能な遺伝形質もその形質に連鎖した遺伝マーカーを開発し，MAS育種法を利用することで，選抜効率を高めて行くことは可能であると考えられる。

　MAS育種法によって作出されたヒラメのリンホシスチス病耐性種苗が，実際に日本の養殖現場で利用されている（詳しくは，第9章2．ヒラ

メ（マーカーアシスト選抜）参照）。このヒラメのリンホシスチス病耐性種苗は，水産育種分野ではマーカーアシスト選抜技術での世界初の実用化事例である。さらに，ノルウェーの企業によって，太平洋サケのIPN耐病性形質についても成果が得られている。この他の事例では，アユの冷水病耐性形質やブリのハダムシ症耐病性形質のMAS育種法の可能性が示唆されている。MAS育種法は，分子育種法，ゲノム育種法などとも呼ばれる。

　本項では，現時点でMAS育種法を用いるための前段階として必要な，種苗生産技術と遺伝情報解析技術について説明する。

1）MAS育種法に必要な種苗生産技術と飼育環境

　MAS育種法による養殖用新規種苗作出のための技術開発研究は，世界各国で取り組まれている。各国の研究で中心的な魚種を挙げると，アメリカではニジマス（*Oncorhynchus mykiss*）・アメリカナマズ（*Ictalurus punctatus*）・テラピア（*Oreochromis niloticus*），カナダおよびノルウェーではタイセイヨウサケ（*Salmo salar*）・タイセイヨウタラ（*Gadus morhua*），イギリスではタイセイヨウサケ・ヨーロッパシーバス（*Dicentrarchus labrax*），フランスではブラウントラウト（*Salmo trutta*）・ヨーロッパシーバス，イタリア・ギリシャなどではヨーロッパヘダイ（*Sparus aurata*），イスラエルではコイ（*Cyprinus carpio*）・テラピア，中国ではカラアカシタビラメ（*Cynoglossus semilaevis*）などである。このように，MAS育種法の対象となっているのは，当然のことながら，安定的に種苗生産が可能な魚種である。日本においては，ブリ（*Seriola quinqueradiata*），ヒラメ（*Paralichthys olivaceus*）やアユ（*Plecoglossus altivelis*）などのMAS育種法の実績とともに，将来のMAS育種法の対象魚種としてクロマグロ（*Thunnus orientalis*）やウナギ（*Anguilla japonica*）などが安定的な種苗生産技術の構築とともに，遺伝情報解析の準備が進められている。

（1）第1段階

　MAS育種法に限らず，次世代への改良を続ける育種においては，その準備の第1段階として，対象魚種で種苗生産技術が確立していることが挙げられる。遺伝情報解析技術の急速な進歩により，遺伝情報を利用したMAS育種への期待が高まっているが，育種の基盤はやはり種苗生産技術やハンドリングなどを含む飼育技術にあり，それらが不安定な場合はまず，予算措置や人員配置などにおいてもその向上に重点が置かれるべきである。また，安定した種苗生産が可能な対象魚種においても，限られた技術者のみが匠の技を有するのではなく，より一般的に飼育が可能な状態になるまで開発を進め，次世代以降の技術者を順次養成していくことも必須の課題である。

（2）第2段階

　1対1交配による家系作出技術が必要となる。群で管理している親魚候補から，卵質等を見極めて良い個体を選別して1対1交配を行い，さらに，1対1交配によって作出した家系の次世代を作出するために，その家系を成熟期まで維持した後，戻し交配もしくは兄妹交配を行う必要がある。

　第1段階の種苗生産現場では，大規模な飼育環境と多くの親魚を用いた生産が主であるのに対し，第2段階では1対1交配による家系を多数作出し，個別に維持する必要がある。このように目的が異なるため，育種用種苗作出においては，生産現場でそのための飼育環境を整えることが困難な場合が多い。アメリカ，イギリス，フランス，ノルウェーなどでは，家系選抜による育種がMAS育種法と同時に進められており，日本においても育種のための施設整備が非常に重要である。

　現時点で，1対1交配や家系ごとの個別飼育が困難な対象魚種においては，まずはそれへ向けた技術開発や施設整備が重要であるが，仮に遺伝情報解析のコストなどを無視できるとすれば，集団交配による集団を用いた大量解析による方法も不可能ではないと考えられる。

（3）第3段階

　DNAマーカーで選ばれた目的の形質を保持すると考えられる親魚を使って1対1交配を行い，家系を作出する必要がある。一般には，飼育維持されてきた親魚候補数に限りがあるため，複数のDNAマーカーで選ばれる親魚数は少なく，その中で1対1交配を完了することはとても難しい。特に，目的とする親魚（特に雌親魚）の成熟度の判定は，魚種によっては頻繁に魚体に触れること自体が嫌われ，さらに，飼育水温が変動する環境で維持された親魚候補から親魚の状態を判断するには，飼育者の親魚管理経験がとても重要である。種苗生産技術が確立された魚種においても，非常に難しい作業であることは想像に難くない。

2）MAS育種法に必要な遺伝情報解析技術

（1）第1段階

　遺伝情報解析の第1段階は，目的とする性質が遺伝的に支配されているかどうかを明らかにすることにある。

　表現型は，遺伝的要因と環境要因の総和として考えられるので，表現型をしっかりと評価できるシステム（均一な飼育・実験）環境を作らなければならない。一例として耐病性形質の評価システムについて考えてみると，まず種苗および実験魚の生産段階において，目的とする疾病の病原体に感染履歴の無い状態（SPF：specific pathogen free）で生産する必要があり，そのための防疫体制の充実は重要な課題である。さらに，産業への利用（実用化）を最終目的とするため，評価システムにおける人為感染実験では，病原体の接種量に注意する必要がある。その接種量により，実験魚の死亡率が異なるためである。耐病性形質に関連する遺伝マーカーを開発するために，ある病原体に対する抵抗性が異なる2系統を用いた解析を行うが，その抵抗性のレベルも十分に把握する必要がある。すなわち，人為感染実験によって抵抗性のレベルを評価する場合，抵抗性が異なる2系統の差を検出するだけでなく，抵抗性のある系統が一

般の養殖集団および天然魚由来の種苗（天然魚のF₁集団など）と比較して，十分な耐病性を保持していることが担保される必要がある。

（2）第2段階

第2段階は，それぞれの魚種においてDNAマーカーを多数開発し，さらにそれらDNAマーカーを配置したゲノム地図を作成する必要がある。DNAマーカーによって全ゲノム情報から効率的な解析を行うためには，実際に使用するDNAマーカーを，ゲノム地図の各連鎖群（各染色体に相当）から選抜することになる。探し物をする時に，地図を持たず，住所や番地もわからずに出かけることがないのと同じである。

DNAマーカーの開発に関しては，「次世代型シーケンサー」と呼ばれる短鎖DNA塩基配列読み取り装置をはじめとする近年の遺伝情報解析技術の急速な進歩により，DNAマーカーの素材となるDNA塩基配列情報は，以前と比べ物にならないほど高速で大量に入手できるようになった。しかしながら，それだけではまったく無意味であり，DNA多型性（個体差）を検出する遺伝マーカーを開発し，ゲノム地図上に配置しなければならない。この解析作業は，現状では非常に手間がかかるため，今後の解析技術の向上や解析手法の改善が求められる。

ゲノム地図作成には1対1交配の家系が用いられるため，基本的には「種苗生産技術の第2段階」までは達している必要がある。しかしながら，集団交配のサンプルしか得ることが出来ない場合には，その集団の親子鑑定を行うことで，同胞集団（1対1交配の家系）を十分な数だけ確保し，ゲノム地図を作成することが出来る。

（3）第3段階

DNAマーカーを用いて全ゲノム情報から目的とする優良遺伝形質と関連性のある領域を探し出すことになる（連鎖解析とQTL解析）。

種苗生産技術の第2段階に達している対象魚種において，表現型の異なる2系統に由来する親魚の1対1交配を行い，その雑種第1代を

作出し，さらにその雑種第1代を用いて戻し交配もしくは兄妹交配を行うことで，第2世代を作出する。この第2世代が解析家系となる。ただし，水産分野の系統はもともと近交系ではないため，親世代においてすでに多様性があることが多く，そのため雑種第1代における解析が有効である場合がある（通常の遺伝学解析では近交系を扱うのが普通であり，その場合は雑種第1代における解析はあり得ない）。このことは，解析家系を作出する時間の短縮にもなるため，世代時間の長い対象魚種の育種では雑種第1代の解析を試み，未選抜な天然資源が存在する水産育種の特徴を活かした，新たな解析手法と考えるべきである。

次に，解析家系において，ゲノム地図を参考に，全ゲノム領域を網羅的にDNAマーカーで解析する。ゲノム地図に配置された各DNAマーカーが効率的な解析を可能にする。この解析により，各DNAマーカーで検出される親から子への遺伝情報の伝達と耐病性などの優良形質の伝達との関連性を探索し，関連性が示されたDNAマーカーがMAS育種法の形質識別DNAマーカーとなる。目的とする形質が耐病性形質であれば，解析家系の個体の中で，どの個体が耐病性形質を保持しているかについて，人為感染実験を行うこと無しに判別できることになる。

ただし，基本的に，耐病性識別DNAマーカーと解析家系はセットでなければMAS育種法を行うことが難しい。別の家系においては，遺伝的背景の違いなどにより十分な関連性が得られない場合があるためである。天然魚や他集団でも，解析家系を作った後に耐病性形質識別マーカーで解析すれば判別できる可能性はあるが，魚病検査のPCR法のようにプラスマイナスで識別できるものではない。天然魚や他集団のヒラメにおいてもプラスマイナスで識別可能になるためには，リンホシスチス病耐性形質を司る遺伝子そのものを単離する必要がある。耐病性識別DNAマーカーと解析家系はセットでMAS育種法を行うためには，解析家系が成熟するま

でに耐病性識別DNAマーカーを開発しなけれ
ばならないことになる。アユなどの場合，実験
開始から成熟までの期間が短く，親魚を次の年
まで維持できないため，解析は時間との勝負と
なる。耐病性識別DNAマーカーが開発できた
場合には，そのDNAマーカーを用いて，解析
家系と同一家系内の個体において，人為感染実
験を行うこと無しに耐病性形質を保持する親魚
候補を選抜し，交配に用いる。解析家系が成熟
する前に，ピットタグなどで個体識別するとと
もに，鰭などのサンプリングを行い，耐病性識
別DNAマーカーによる親魚候補の解析を行う
準備を整えておく必要がある。第9章2．ヒラメ
（マーカーアシスト選抜）で解説するヒラメの
リンホシスチス病耐性系統のMAS育種法では，
雌性発生魚由来の系統（耐病性系統と感受性系
統）が用いられた。すなわち，遺伝的に均一な
（近交系と考えられる）2つの系統を交配に用い
ることができた。これは，世代時間が長いこと
を除けばメダカやゼブラフィッシュのような実
験魚類と同様に，遺伝学的にとても解析しやす
い状況であった。水産分野において，表現型に
特徴があり，かつ近交系の系統は，あまり多く
ない。

　水産分野におけるMAS育種法の次のステッ
プとしては，近交系ではないが，群として優良
形質を保持していると考えられる集団もしくは
天然魚から，MAS育種法により優良新系統を
作出することとなる。

3）今後のMAS育種法の展開とその可能性

　水産育種と家畜・家禽育種との違いの一つと
して，対象生物の育種の歴史があげられる。家
畜や家禽は，育種の歴史が古く，イノシシから
ブタが育種によって作出されたように，遺伝的
にかなり育種が進んだ状況にあると言える。農
作物や家畜類は，既に育種が進んだ生物である
が故に，その集団に含まれる遺伝資源（育種の
可能性）が減っており，その限られた遺伝資源
の中でMAS育種法によって最良の品種作出の
ために解析が進められている。一方，水産育種

では，ブリ，マグロ，ウナギのように人工種苗
生産が可能になっているものの，ほとんど育種
が進んでいない，すなわち天然魚と遺伝的には
ほとんど変わらない状況である。これらの養殖
魚類について育種をするためには，天然魚から
優良形質を保持する個体を効率的に選抜・育種
するための技術開発が必要となる。MAS育種
法の次の展開として，天然魚から優良形質を保
持する個体を効率的に選抜・育種するための技
術開発とその可能性について解説する。

　水産生物の遺伝情報解析基盤の構築や情報
解析技術の発展で，今後さらに期待されている
のが，高速短鎖DNA塩基配列読み取り装置で
ある次世代型シーケンサーを利用した方法であ
る。養殖魚類においては，トラフグ（Brenner et
al., 1993），タイセイヨウタラ（Star et al., 2011），ク
ロマグロ（Nakamura et al., 2013），カラアカシタビ
ラメ（Chen et al., 2014）などの全ゲノム解読が報
告されている。今後，さらに養殖魚類の全ゲノ
ム解読が進んで行くことが予想される。今後は，
これらの全ゲノム解読データのMAS育種法へ
の有効な利用が大きな課題となる。それと同時
に，優良形質（表現型）を効率的に評価する方
法についても重要な課題である。

　ブリ，クロマグロ，ウナギなどは，基本的に
天然の稚魚や幼魚を養殖業に利用している現
状にあるが，一方で人工種苗の安定生産技術
の開発が進められており，天然魚からの系統化
を行う上で，MAS育種法の技術を加える絶好
の機会であると考えている。また，既に種苗生
産技術が確立されている魚種おいても，天然魚
から新規に系統を作出する場合などにも同様に，
MAS育種法の技術を加えることで大きな可能
性がある。

　これまでの遺伝情報技術開発研究で明らかに
なった成果を今後に活用するためには，まず種
苗生産に用いた親魚の遺伝情報を管理し，それ
らの子孫の成長性，生残性，耐病性などの種々
の形質について追跡調査が可能な体制を構築す
る必要がある。さらに，その調査過程で優良形
質を保持する可能性が示唆された親魚および家

系については，遺伝情報解析（優良形質との連鎖解析）を詳細に行い，優良形質の保有の有無を識別可能な遺伝マーカーの開発（MAS育種法）を行うことが期待される。

　これまでの水産育種研究におけるMAS育種法の技術開発においては，遺伝情報解析基盤の構築と既に耐病性形質等の優良形質の保有を示唆する系統を用いた解析が中心となっている。しかしながら，水産分野においてそのような優良形質を保持した系統は非常に少ないのが現状である。そのため，天然魚から優良形質を保持する個体を効率的に選抜・育種するための技術開発が求められている。東京海洋大学と（独）水産総合研究センターでは共同研究として，ブリを対象魚として魚類天然資源から効率的に優良経済形質を選抜育種する技術の研究開発が行われている。この研究開発では，特定の優良形質を保持した系統がない状況で，MAS育種法による新規優良系統の作出を試みている。対象となる遺伝形質は，ブリ類養殖における障害の1つである，単生類の1種であるハダムシ（Benedenia seriolae）がブリ体表に寄生することによって生じるベネデニア症である。ハダムシの寄生は，ブリに粘液過多や食欲不振それらに伴う成長不良を引き起こし，また体表に付いたハダムシを排除するために，ブリが魚体を生簀の網地に擦りつける行動によって生じたスレ傷から病原体が侵入し，2次感染が誘発される。ベネデニア症の対策は，コスト面から淡水浴による駆虫が一般化しているが，淡水浴は費やす労力が大きく，魚にストレスを掛ける難点がある。そのため，遺伝的にベネデニア症に抵抗性を有するブリ系統の作出が期待されている。ブリが成熟に要する期間が2〜3年であることを考慮すると，DNAマーカーを利用したマーカー選抜育種によって効率的に抵抗性系統を作出することが期待されている。そこで，天然モジャコから養成したブリF_0世代（約200尾）において，各個体のハダムシの寄生虫状況を調査し，上位20尾を親魚候補として選抜した（古典的選抜育種法）。選抜した親魚を用い

て，F_1世代を作出し，そのF_1世代における量的形質遺伝子座解析（Quantitative trait locus：QTL analysis）によりベネデニア症抵抗性識別マーカーを明らかにした。その結果，ブリ連鎖群2，8，20上にベネデニア症抵抗性遺伝子座が存在することが明らかになり，ベネデニア症抵抗性識別マーカーを開発することに成功した（Ozaki et al., 2013）。このF_1世代のQTL解析によりベネデニア症抵抗性遺伝子座の検出に成功し，さらにはMAS育種法によるF_1世代の親魚選抜により抵抗性F_2家系および感受性F_2家系を作出した。ベネデニア症抵抗性QTL領域を選抜に用いたMAS育種法により，ベネデニア症抵抗性F_2家系でハダムシの寄生が減少することが明らかになった。この研究により得られた「古典的な選抜育種法とMAS育種法の融合」による天然資源から魚病抵抗性家系の作出は，世界で初めての事例であり，今後の発展が期待できる成果であると考えられる。この研究では，僅か200尾程度の親魚候補を古典的選抜育種法の対象としていたことを考えれば，古典的選抜育種法の対象となる母数を増やすことで，さらに優良な系統の開発が期待できる。さらに，ベネデニア症以外のウイルス病，細菌症などの耐病性形質においても，古典的な選抜育種法とMAS育種法の融合による新規優良系統の作出が期待される。

　海や川に豊富な天然資源が維持されている水産生物には，家畜・家禽での育種とは異なり，今後の育種による改良の可能性が非常に高く，水産生物の遺伝情報解析基盤や情報解析技術が充実してくれば，品質等の大きな飛躍が期待できる。また，天然魚から優良形質を保持する新規系統の開発方法として，古典的な選抜育種法とMAS育種法の融合法などの水産遺伝育種独自の技術が開発されることが期待される。

参考文献

鵜飼保雄，ゲノムレベルの遺伝解析，MAPとQTL，東京大学出版会，東京，2000．

鵜飼保雄，量的形質の遺伝解析，医学出版，東京，

2002.

オットー，J.，ヒトゲノムの連鎖分析，疾患遺伝子の探索，講談社，東京，2002.

榊 佳之，ゲノムマッピングとシーケンス解析法，バイオマニュアルシリーズ 6. 実験医学別冊，羊土社，東京，1994.

動物遺伝育種シンポジウム組織委員会：家畜ゲノム解析と新たな家畜育種戦略，シュプリンガー・フェアラーク東京，東京，2000.

Aida T., (1921) On the Inheritance of color in a fresh-water Fish, *Aplocheilus latipes* Temmick and Schlegel, with special reference to sex-linked inheritance. Genetics, 6: 554-573.

Allendorf F. W., W. A. Gelman and G. H. Thorgaard (1994) Sex- linkage of two enzyme loci in *Oncorhynchus mykiss* (rainbow trout). *Heredity*, 72: 498-507.

Amores A., J. Catchen, A. Ferrara, Q. Fontenot and J. H. Postlethwait (2011) Genome Evolution and Meiotic Maps by Massively Parallel DNA Sequencing: Spotted Gar, an Outgroup for the Teleost Genome Duplication. Genetics, 188: 799-808.

Brenner S., G. Elgar, R. Sandford, A. Macrae, B. Venkatesh and S. Aparicio (1993) Characterization of the pufferfish (*Fugu*) genome as a compact model vertebrate genome. *Nature*, 366: 265-268.

Chen S. G., Zhang, C. Shao, Q. Huang, G. Liu, P. Zhang, W. Song, N. An, D. Chalopin, J.-N. Volff, Y. Hong, Q. Li, Z. Sha, H. Zhou, M. Xie, Q. Yu, Y. Liu, H. Xiang, N. Wang, K. Wu, C. Yang, Q. Zhou, X. Liao, L. Yang, Q. Hu, J. Zhang, L. Meng, L. Jin, Y. Tian, J. Lian, J. Yang, G. Miao, S. Liu, Z. Liang, F. Yan, Y. Li, B. Sun, H. Zhang, J. Zhang, Y. Zhu, M. Du, Y. Zhao, M. Schartl, Q. Tang and J. Wang (2014) Whole-genome sequence of a flatfish provides insights into ZW sex chromosome evolution and adaptation to a benthic lifestyle. Nature Genetics, 46: 253-260.

Coimbra M. R. M., K. Kobayashi, S. Koretsugu, O. Hasegawa, E. Ohara, A. Ozaki, T. Sakamoto, K. Naruse and N. Okamoto (2003) A genetic linkage map of the Japanese flounder, *Paralichthys olivaceus*. *Aquaculture*, 220: 203-218.

Fuji K., K. Kobayashi, O. Hasegawa, M. R. M. Coimbra, T. Sakamoto and N. Okamoto (2006) Identification of a single major genetic locus controlling the resistance to lymphocystis disease in Japanese flounder (*Paralichthys olivaceus*). Aquaculture, 254: 203-210.

Fuji K., O. Hasegawa, K. Honda, K. Kumasaka, T. Sakamoto and N. Okamoto (2007) Marker-assisted breeding of a lymphocystis disease-resistant Japanese flounder (*Paralichthys olivaceus*). Aquaculture, 272: 291-295.

Houston R. D., C. S. Haley, A. Hamilton, D. R. Guy, A. E. Tinch, J. B. Taggart, B. J. McAndrew, S. C. Bishop (2008) Major quantitative trait loci affect resistance to infectious pancreatic necrosis in Atlantic salmon (*Salmo salar*). Genetics, 178: 1109-1115.

Houston R. D., J. W. Davey, S. C Bishop, N R Lowe, J. C. Mota-Velasco, A. Hamilton, D. R. Guy, A. E. Tinch, M. L. Thomson, M. L. Blaxter, K. Gharbi, J. E. Bron and J.

B. Taggart (2012) Characterisation of QTL-linked and genome-wide restriction site-associated DNA (RAD) markers in farmed Atlantic salmon. *BMC Genomics*, 13: 244.

Jackson T. R., M. M. Ferguson, R. G. Danzmann, A. Fishback, P. E. Ihssen, M. O'Connell and T. J. Crease (1998) Identification of two QTL influencing upper temperature tolerance in three rainbow trout (*Oncorhynchus mykiss*) half-sib families. Heredity, 80: 143-151.

Kai W., K. Kikuchi, M. Fujita, H. Suetake, A. Fujiwara, Y. Yoshiura, M. Ototake, B. Venkatesh, K. Miyaki and Y. Suzuki (2005) A genetic linkage map for the tiger pufferfish, *Takifugu rubripes*. Genetics, 171: 227-238.

Kasahara M, K. Naruse, S. Sasaki, Y. Nakatani, W. Qu, B. Ahsan, T. Yamada, Y. Nagayasu, K. Doi, Y. Kasai, T. Jindo, D. Kobayashi, A. Shimada, A. Toyoda, Y. Kuroki, A. Fujiyama, T. Sasaki, A. Shimizu, S. Asakawa, N. Shimizu, S. Hashimoto, J. Yang, Y. Lee, K. Matsushima, S. Sugano, M. Sakaizumi, T. Narita, K. Ohishi, S. Haga, F. Ohta, H. Nomoto, K. Nogata, T. Morishita, T. Endo, T. Shin-I, H. Takeda, S. Morishita and Y. Kohara (2007) The medaka draft genome and insights into vertebrate genome evolution. Nature, 447: 714-719.

Kocher T. D., W. J. Lee, H. Sobolewska, D. Penman and B. McAndrew (1998) A genetic linkage map of a cichlid fish, the tilapia (*Oreochromis niloticus*). Genetics, 148: 1225-32.

May B., and K. R. Johnson (1990) Composite linkage map of salmonid fishes. pp. 4.151-4.159 in Genetic Maps, Ed. 5, edited by S. J. O'Brien. Cold Spring Harbor Laboratory Press, Cold Spring Har- bor, NY.

Miller M. R., J. P. Brunelli, P. A. Wheeler, S. Liu, C. E. Rexroad 3rd, Y. Palti, C. Q. Doe and G. H. Thorgaard (2012) A conserved haplotype controls parallel adaptation in geographically distant salmonid populations. *Molecular Ecology*, 21: 237-249.

Moen T., B. Hoyheim, H. Munck and L. Gomez-Raya (2004) A linkage map of Atlantic salmon (*Salmo salar*) reveals an uncommonly large difference in recombination rate between the sexes. Animal Genetics, 35: 81-92.

Nakamura K., A. Ozaki, T. Akutsu, K. Iwai, T. Sakamoto, G. Yoshizaki and N. Okamoto (2001) Genetic mapping of the dominant albino locus in rainbow trout (*Oncorhynchus mykis*s). *Molecular Genetics and Genomics*, 265: 687-693.

Nakamura Y., K. Mori, K. Saitoh, K. Oshima, M. Mekuchi, T. Sugaya, Y. Shigenobu, N. Ojima, S. Muta, A. Fujiwara, M. Yasuike, I. Oohara, H. Hirakawa, V. S. Chowdhury, T. Kobayashi, K. Nakajima, M. Sano, T. Wada, K. Tashiro, K. Ikeo, M. Hattori, S. Kuhara, T. Gojobori and K. Inouye (2013) Evolutionary changes of multiple visual pigment genes in the complete genome of Pacific bluefin tuna. *Proceedings of the National Academy of Sciences*, U. S. A. 110: 11061-11066.

Naruse K., S. Fukamachi, H. Mitani, M. Kondo, T. Matsuoka, S. Kondo, N. Hanamura, Y. Morita, K. Hasegawa, R. Nishigaki, A. Shimada, H. Wada, T. Kusakabe, N. Suzuki,

第7章　連鎖解析とマーカーアシスト選抜　**133**

M. Kinoshita, A. Kanamori, T. Terado, H. Kimura, M. Nonaka and A. Shima (2000) A detailed linkage map of medaka, *Oryzias latipes*: comparative genomics and genome evolution. Genetics, 154: 1773-84.

Ozaki A., T. Sakamoto, S. K. Khoo, K. Nakamura, M. R. M.Coimbra, S. Kitada and N. Okamoto (2001) Quantitative trait loci (QTLs) associated with resistance/susceptibility of infectious pancreatic necrosis (IPN) in rainbow trout (*Oncorhynchus mykiss*). Molecular Genetics and Genomics, 265: 23-31.

Postlethwait J. H., S. Johnson, C. N. Midson, W. S. Talbot, M. Gates, E. W. Ballinger, D. Africa, R. Andrews, T. Carl, J. S. Eisen, S. Horne, C. B. Kimmel, M. Hutchinson, M. Johnson and A. Rodrigues (1994) A genetic map for the zebrafish. *Science*, 264: 699-703.

Sakamoto T., N. Okamoto and Y. Ikeda (1996) Application of PCR primer pairs from rainbow trout to detect polymorphisms of CA repeat DNA loci in five confamilial species. *Fisheries Science*, 62: 552-555.

Sakamoto T., R. G. Danzmann, N. Okamoto, M. M. Ferguson and P. E. Ihssen (1999) Linkage analysis of QTL associated with spawning time in rainbow trout (*Oncorhynchus mykiss*). Aquaculture, 173: 33-43.

Sakamoto T., R. G. Danzmann, K. Gharbi, P. Howard, A. Ozaki, S. K. Khoo, R. Woram, N. Okamoto, M. M. Ferguson, L-E. Holm, R. Guyomard and B. Hoyheim (2000) A microsatellite linkage map of rainbow trout (*Oncorhynchus mykiss*) characterized by large sex-specific differences in recombination rates. Genetics, 155: 1331-1345.

Somorjai I. M. L., R. G. Danzmann and M. M. Ferguson (2003) Distribution of Temperature Tolerance Quantitative Trait Loci in Arctic Charr (*Salvelinus alpinus*) and Inferred Homologies in Rainbow Trout (*Oncorhynchus mykiss*). Genetics, 165: 1443-1456.

Star B., A. J., Nederbragt, S. Jentoft, U. Grimholt, M. Malmstrøm, T. F. Gregers, T. B. Rounge, J. Paulsen, M. H. Solbakken, A. Sharma, O. F. Wetten, A. Lanzén, R. Winer, J. Knight, J. H. Vogel, B. Aken, O. Andersen, K. Lagesen, A. Tooming-Klunderud R. B., Edvardsen, K. G. Tina, M. Espelund, C. Nepal, C. Previti, B O. Karlsen, T. Moum, M. Skage, P. R. Berg, T. Gjøen, H. Kuhl, J. Thorsen, K. Malde, R. Reinhardt, L. Du, S. D. Johansen, S. Searle, S. Lien, F. Nilsen, I. Jonassen, S. W. Omholt, N. C. Stenseth and K. S. Jakobsen (2011) The genome sequence of Atlantic cod reveals a unique immune system. *Nature*, 477: 207-210.

Wada H., K. Naruse, A. Shimada and A. Shima (1995) Genetic linkage map of a fish, the Japanese medaka *Oryzias latipes*. *Molecular Marine Biology and Biotechnology*, 4: 269-274.

Waldbieser G. C., B. G. Bosworth, D. J. Nonneman and W. R. Wolters (2001) A Microsatellite-Based Genetic Linkage Map for Channel Catfish, *Ictalurus punctatus*. *Genetics*, 158: 727-734.

Woram R. A., K. Gharbi, T. Sakamoto, B. Hoyheim, L-E

Holm, K. Naish, M. M. Ferguson, R. B. Phillips, J. Stein, R. Guyomard, M. Cairney, J. B. Taggart, R. Powell, W. Davidson R. G. Danzmann (2003) Comparative genome analysis of the primary sex-determining locus in salmonid fishes. *Genome Research*. 13 (2): 272-280.

Young W. P., P. A. Wheeler, V. H. Coryell, P. Keim, and G. H. Thorgaard (1998) A detailed linkage map of rainbow trout produced using doubled haploids. *Genetics* 148: 839-850.

第8章

遺伝資源の利用と保全

1. 生物多様性と遺伝資源

遺伝資源：地球上には，その歴史40億年間に極めて多数の生物種が出現した。生物学が発達した現在でもその正確な数は把握しきれていない。記録された数だけでも150万種はあるといわれ，実際は500万種から3000万種あるのではないかという見方もある。一方，同じ生態系のなかで生息する多様な生物種は，生活域を共有しながら相互に競合し，また共存しつつ，微妙なバランスの上に現存し，また消滅もするという動的存在である。このことが生物多様性の正確な把握を困難にしている理由でもある。

生態系を構成する多様な種および種相互の関係について，我々は，まだ，詳細な情報を十分持ち合わせていない。生物多様性の世界に見られる生命現象を解明するためには，未知の種および既知種の生理・生態・遺伝などを含む生物情報を確かな目的をもって収集し研究する必要がある。

遺伝資源とは，このような生物多様性の構成要素である生物種そのものおよび生物個体が保持している多様性の総体を指している。また，生物種や個体は遺伝資源の構成要素として互いに有機的に連携し，生態系や個体（集団）の継代性と持続可能性を担っている。

生物界は相対的に独立した生態系で構成されている。1つの生態系内には多数の生物種が存在し，それらは捕食，被捕食といった有機的関係の上に相互に繋がっている。人間による捕獲や棲家の破壊により一部の種が絶滅すれば，生態系内部の生物種間の有機的つながりが崩れ，絶滅の連鎖が生じる可能性がある。生態系の保全に対する人間の考え方や扱い方次第で，生物多様性は永続もし，消失（絶滅）もする。そのような脆弱性を備えている生態系の特性と重要性を的確に表すため，生物多様性や遺伝的多様性と言う用語が使われるようになった。

水産資源の種多様性：海洋および陸水の魚介類は多様性に富んでおり，魚類はおよそ2万5千種，甲殻類はおよそ1万6千種，貝類はおよそ11万種が存在するとされる。日本とその周辺海域の魚類について見ると，未知種扱いのものまで含めるとおよそ4千種は存在すると言われ，種レベルの多様性は著しく高い。FAO（世界食糧機構）の漁獲統計（2010年）によると世界の全漁業生産量はおよそ1億5900万トンとあり，そのうち8860万トンは野生種を対象とする天然の漁業資源であり，残りの7040万トンが養殖漁業による生産物である。

漁業資源として漁獲統計に掲載された魚介類はおよそ700種程度であり，それらのうち漁獲量の多い魚種はおよそ60種程度である。それらのうち養殖対象魚介類はおよそ180種である。それら養殖対象種の多くは天然採苗によるもので，人工種苗生産による養殖を行っているものは僅か50種程度に過ぎない。

養殖業の対象魚種には人工採苗生産技術が

135

確立されたものが多く，今後の育種的改良が試みられる条件があり，一部にはすでに改良品種として養殖業界において利用されている。このように漁業や養殖業の対象となり，人類の食用として利用される魚種は直接的，間接的に人間生活の影響を強く受ける存在である。他方，養殖漁業において今後増加すると思われる遺伝的改良品種はそれらの祖先種（原種）とは遺伝的に異なる集団へと変化を遂げて行くであろう。

これら改良品種に対する原種は，自然界においては依然として漁獲対象として資源的存在意義が高く，それら原種の自然界における保全についても十分配慮する必要がある。

これら以外の希少性魚介類は人間により食用として直接的に利用されることはないが，人間による環境の過剰利用や環境破壊に曝され，絶滅または絶滅危惧の状態にあるものも少なくない。

このような絶滅危惧種の存在は内水面の湖沼や河川生態系において特に多く，生態系の改善などの対策がとられない場合は絶滅してしまう可能性が高くなっている。水圏生態系には人間の影響を受けているか否か判然としない種が圧倒的に多い。今後，これらを種多様性保全の観点から調査し，それらに対する保全対策を検討することが1つの重要課題となると思われる。

持続可能な利用： 多様な生物およびそれを涵養する多様な生態系は，それを利用する人間にとって大切な資源であるとする立場から，長期的展望に立ってそれらを持続的に利用し，同時に保全することも重要な課題と考えられる。生物多様性条約のなかで，たびたび標榜された生物資源の持続可能な利用（sustainable utilization）という用語は，人類の生存の永続性に配慮した考え方を示すものである。

2．生物多様性条約と絶滅リスク管理

1）J. ラブロックの仮説

英国の科学者，ジェイムス ラブロックは1960年代後半に，「地球は気候や化学組成をいつも

生命にとって快適な状態に保つ自己制御システムを備えている」とするガイア仮説を提唱した。J. ラブロックは「生物が存在しないと仮定したとき，太陽系の他の惑星がそうであるように地球の大気はほぼ無酸素で，炭酸ガスが充満し，大気の温度は摂氏290度という現在の地球環境からは想像のつかない高温の環境となっている」とする想定を示した。生態学者のJ. オダムはラブロックのこの主張を紹介し，生態系の保全と持続可能な利用の意義の重要性を指摘した（オダム，1995）。

ラブロックの主張は生態系を構成する生物群集（多様な種の集まり）が単に受動的に環境に適応するというだけでなく自ら生活環境を能動的に改変・創出するとした点で従来の生物観とは一線を画している。さらに，生物は岩石，大気，海洋などの環境と全生命体を含むシステムの一部となり，文字どおり生きとし生けるもののすべてが，絶え間なく物理環境との相互作用を続ける。このことにより自らの周辺環境を変え，それらの相互作用から地球生命圏〈ガイア〉という自己制御システムが作り上げられたと考えたのである。さらに，生物の存在と生物の多様性は生物進化の帰結であって，この生物多様性こそが現在の地球環境の大気の形成に深く関わっていると考えるに至ったのである。

地球環境と生態系の保全に果たしている生物の役割は実に大きいものがある。このような視点から，森林の喪失や水圏生態系の破壊，化石エネルギーの過剰利用などが大気圏の二酸化炭素の増加に結び付き，二酸化炭素の温室効果により地球温暖化が進行しているとする蓋然的見地が導かれた。これを受けて，地球環境会議において地球温暖化の抑制のための行動計画が提案され，各国において対策が奨められるようになった。

2）地球環境サミットと生物多様性条約

1992年6月，深刻な状況になった地球温暖化をはじめとする環境問題への対処方針を策定するため，ブラジルのリオデジャネイロにおいて

地球環境サミットが開催された。このサミットのアジェンダ21（議題）で，生物多様性の利用と保全に関わる問題が審議され，参加国の間で生物多様性に関する条約が調印された。

生物多様性条約は，①生物多様性を保全すること，②その構成要素の持続可能な利用を目指すこと，③遺伝資源の利用から生ずる利益を公正かつ公平に配分することを提唱している。また，条約の目的を達成するため，①遺伝資源の取得の適当な機会の提供，②関連技術の適当な移転，③資金供与について考慮すべきであることを挙げている。いずれの項目も生物多様性の構成単位である生物種を遺伝資源と捉え，その利用をめぐる先進諸国と途上国との利害対立の調整に配慮しながら立案されたものである。

この条約は，1992年6月5日の国連環境開発会議（UNCED）が署名開放を決め，その後1年間の署名開放期間中に168の国・機関が署名し，1993年12月29日に正式に発効した。2000年2月10日までに，批准又は加入したのは177の国・機関を数え，それぞれの締約国は，生物多様性の利用と保全に関する国家戦略を定め，条約上の義務を履行することとなった。

日本政府は1992年6月13日に署名，1993年5月28日に条約を受諾し，18番目の締約国となり，引き続き行政上又は政策上の措置を積極的に講じている。

カルタヘナ議定書：生物多様性条約19条第3項の「バイオテクノロジーの取り扱いおよび利益の配分」に関する規定を受けて，1999年にコロンビアのカルタヘナで開催された生物多様性条約締約国会議においてバイオセーフティに関するに議定書が起案され採択を見た。これがカルタヘナ議定書と呼ばれるもので，2001年9月には103カ国が議定書に署名し，50番目の国が批准した後90日目に発効することとなった。しかし，この議定書の採択後，法制化の過程において，遺伝子組換えとアグリビジネス産業への対応に関わる立場の違いからアメリカ，カナダ，アルゼンチン，オーストラリアなどが消極姿勢をとるという一幕があり，その後の足並みの乱

れと進展の遅れの原因となった。

生物多様性基本法：日本政府は2008年5月20日になって，同議定書に対応した「生物多様性基本法案」を策定し，同法案は衆・参両院本会議での審議を経て可決・成立するに至った。

この法案は，生物多様性に影響する恐れのある事業を行う事業者に対し，事業の計画立案段階から影響評価を実施させるため，国が必要な措置を取ることを義務付けた。公共事業などの環境アセスメントの実施を義務付けた環境影響評価法よりも広い範囲の事業が対象となった。この法案では，一度損なわれた生物多様性の再生は不可能となることに配慮して，その利用と保全に関して予防的な取り組みの必要性を強調している。また，国に対しては，多様性保全の目標などを盛り込んだ国家戦略の策定や，生態系に被害をもたらす恐れのある外来生物の導入や遺伝子組み換え生物，化学物質の使用に関する規制などの措置を取るよう義務付けている。

3. 生物種の絶滅リスクと対策

人間の生産活動により野生生物は様々な影響を受け，棲み場を奪われた生物が絶滅の危機に瀕するということは日常的に見られるようになった。問題となった生物種が人間の経済活動に関わる場合はその影響は著しく，対応が困難な場合が多い。

1）絶滅危惧種のカテゴリー

絶滅危惧種の定義と指定基準については以下のようである。環境庁は絶滅のおそれのある野生生物を6段階のカテゴリーに分類している（絶滅，野生絶滅，絶滅危惧，準絶滅危惧，情報不足，地域個体群，1995年改変）。

水産庁（1994）は希少な野生生物のカテゴリーについて，環境庁の旧カテゴリーに準拠し7段階に分類している（絶滅種，絶滅危惧種，危急種，希少種，減少種，普通，地域個体群）。それら絶滅種を認定することはさほど困難とは言えないかもしれない。しかし，絶滅危惧種や

危急種というのは，それぞれ「絶滅の危機に瀕している」，「絶滅の危機が増大している」と定義されており，この段階のものを区別して評価する方法があるかと言えばそれは疑わしい。

漁獲対象生物の現存量や個体数の視認が困難な魚介類資源は，陸上生物，淡水生物，海洋哺乳動物などと較べ，対象種の如何に関わらず資源の希少性についての評価が困難である。

資源量が低下すれば漁業が成立しなくなり中止され，魚市場では見られなくなる。これは，単純に対費用効果上の理由で魚が見えなくなっただけのことである。しかし，魚介類資源の過剰利用により，資源量の低下に歯止めが掛からなくなり（しばしば生態的理由によるとされる），いよいよ絶滅が危惧される状態にまで進行する場合もあるであろう。このような希少種といわれる状態を客観的に評価することが容易ではない場合が多い。

2）絶滅危惧種の指定

乱獲により著しく資源量が低下したクジラ類は，1986年国際捕鯨委員会（IWC）においてそれらの保全を目的とし，商業捕鯨の全面的な停止が採決され，それ以来，一部の鯨種で資源量が回復してもその指定が解除されることはなく，調査捕鯨としてそれらの捕獲が今も続けられている。

2009年には，大西洋クロマグロがワシントン条約（絶滅のおそれのある野生動植物の種の国際取引に関する条約）の絶滅危惧種に指定されるという動きがあり，2010年3月の締約国会議では，大西洋クロマグロの国際商取引禁止および規制に関する議論が行われた。この会議においては，大西洋クロマグロを絶滅危惧種に指定するという案は，禁漁となるとその経済的影響は計り知れないものがあるとする理由により，絶滅危惧種の指定は否決された。この場合，対象種の資源レベルや絶滅リスクの程度について評価が分かれ，漁業推進国からの反論が強く働いたことは無視できない。

3）絶滅危惧種の指定と解除

2004年に「絶滅のおそれのある野生動植物の種の保存に関する法律（種の保存法）」が制定された。その法律では，野生動植物が，生態系の重要な構成要素であるだけでなく，自然環境の重要な一部として人類の豊かな生活に欠かすことのできないものであることに鑑み，絶滅のおそれのある野生動植物の種の保存を図ることにより，生物の多様性を確保するとともに，良好な自然環境を保全し，もって現在及び将来の国民の健康で文化的な生活の確保に寄与することが表明されている。

捕獲漁業による乱獲が，対象資源を減少させ絶滅が危惧される事態を招いたとすれば，その責任は重く，生物多様性の総合的価値の喪失という視点から国際社会の信用を失うことになる。絶滅危惧種の指定解除がなかなか実施されないのは，魚介類資源の産業利用に対する不信感が影響しているからである。このような問題を克服するため，今後，科学的データに基づく資源管理体制を強化し，有用魚介類資源の持続可能な産業利用を実現することこそが肝要と考えられる。

4．遺伝的多様性保全の意義

1）種多様性と遺伝的多様性の関係

地球環境会議で論議された生物多様性の中身は，実は単純ではなく，生物の階層構造に対応して，種レベル，群集レベル，生態系レベル，景観レベルなどの異なるレベルの多様性が含まれている。遺伝的多様性もそれらのうち一つである。

20世紀後半には，絶滅危惧種が急増したので，当初は生物多様性の中身は，恰も種多様性の保全と同義とする時期があった。一つの生態系は，多様な生物種によって構成され，それぞれの種はそれぞれの地位に対応する生態的学的機能を担っているとし，種の多様性は生態系保全のかなめ的な重要事項と考えられていたからだ。

他方，種のレベルより低次の集団および個体レベルの遺伝的多様性は，変動する環境への柔軟な対応を可能にし，生存能力を安定的に維持するための重要な装置であり，また，多様な生物種の過去および未来に関わりのある進化的素材とも言うべき基本的特性と考えられる。

他方，遺伝的多様性は集団内の個体変異と集団間の遺伝的分化の2つの側面を含んでいる。遺伝的多様性の評価は実際上は1つの検査対象あたり複数個体（50個体程度）のタンパク質やDNAの個体変異（分子多型と言われる）を検出し，種内の複数集団について評価を行う。それらの遺伝子型多型の統計的評価は集団遺伝学的視点から分析される。

遺伝的多様性のレベルは，自然集団のなかでは変異の供給と消失のバランスのうえに，長期および短期の変動を遂げている。このような観点から遺伝的多様性保全は，現在生息する遺伝資源を利用し保全するということにとどまらず，現存集団が将来さらに進化し，発展してゆく可能性を孕んでいることも考慮するという点で生物多様性保全と共通の基盤に立っていると見なされるのである。

2）集団の元気度と絶滅の危急性

自然災害や人間の諸活動が生物種に与える様々なストレスは生物種の集団サイズ（個体数）や分布域の縮小をもたらす。種集団の縮小はその遺伝的多様性を減退させるだけでなく，血縁個体間の交配の結果として有害遺伝子の同祖接合型の発現率を高め，集団の適応値（生存力）の低下をもたらし，ついには種集団全体の崩壊に至るという不都合なシナリオが描かれるのである。従って，遺伝的多様性のレベルを集団の健全度の指標とみなし，それを的確に査定・評価できれば，それから得られる情報を参考にして遺伝資源の崩壊や種の絶滅を予測し，絶滅防止対策の考案を可能にすることが期待できる。

ここで集団の遺伝的多様性の評価を実施することが必要となる。種々の多様性評価手法が検討されたが，現在では比較的容易に検出できるタンパク多型やDNA多型が遺伝的多様性評価のマーカーとして採用されている。このような遺伝的多様性マーカーの使用により，海洋や陸水の人間の目の届かないところに生息している水圏生物の集団の有効な大きさや近交レベルの評価が可能となる。また，人類の諸活動による集団構造に於ける攪乱についても的確に評価できるようになった。

3）集団の有効な大きさと近交リスク

漁業対象種が乱獲により減少することはよくあることである。この場合は乱獲による不漁により漁業経営が成り立たなくなったということであって，必ずしも種集団の縮小により種の絶滅につながるという状態を指しているわけではない。

天然の魚類集団や養殖集団の個体数は「見かけの大きさ」と言われる量であり，これをもって種の絶滅が危惧される状態か否か判断することは出来ない。見かけの大きさが小さくなった状態が長く続き，さらにその状況が進行すると本当に絶滅が危惧される状態にいたる。このような状態に至った集団では，種を構成する個体数が減少するだけではなく，繁殖（再生産）に関わる親の数が少なくなっている。このような集団では家系数が少なくなった結果として，近縁個体間の交配が高頻度で発生する（図8-1）。

このような血縁集団では同一家系内交配の確率が高くなるため，近交係数（F）は急速に上昇することになる。この現象は，1世代あたりの近交係数の上昇率（ΔF），すなわち公式（8-1）により説明される。

$$\Delta F = 1/2Ne \qquad (8\text{-}1)$$

当該集団において，近交係数は集団の有効な大きさ（Ne）が十分に大きいとき ΔF は0に近くなり，Ne が最小の2となったとき $F = 1/4 = 0.25$ となる。継代集団における t 世代目の近交

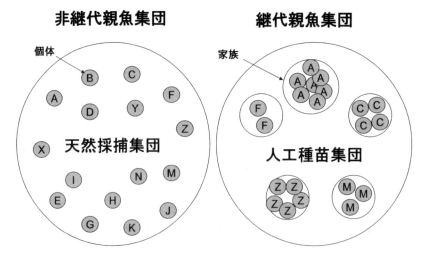

図8-1 採卵用親魚における個体間の血縁度のイメージ
天然由来の親魚集団（左）には血縁関係個体間交配の可能性は著しく低く，人工種苗由来の親魚集団（右）では血縁関係個体間交配の可能性が高くなる。DNAマーカーにより非血縁個体選択交配を実施すれば，遺伝的多様性を高く維持し，近親交配を防止することができる。

係数 F は下記の式（8-2）により集団の有効な大きさ（Ne）は 0～1 の間の値をとることが判る。

$$F = 1 - (1 - 1/2Ne)^t \tag{8-2}$$

ここでは t は世代数とする。

繁殖時の親魚の性比にアンバランスがある場合，次世代の Ne は雄親の数（Nm）と雌親の数（Nf）の調和平均（8-3）をとることになる。

$$1/Ne = 1/4Nm + 1/4Nf \tag{8-3}$$

たとえば，マダイの種苗生産において産卵水槽に収容した親魚の個体数が 200 個体の場合（当初のマダイの採苗における標準値），それらが産卵時に全ての親魚が等しく関わった場合（雄・雌の比は 1:1）では，次世代の Ne は 200 となる。しかし，採卵当日に産卵した雌親は 10 尾程度で，これに対して 100 尾の雄親が群れになって追尾し放精する（その雌雄比は 1:10 となる）。このような事例は，採苗の現場では日常的な事象である。採卵当日に産卵に関わった親の数が 140 尾であったが，集団の有効な大きさ（Ne）の推定値では 40 といった実例がある。マダイなど極めて多くの分離浮性卵を産む海産魚ではこのような雌雄比のアンバランスは珍しくない。

魚類増養殖における種苗生産（採苗）においては，採卵のために親魚を養成し，次世代を生産している。このような種苗生産においては再生産に寄与する親の数をどのように確保するかということは極めて大切な課題である。種苗放流事業においては生産施設やマンパワーや施設の水槽の数と容量などが制限要因となって，当該年度の種苗生産を 1 回（1 日）の採卵で済ませてしまうケースが多い。このように，収容した親魚数を十分確保しても採卵法によっては，集団の有効な大きさ（Ne）を評価すると著しく小さいといったことが生じる。近交係数の上昇を防止するため，より多くの親魚が次世代生産に貢献できるよう採卵法については十分な考慮が求められる。

4）集団の有効な大きさ（Ne）と遺伝的多様性（H）

集団の大きさが小さくなると近交係数が上昇

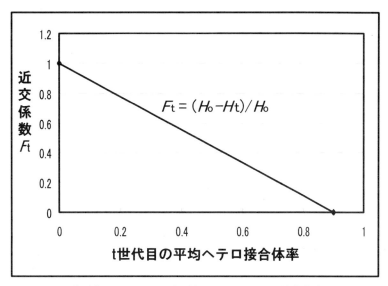

図 8-2 養殖集団における近交係数の上昇とヘテロ接合体率の低下
野生集団から親魚を導入した継代的人工種苗集団において近交係数が上昇すると遺伝的多様性（ここでは平均ヘテロ接合体率）が低下し，その模様は $Ht = H_0 \times (1 - F)$ により予測出来る。ここで，F は近交係数，Ht は t 世代後のヘテロ接合体率，H_0 は元の集団のヘテロ接合体率である。

する。近交係数の上昇は，集団に内在する遺伝的多様性（個体変異）を低下させる。ここで，遺伝的多様性の指標としてヘテロ接合体率（H）を測定すると，t 世代後の近交係数 Ft を推定することができる（8-4, 8-5）。

$$Ht = H_0 (1 - Ft) \qquad (8\text{-}4)$$

$$Ft = 1 - Ht / H_0 \qquad (8\text{-}5)$$

（ここで，Ht は t 世代目の集団のヘテロ接合体率，H_0 は 0 世代目の元の集団のヘテロ接合体率，Ft は t 世代目の近交係数である（図 8-2））

遺伝的多様性の指標を対立遺伝子の数で評価するときには下記の式により He から Ae に変換する事が出来る（8-6）。Ae は有効対立遺伝子数である。

$$Ae = 1/(1 - He) \qquad (8\text{-}6)$$

遺伝的多様性の評価法には，通常，血液型，アイソザイム多型，DNA 多型などの分子マーカーに含まれる遺伝的多型が指標として使われる。これらの遺伝変異は，多様な遺伝子型として種集団中に多く含まれている。集団中に存在するこのような遺伝的多様性のレベルは，平均対立遺伝子数や平均ヘテロ接合体率によって評価されるが，詳しくは後述する。

集団の有効な大きさ（Ne）は，人工種苗集団のように再生に関わった親の数を実測できるときは

下記の式（8-7）により推定される。

$$Ne = 4 (Nm \times Nf) / (Nm + Nf) \qquad (8\text{-}7)$$

ただし Nm は雄親の数，Nf は雌親の数である。親魚の貢献度が異なる場合はさらに補正が必要となる。

たとえば，親魚水槽に収容した親魚の数が 200 尾程度とするとき採卵日に産卵にかかわった親の数が雌雄同数で，雄 50 尾，雌 50 尾としたとき Ne は 100 となる。しかし，雄親 50 尾，雌親 5 尾と，顕著な雌雄差がある時には $Ne = 18.2$ 程度と急減する。このような事例は，自然

産卵方式による人工採苗においては珍しくはない。再生産に係った親魚の数を正確に数えることは困難なので，親魚のDNAマーカーを検出することにより親子鑑定を実施して人工採苗に関わった有効親魚数（Ne）を鑑定したケースを紹介しよう。マダイの親魚水槽の全親魚250尾のDNA鑑定を実施したケースでは，再生産にかかわった親魚数は雌親が37尾，雄親が57尾であり，産子数の不均衡を補正するとNeは63.7と推定された。親魚水槽に収容された親魚の数250尾に比べ著しく少ないことが判明した。

4）自然集団の有効な大きさ

自然集団では，家系の数（Ne）が多いので，血縁個体間交配があるとしてもその発生率は極めて低い。このため，近交は働くことなく，遺伝的多様性は高く維持される（図8-1）。陸上生物においては資源量動向の重要な指標となる集団の大きさを視認結果から定量することは不可能ではない。しかし，水生生物となると種や種内集団を構成する個体群の動態を観測することは容易ではない。

海洋生物においては，自然集団や絶滅危惧集団の維持管理に関わる集団情報を必要としても，その分布の広さや観測技法が不十分なため，集団の有効な大きさや残存資源量を推定することは極めて困難である。漁業においては，試験操業や漁獲物に基づく資源調査を実施し，資源学の手法を駆使して生物集団の個体数が計測されることになる。しかし，その数値は年齢構成や家族構成を加味しないという意味で，集団の見かけの大きさと言われるもので，集団の有効な大きさとは異なる。

5）絶滅危惧種と生存可能極限集団のサイズ

前述の希少な野生生物のカテゴリー（段階）の定義についても，ことの緊急性からやむを得ない事情は理解できるとしても，客観性に乏しく，曖昧さが残されている。とくに，漁業対象種に対しては，本当に絶滅のおそれがあるという生存可能限界集団サイズに近づいているのかいな

いのか，少なくとも集団の有効な大きさ（Ne）が近い過去に急激に低下したのか否かは鑑定する必要がある。このような判定が可能なケースは少なく，多くの場合，絶滅危惧種と指摘される種について，それを証明するサンプルを採集することさえ困難である。このような状態を反映してか，「情報不足または普通種」のカテゴリーに判定されているケースが極めて多い。

本来，絶滅危惧種に関するカテゴリーが，残存個体数や繁殖集団によって評価されるならば，「集団の有効な大きさ」に関する情報が必要である。「集団の有効な大きさ（Ne）」が何らかの理由により縮小すれば遺伝的多様性が確実に減退する。遺伝的多様性水準の推定にはDNA多型分析法に基づくヘテロ接合体率や平均対立遺伝子数による指標の推定が，当該集団の危急性の評価には有効と考えられる。

当然の事ながら，乱獲への対処法は漁獲規制によるべきである。他方，絶滅危惧種に対しては，種個体群の縮小による生態的・遺伝的多様性の低下と適応値の低下をいかにして防止するかと言った観点から対処すべきである。そこで，問題となるのは，種集団の遺伝的多様性の適切な評価手法の開発と基準値の設定が当面の重要課題と考えられる。

極限生存可能集団（minimum viable population : MVP）は生物集団を存続させるのに必要最少限の集団サイズのことであり，具体的な集団のサイズは，500-1000と言われている（図8-3）。

この数値（MVP）は単に集団の見かけの大きさである現存個体数（N）を指しているのではない。この数値（MVP）は集団の有効な大きさ（Ne）といわれるもので，集団を維持するための繁殖に関わる親の数から推定される数値であり，集団の遺伝的多様性と当該生物種の保全を考える上で大切な数値である。通常，この数値（Ne）は観測可能な見かけの大きさ（N）に比べると遙かに小さく，危ないと気が付いた時にはすでに集団の有効サイズがMVPより顕

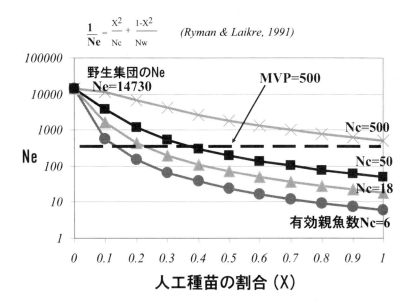

図8-3 少数親魚により生産された人工種苗が放流されたときに野生集団に与える影響予測（希少種マツカワの事例）

Ne：野生集団の有効な大きさ，Nc：人工種苗の割合，野生集団のNeを14,730（平均ヘテロ接合体率から推定），限界有効集団サイズ（MVP）を500とする場合，Ne500の線と各曲線の交点下に来る値が放流可能数となる．

しく低く，手遅れという事になりかねない。

5．遺伝資源の保全単位

生物多様性の基本単位は種（species）と称され，共通の生物特性を保有する多数の個体からなる集団である。魚類の野生集団では，基本的には有性生殖の2倍体集団である。事例は少ないが雌性発生や3倍体集団の種も存在する。

1）メンデル集団とハーディー・ワインベルグの法則

単一の遺伝子給源（gene pool）を共有し，且つそれらが他家受精の有性生殖を行う個体からなる集団をメンデル集団という。メンデル集団においては，繁殖に関わる個体が次世代を生産するために等しく配偶子を集団中へ供給するという条件下で，当該遺伝子座の対立遺伝子頻度と接合体頻度の間には2項2乗の法則が成立する。

ハーディー・ワインベルグの法則は提唱者の名前にちなんだ用語である。当該生物種の個体群において遺伝変異（多型）を支配する対立遺伝子の頻度は毎代不変であり，接合体系列の多型の頻度は配偶子系列の対立遺伝子頻度の2乗に一致することを指している。

以下に無作為交配のモデルで説明しよう。

親世代の配偶子を A_1, A_2 とし，それらの頻度を p, q とするとき，

親世代の配偶子と頻度は：雌，雄ともに $(pA_1 + qA_2)$ で表わされ，親世代では

それらが掛け合わされ $(pA_1 + qA_2) \times (pA_1 + qA_2)$ となる。

次に，子世代における遺伝子型とそれらの頻度は $p^2 (A_1A_1) + 2pq (A_1/A_2) + q^2 (A_2/A_2)$ となる。次に子世代の配偶子 A_1, A_2 の頻度を p', q' とすると，それぞれの頻度は

$A_1 : p' = P_2 + 1/2 (2pq) = p (p + q) = p$
$A_2 : q' = q_2 + 1/2 (2pq) = q (p + q) = q$

となる。このように多型的遺伝子座における遺伝子型頻度および対立遺伝子頻度は毎代不変であることが証明される。しかし，ハーディー・

ワインベルグの法則は以下のような理想的条件下で成立しないことも重要である。

1）交配が任意（任意交配）でないとき。
2）集団が有限（少数集団）のとき。
3）突然変異が高頻度で発生するとき。
4）異集団の混合があるとき。
5）対立遺伝子間で生存力や妊性に違いがあるとき。

　生物の自然集団では任意の多型的遺伝的座ではハーディー・ワインベルグの法則によく一致するケースが多い。しかし，人為的集団においては，採卵用親魚集団が著しく少ない場合があるため，ランダムな交配が妨げられたり，近親交配が行われるといったことがあるため，ハーディー・ワインベルグの法則からの逸脱が観測されることがある。

　このような法則からの逸脱は，人工種苗の放流や天然種苗の異所的放流など異なるメンデル集団の混獲などの人為の影響がある場合に見られる。また，何らかの理由により種間交雑を起こした集団では，遺伝子型頻度は理論値（期待値）からの逸脱が顕著である。人工採苗を継代的に実施した集団においても同様の現象が検出される。

2）集団内の地理的分化

　ある生物種の分布域全体で，遺伝的に均質な単一集団を構成している場合は少なく，程度の差こそあれ，何らかの地理的隔離によって，いくつかの分集団に分かれていることが多い。分集団間には，個体レベルの自由な移動交流が妨げられ，遺伝子の偏りが生じる。このため，種内の分集団間に遺伝的頻度組成の不均質性が検出される。このような地理的分集団は相対的な独立性が認められる。その遺伝的分化の程度がやや大きく，形態的，生理的な違いが検出される場合は，地理的品種や亜種の発見に繋がる。

　集団間の遺伝的距離：生物種間または分集団間の遺伝的違いの程度を示す尺度で，種や分集団間の遺伝的類縁関係を客観的に表す上で有効とされる。マーカーの対立遺伝子頻度を用いて集団の違いを数値化したもので，Dで表示される。D値は同じ集団から採ったサンプルであれば0となり，集団間の類縁関係が遠くなるほど大きな数値を示す。

　進化学的保全単位：　集団構造に関する調査研究の結果として得られた系統図において，確認された単系統的グループのことを指す。1つ以上のDNAマーカーにおいて独立性が確認出来れば，これは別の進化的保全単位（Evolutionarily Significant Unit ＝ ESU）とされる。同一種であっても異なる保全単位間の移植放流は遺伝的多様性の保全の視点から，生態系への適応や分集団の特性維持の視点から避けるべきである。

　管理単位：種内の1つの分集団で，集団間に遺伝子流動の可能性があっても，少なくとも1つ以上の遺伝子座において統計的に異質性が確認される場合，この集団は1つの管理単位（Management Unit ＝ MU）とみなされる。放流事業や漁獲規制などの資源管理の計画と実行は，この単位毎に実施されることになる。

6．生物集団の調査法

1）遺伝マーカー

　自然集団や人工種苗の遺伝的多様性を評価するためには，集団を構成する個体の備える遺伝変異を検出する必要がある。まず，個体の備える遺伝変異はゲノム上にある遺伝子座毎に検出し，記録をとることになる。集団の備える遺伝変異は，特定集団を構成する個体が保有する遺伝変異の総和として記録する。このような集団の遺伝変異を的確に評価するには，多くの地理的集団から多くの標本を採集し，多くの遺伝子座の遺伝子型を検出し，基礎データを収集する作業が必要となる。

　遺伝マーカーは，ゲノムや核小体に存在する遺伝子またはDNAの一定領域の変異であって，それらにより遺伝子型または表現型が容易に判別でき，それらを保有する個体または細胞を識別することができる。このような遺伝マーカー

は，従来から懸案となっていた魚介類集団の個体および集団レベルの遺伝的多様性レベルの評価に役立つ。また，種内の地理的品種（種族）など分集団構造の鑑定指標としても利用することができる。

2）高感度 DNA マーカー

遺伝的多様性の評価研究においては，遺伝マーカーの質（感度）と量がそれらから得られる情報量を左右する。従来使用されてきたアイソザイムマーカーは種鑑定指標として極めて有用性が高かった。しかし，近年，集団内の地理的分集団の検出の必要性が高くなり，より一層感度の高い遺伝標識の開発が望まれてきた。高変異性領域を含む DNA の塩基配列多型について検討した結果，マイクロサテライト多型（口絵 3-1，3-2 参照）がアイソザイムに替わる遺伝マーカーとして優れている事が判り，マダイやアユなどの野生集団および近交集団の分析に採用されその有用性が確認された。DNA マーカーに関する詳細は第 3 章において紹介されている。

3）DNA 多型指標の意義

魚類の DNA を構成する塩基数は 1 ゲノムあたり数億から数十億あると言われる。このような塩基配列には様々な遺伝的個体変異が含まれている。DNA 上の遺伝的個体変異は遺伝子領域（エクソンなど）と非遺伝子領域（イントロンなど）に存在するが，後者により多くの変異が蓄積されている。非遺伝子領域には数塩基から十～数十塩基を基本単位とする繰り返し配列の領域があり，繰り返し配列の基本数の少ない領域のことはマイクロサテライト領域と呼ばれている。この部位が集団分析において遺伝的多様性指標として採用されることになる。

マイクロサテライト DNA のような高変異性マーカーは集団分析において有用性が高い。それらは非遺伝子領域に存在する DNA の配列変異であって，遺伝暗号は含んでいない。このような高変異領域は遺伝子としての機能がないの

で，それらの DNA 領域の塩基配列に突然変異が生じても，個体の生存に影響を与えることがなく，それゆえこのような突然変異は機会的遺伝子浮動によって集団から除外されたり保持されたりする性質が強い。一旦，集団中に残存した変異は有害遺伝子に較べはるかに長きに亘って温存，蓄積されることになる。また，このような非遺伝子領域はゲノムの全域に存在するので，DNA 領域の多型性情報を多く測定すれば，個体および集団の遺伝的多様性に関する総合的情報を得ることが出来る。

4）遺伝的距離（D）と集団の分化指数（F_{st}）

集団間の遺伝的多様性研究においては，個体レベルではゲノム全体の多様性を評価するため平均有効アリル数（Ae）および平均ヘテロ接合体率（He）が多様性のレベルを示す指標となる。集団構造（種全体）レベルの遺伝的分化に関しては，遺伝的距離（D），集団の分化指数（F_{st}）などの多様性指標が採用される。遺伝的距離は（D）はマーカー座毎にアリル頻度を比較することにより全集団間の遺伝的分化を評価する。他方，集団の分化指数（F_{st}：固定指数）はヘテロ接合体率に関して全集団と分集団の比較に基づき分集団間の遺伝的分化の状態を解明する。分集団間の遺伝的分化のレベルは遺伝的距離（D）が 0 ～∞ となるのに対し，固定指数は 0 ～ 1 の数値をとる。いずれも分集団化の遺伝的分化レベルの有意性を検定することができる。

マイクロサテライト DNA の場合は，検出される部位の遺伝子としての機能の有無にかかわりなく，メンデル遺伝することが確認されている。これらは，当初，遺伝子座および対立遺伝子と称されたが，遺伝情報を含まないと言うことで日本語ではその英名をとって前者はマーカー座，後者はマーカーアリルと称している。しかし，分析で使用される変異レベルや集団間の分化の指標の算出方はアイソザイムの場合とほぼ同じである。

集団内の遺伝的変異性指標としては，1 遺伝

子座あたりの対立遺伝子数（Ae）の平均値，多型的遺伝子座率（P）および平均ヘテロ接合体率（H）などにより評価し，低頻度対立遺伝子の多いマイクロサテライトDNA多型においては，1遺伝子座あたりの有効対立遺伝子数（effective number of alleles, Ae = $1/(1-He)$）が採用される。

マイクロサテライトDNAマーカーの場合，1遺伝子座あたりの対立遺伝子数が多く，遺伝子型の数も多いのでHardy-Weinbergの平衡や集団間の異質性の検定は著しく煩雑になる。近年，集団分析用のコンピューターソフトが開発され，計算の煩雑さは軽減されるようになった。

5）DNA多様性分析から判ること

人工種苗生産の場合には，小集団化によるビン首効果により低頻度アリルは容易に消失する（図8-1）。その場合，このマーカーが非遺伝子領域のために，低頻度アリルの消失が集団および個体の生存に直接的影響を及ぼすことは考えられない。しかし，このようなDNAの非遺伝子領域マーカーをゲノム中から広く検出・定量することは，直接検出・定量することが困難なゲノム上の機能的遺伝子座における変異量や同祖接合性（近交度）を平均的に評価している点で大きな意義がある。即ち，DNAマーカーによる非遺伝子領域のスクリーニングによって，個体および集団レベルでの近交係数の推定が可能となるのである（図8-2）。また，このようなDNAマーカー自体の個体レベルの保有状態の記録から，個体間の類縁性（血縁度），集団間の遺伝的類似度（遺伝的距離）などを推定することも可能となるのである。

7. 水産生物における遺伝的多様性保全

1）野生集団では

マイクロサテライトDNAマーカーの遺伝的多様性の高さは，魚類の地方集団間の遺伝的分化をはじめとする集団構造解析における性能（応用性）の高さを期待するに十分である。マイクロサテライトDNAマーカーはまだ開発されて日が浅い。このDNAマーカーの検出には魚種毎にプライマーの開発が必要である。しかし，現在までにスズキ，イトヨ，マダイ，アユ，クロマグロ，カンパチ，カンモンハタ，ヒラメなど多くの有用魚種のプライマーが開発され，マイクロサテライトDNAマーカー検出マニュアルも作成されている。それらのプライマー情報はDDBJなどに登録されており，集団構造研究など種々の研究グループにより利用されている。

魚類の野生集団のDNAマーカーの変異性指標の比較研究を実施したところ，一般に著しく高い変異性が認められた（図8-4）。これら野生集団の遺伝的変異性のデータは，放流種苗に求められる変異性の基準値として，また，集団の保全生物学的診断の凡その基準値となるものである。この図では，平均ヘテロ接合体率から下記の公式により集団の有効な大きさ（Ne）が推定されている。なお，μは突然変異率である。

$$Ne = (H/(1-H))/4\mu \qquad (8\text{-}8)$$

希少種と言われるリュウキュウアユや長年継代繁殖が実施されてきニシキゴイの変異性指標の低さが際立っている（図8-4）。また，地理的障壁による集団の隔離と人為による分布の拡大といった複雑な背景を備える淡水魚の集団構造に関する研究においても，マイクロサテライトDNAマーカーを導入することにより，分集団の地理的分化の状態に関する知見をえることが可能である。

2）絶滅危惧種集団

稀少種とされる奄美大島産のリュウキュウアユにおいては，マイクロサテライトDNAマーカーによる調査により，変異性指標が著しく低く，遺伝的に均質化していることが解明されている（図8-5）。リュウキュウアユ（アユの亜種）は奄美大島の東西2集団間の遺伝的距離が両側回遊型と陸封型間遺伝的分化と同程度の分化を示している。このような近隣河川間の大きな遺

第8章 遺伝資源の利用と保全 147

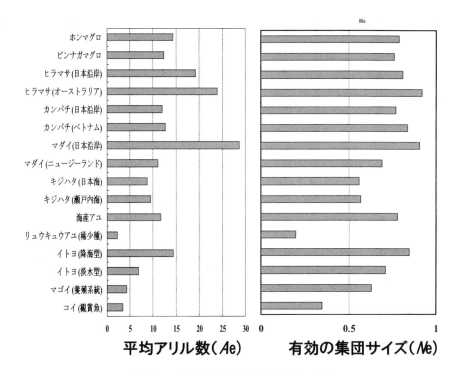

図8-4 魚類の遺伝的多様性指標の比較
クロマグロなどの海産野生集団で高く，イトヨなどの淡水魚でやや低く，コイなどの養殖魚ではやや低く，リュウキュウアユなど絶滅危惧種では著しく低い傾向が見られる。
左図：平均マーカーアリル数
右図：平均ヘテロ接合体率

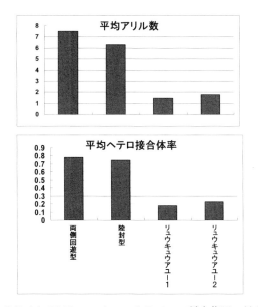

図8-5 マイクロサテライトDNAマーカーによるアユの種内集団に見られる遺伝的多様性の評価
絶滅危惧のリュウキュウアユの遺伝的多様性は両側回遊型（海産系アユ）や陸封アユ（琵琶湖産アユ）に比べ明らかに低くなっていることが判る。

伝的分化は絶滅危惧集団における典型的ボトルネック現象と考えられる。

メコンオオナマズ，セブンラインバブルなどメコン川委員会が絶滅危惧種に指定した魚種では，遺伝的多様性レベルが著しく低下していることが，判明している。他方，農林水産省により希少種の指定を受けているマツカワ（カレイの一種）はその多様性指標が必ずしも低くない。これは，希少集団の状態が何世代にも亘って続いたのではなく，資源量が急激に低下し単に漁業が成り立たなくなった状態であることを示唆していると見るべきである。

これに関しては，絶滅危惧種ではないかということで社会問題化したクロマグロの場合も，遺伝的多様性レベルは相対的に高く（図8-4），単に資源量が急激に低下した結果として見られた状態であるにすぎないと判断すべきである。漁業資源レベルが低くなり漁獲漁業の成立条件が失われたという状況を，保全生物学上の絶滅危惧種や希少種の状況と混同しないよう留意すべきである。とりわけ，淡水魚とは異なり，資源量レベルの把握の困難な海産魚においては，その評価は遺伝的多様性調査に基づき慎重に行う必要があることを指摘したい。

3）人工種苗集団

栽培漁業は各県の水産試験場や人工種苗生産施設において展開され，そこでは親魚集団が継代保存されていた。ところが親魚の遺伝的多様性の維持・管理に関する検討は十分ではなく，遺伝的多様性が明らかに低下している人工種苗が生産されていた。原因は採卵用として使用される親魚数が少なかったことにあった。

こうして少数家系から生産された人工種苗が親魚にまで育てられ，さらには次世代生産に用いられるようになった。次世代生産においては血縁関係のある個体間の交配（兄弟交配）が多発する（図8-1）。このような交配が繰り返されると，遺伝的多様性の低下に拍車がかかるだけでなく，近交係数（近交の指標）が上昇し，副次的影響が発生することは避けられなくなる。

野生集団で代表される水産遺伝資源に対し意識的および無意識的に影響を及ぼすことがないよう，栽培漁業の現場では，放流・移植事業を慎重に進めることが求められる。栽培漁業には対象種や生産規模が異なる様々事業場があり，抱えている問題は同じではなく，それらの種苗生産施設で利用可能な実用的な親魚の遺伝的管理マニュアルの策定が望まれている。

4）親魚集団

養殖に関しては改良した優良系統の維持管理及び近交防止の観点から，栽培漁業に関しては，人工種苗における遺伝的多様性保全と無意識選択防止の観点から，親魚集団と人工種苗のDNAマーカーによる査定・評価体制と野生集団への影響の長期的モニター体制を確立することは急務の課題である。図8-6は魚介類の遺伝的多様性保全のための親魚管理マニュアルの一例として作成されたものである。遺伝マーカーを用いる事により，増養殖用親魚集団の系統保存や遺伝的多様性評価およびモニターを確実なものにすることが可能である。

環境破壊と乱獲により天然漁業資源が年々低下する状況のもとで，国際的視野に立てば，タンパク質の供給源としての養殖漁業や栽培漁業に対する期待がますます高くなっている。資源の過剰利用が進み今や増産の望めない漁獲漁業を補完する産業として，養殖漁業や栽培漁業に対する期待は大きくなっている。これらの産業が，生態的，遺伝的撹乱により野生集団の遺伝的多様性を減退させ，遺伝的撹乱を促進する危険性を内包するという認識を持つ必要がある。野生集団および人工種苗集団の適切な取り扱いを指し示す遺伝的多様性保全と撹乱防止のための指針策定の必要性がますます高くなっている。

一旦，絶滅してしまった集団については，コア集団を復活させるため，どのような残存ローカル集団から，どれだけの個体を移植すれば良いのかといった，いわゆる"創始集団"の設計方針を作成することも考慮する必要がある。今後このような集団の修復のための遺伝学的調査

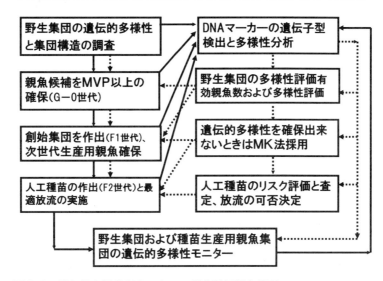

図8-6 遺伝的多様性保全のための増養殖用親魚管理マニュアル
希少種，絶滅危惧種ではMK選択交配（最小血縁個体選択交配法）を採用することにより遺伝的多様性をMVP（限界有効集団サイズ）における遺伝的多様性レベルより高く保つことが出来る。

研究の必要性は高まるものと思われる。

8．放流事業による遺伝的攪乱防止

1）責任ある種苗放流事業

人類にとっていかに有益な事業であっても，それに伴うリスクは皆無ではありえない。したがって，それから得られるベネフィット（benefit＝利益）とリスク（risk＝損害）を適正に査定し（assessment），それらが持続的生産活動に繋がるか否か評価（evaluation）したのち，リスク管理（management）が可能であれば当該事業の実施段階へと進むといった手続をとることが約束されている。新たな事業を企画し展開しようとする際には，このような手続きを実施することが基本的事柄として社会的常識となっている。

日本の内水面および海面漁業においては，低下した資源量水準の回復を目指して，人工種苗の放流事業が実施されてきた。1963年には，魚介類の種苗生産・放流を中心とする栽培漁業の試みが始められた。その後，国際的な200海里体制が定着する流れの中で，1979年から栽培漁業は全国的に沿岸漁業の中で定着するようになった。この頃から人工種苗の放流の実績が急激に増大した。

2）種苗放流リスク

養殖種苗の品種改良においては，有用形質の遺伝的改良と遺伝的均質化が育種目標となる。他方，民間レベルでは養殖用の種苗生産が行われており，内湾などにおいて大量の改良系統が生産・肥育される。養殖場では，天然の魚介類集団とは網一枚を挟んで人工種苗集団が飼育されるといった状況が常態化しているのである。従って，飼育施設の破壊による養殖系統の自然海域への散逸・逃亡などによる遺伝的攪乱リスクの防止に関する管理対策とモニタリングが重要課題となるのである。

栽培漁業においては，開放系に人工種苗を放流することが重要な要素となるので，種苗放流において予測されるリスクは野生集団への遺伝

的影響であり，それを最小に留めることが管理目標となる。

このため，種苗放流後の野生との遺伝的混合による遺伝的攪乱を防止するため，人工種苗集団は野生集団と遺伝的に同質であることが重要な生産目標となる。マダイの採苗技術が整い，いよいよ量産体制に移行する時期には，開放系へ放流される人工種苗がそなえるべき条件として，以下のような項目が提起された。

1）採卵用親魚は，種苗放流予定海域の地方集団由来のものを養成し，後代生産用親魚として使用すること。

2）放流種苗は，十分な数の親魚が生殖に関与して形成された集団（有効サイズの大きい集団）であること。

3）放流用種苗は，十分な遺伝的多様性を備えていること。

4）放流用種苗集団の近交係数は低く抑制された集団であること。

種苗生産においては発育不良，伝染病，奇形など非遺伝的要因による問題がしばしば見られる。また，外部環境との相互作用の中で発現する生理・生態的形質は飼育条件が不十分であれば，形質の発現が未発達のままということもよくあることだ。これらの問題にも遺伝的要因が全く関与しないとは言い切れない。

また，このような飼育条件に関わる遺伝的多様性減退の影響を正確に評価することは容易ではない。したがって，遺伝的多様性評価の必要性は見過ごされ，あと回しにされがちである。しかし，遺伝的多様性は一度失われると回復することが困難で，その影響は何年も後に遅れて現れることになる。従って，遺伝的多様性の査定と評価には予防的視点に立って実施すべき重要な課題であると考えられる。

3）遺伝的管理単位の解明と認識

量的形質に関しては，海産アユと琵琶湖産アユの生殖形質は同じ種でありながら，産卵期が2ヶ月ほどずれていることが判っている。これらのアユの2つの系統は産卵期のみならず卵径，

孵化日数なども明らかに違っている。これらの孵化日数は水温を高くすると短くなり水温を低くすると長くなり，典型的量的形質と考えられた。アユの2つの系統は，非遺伝子領域のDNAマーカーにより，集団レベルおよび個体レベルで識別が出来るが，このことはとりもなおさず，それらの非遺伝子領域マーカーが高水温または低水温への適応に関連する遺伝子群を個体レベルで捉えていることを意味し，非遺伝子領域DNAマーカーの多様性評価の意義をよく表している。

4）遺伝的攪乱のシミュレーション

希少種や絶滅危惧種が増えている。これらの魚種の遺伝的多様性について現状把握する必要性は高い。種苗生産を実施する場合には先ずDNAマーカーのアリル型データを採り，現有親魚集団の遺伝的多様性を評価し，人工種苗の有効親魚数を推定し，これを放流した場合，天然集団と遺伝的な混合によりどの程度の影響を及ぼすのか予測することが出来る（図8-3）。さらに，非血縁個体選択交配シミュレーションを実施すれば，将来の遺伝的多様性のレベルをどの程度維持できるのか予測可能である。

このような絶滅危惧種の事前調査の段階で，供試魚を採捕して殺してしまったのでは絶滅を加速することになりかねない。供試魚を犠牲にしないため，鰭の小片など微量のサンプルからDNAを抽出し，遺伝標識を検出することも可能である。このような遺伝的多様性評価の課題に対応するには，遺伝的マーカーの迅速・大量検出技術の開発と簡便化に関する研究を今後も続ける必要がある。

5）適切な育種戦略の構築

育種の成功のカギは，科学的理論に裏打ちされた適切な戦略の有無にあることは論を待たない。水産育種の分野では，最先端バイオテクノロジーを応用した研究成果が次々と挙げられ，将来これらの成果が育種現場へ導入されると考えられる。野生集団との隔離飼育などを視野に

据えた養殖技術と管理方策の検討が求められる。水産育種を進める養殖漁業の生産基盤は次第に成熟しつつある。今こそ，水産育種研究者にとって，遺伝資源の利用と保全を視野に入れた魚介類育種の総合戦略の構築が必要とされる時代となっている。

参考文献

FAO：水生遺伝資源の利用と保全について（Fisheries Report No.491（1993），谷口順彦訳），水産育種，22：83-102，1995．

J.E. ラブロック（星川淳訳）：地球生命圏——ガイアの科学，工作舎，東京，1997．

野口大毅，谷口順彦：サクラマス非血縁選択交配における遺伝的多様性保持に関するコンピューターシミュレーションによる評価，水産育種，35：165-170，2006．

リチャード B. プリマック・小堀洋美：保全生物学のすすめ，文一総合出版，東京，1998．

E.P. オダム（三島次郎訳）：基礎生態学，培風舘，東京，1995．

水産庁研究部：日本の希少な野生水生生物に関する基礎資料，水産庁東京，1994．

高木基裕・谷口順彦：DNA 多型検出マニュアル，「水産生物の遺伝的多様性の評価および保存に関する技術マニュアル」日本水産資源保護協会，水産庁 1999．

谷口順彦：種苗生産における遺伝学的諸問題，「マダイの資源培養技術」（日本水産学会監修），恒星社厚生閣，東京，1986．

谷口順彦，高木基裕：DNA 多型と魚類集団の多様性解析，「魚類の DNA」（青木宙，隆島史夫，平野哲也編），恒星社厚生閣，東京，1997．

谷口順彦，Perez-Enriquez, R，松浦秀俊，山口光明：マイクロサテライト DNA マーカーによるマダイ放流用種苗における集団の有効な大きさ（Ne）と近交係数（F）の推定．水産育種，26：63-72，1998．

谷口順彦：魚介類の遺伝的多様性とその評価法．海洋と生物，21：280-289，1999．

<話題3>

荒川水系と利根川水系のイワナは，深い関係にある

山口光太郎

　荒川水系と利根川水系は，現在，それぞれ独立した水系として認識されている。しかし，これらは，かつてひとつの水系を形成していた。荒川と利根川は，洪水防止を目的として1594年に始まった利根川東遷事業によって人為的に切り離されて以降，それぞれが単一の水系を形成するようになった。現在，荒川の河口は，東京湾にある。一方，かつて荒川と合流して東京湾に流れ込んでいた利根川の河口は，茨城県神栖市と千葉県銚子市の市境にある。

　両水系の上流部には，イワナ（ニッコウイワナ）が生息している。イワナは，内水面漁業における重要魚種のひとつとして知られるが，その資源量は減少傾向にあり，効果的な増殖が望まれている。天然集団を保全・増殖するためには，保全単位を的確に把握する必要がある．なぜなら，特に，淡水魚や回遊魚は，保全単位ごとに異なった環境におかれている場合があり，それぞれが独自の環境への適応を遂げている可能性があると考えられるためである．そこで，マイクロサテライトDNAマーカーの分析結果から遺伝子プールの推定を行い，荒川6支流と利根川1支流を用いて集団構造の把握を行った。

　この結果，荒川水系と利根川水系のイワナは，2つの遺伝子プールに分けられることが示された。片方の遺伝子プールは，荒川水系の最も上流域である奥秩父地域に位置する5支流（広河原沢，金蔵沢，大山沢，大若沢，入川）から構成されていたことから，奥秩父遺伝子プールと命名した。もう片方の遺伝子プールは，荒川水系の大持沢と利根川水系の大芦川から構成されていたことから，大持沢－大芦川遺伝子プールと命名した。これらのうち，大持沢－大芦川遺伝子プールは，荒川・利根川両水系にまたがって構成されていた．このように，両水系に生息するイワナは深い関係にあり，利根川東遷事業が行われる前の影響が，現在も残っていることが示唆された．以上の結果から，荒川水系におけるイワナの保全対策を検討するにあたっては，利根川水系を含めて検討する必要があると考えられた．このように，淡水魚類資源の保全，増殖を行うにあたっては，過去に行われた河川改修の影響についても考慮に入れる必要がある。

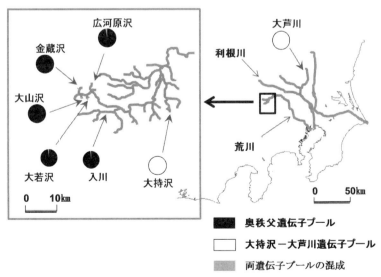

図1　荒川水系と利根川水系に生息するイワナの集団構造
円グラフは、それぞれの遺伝子プールに属する可能性が高いとされる個体の割合を示す。

第9章

水産養殖における選抜育種

選抜育種は最も基本的な育種技術であって，意識的，無意識的を問わず人類が飼育を開始した時点で何らかの選択が行われるようになる。第一章でも示したように，水産生物の飼育の歴史は千年近くになり，粗放的な飼育を含めれば家畜とさほど変わらないほどの期間になっている。水産生物において実験的，産業的に多くの種において選抜育種が行われている。古くから行われてきたのはニシキゴイやキンギョなどの観賞魚であるが作出の過程や手法に関しての記録が少なく，遺伝的法則を基に系統育成が行われるようになったのは最近である。この章では選抜育種により作成された系統や品種があり，作成過程や起源に関する記録が比較的残っているマダイとヒラメ，グッピーについてその作成過程や現状について紹介する。

1. マダイ

1）マダイ養殖の発展

マダイの養殖においては，当初，天然種苗に依存して生産がおこなわれた。その後，人工種苗生産技術が確立され，需要の増加に対応し，1997年には大量の養殖用稚魚はおおよそ1億1200万尾生産されるようになった。これを受けて，養殖生産は1970年以降年々増加の一途をたどり，1990年代には約8万トンのピークに達し，それ以降安定した（図9-1）。マダイ養殖は種苗生産技術の順調な進展と養殖生産技術の

開発に支えられ急速に発展し，引き続き経済的形質を中心とする品種改良に関わる試験研究が実施される時代に至った。

2）親魚養成，採卵技術，種苗生産技術

マダイ（*Pagrus major*）の養殖が始まったのは1960年代である。当時はまだ人工種苗生産技術が確立されていなかったので，養殖漁業においては自然界で採捕した稚魚（天然種苗）が使われていた。他方，マダイは日本の栽培漁業の重要対象魚種の一つとしてとり挙げられ早くから親魚養成，採卵技術，種苗生産に関わる技術開発研究が進められていた。学術面でも生殖生理や生殖生態に関する研究が進展しマダイの人工種苗技術の開発が着々と進められていた。1962年にはマダイの人工種苗生産とその自然界への放流が実施されるようになった。このような技術的発展を背景にして，マダイ養殖生産は一気に増産にむかったのである。

3）品種改良の始まり

養殖生産においては，生産性および採算性の向上が基本的課題となるため，飼育技術の改善はもとより，成長率や飼料効率における遺伝的改良に関心が向けられるのは必然的な流れであった。民間の種苗生産場においては，マダイ人工種苗の遺伝的改良の取り組みが積極的に行われてきた。しかし，当初は，それらの「品種改良」の実体について遺伝・育種学的観点から研究され

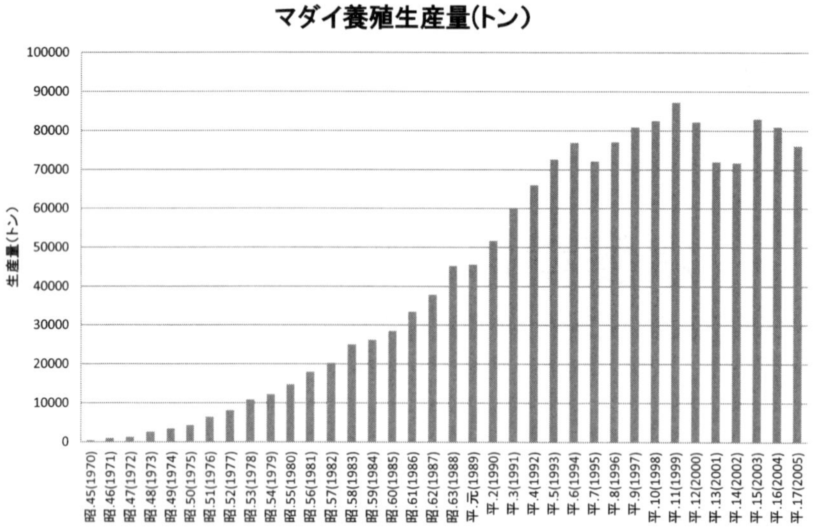

マダイ養殖生産量(トン)

図9-1　マダイの養殖生産量（トン）の急速な増加と停滞

た事例が少なく，マダイ養殖の現場では使用した人工種苗について，供給者側と利用者側で評価が分かれることが少なくなかった。

4）成長についての選抜育種

1960年代にマダイ養殖業が急速な進展を続ける中で，近畿大学の原田輝雄教授は1962年から成長率や飼料効率の向上を目的とする育種事業を始めている。その後，同大学村田修教授らにより，1991年までに9代に亘る選抜育種が実施された。それらの選抜育種の成果は，4才魚の成魚の体重を基準にして評価されている。初代では，4才魚の平均体重は2kgであったが，2代目では2.730kg，3代目で3.089kg，4代目で3.627kg，5代目で4.075kg，6／7代目で5.009kgと，代々目覚ましい育種効果が認められた。

5）養殖用人工種苗の育種評価

選択の効果：当該形質に関する遺伝率が判れば選択率にもとづき選択の効果を予測することができる。育種は多大な時間と経費を要する困難な側面を備えているため，育種事業を始める前に当該形質の選択効果がどの程度になるかを予測して，効果が期待できるという見通しのもとに育種が進められる。

マダイの場合は，開発のための時間を節約するため，養殖生産を実施しながら育種データを収集するという実現遺伝率という推定法が採用された。この手法では，基礎データーとなる選択差や選択率などの情報が不明であるから，現存集団においてまず選択を実施し，次世代においてどのような成果がえられたかを測定・評価し，飼育結果から遺伝率を推定する手法が採用されたのである。マダイ養殖で推定された遺伝率はまさしく選択結果から遺伝率を推定する方法であり，これが実現遺伝率といわれるものである。

選択系統と非選択系統の成長差の確認：高知大学と高知県水産試験場では全国の五ケ所のマダイ種苗生産場からマダイの受精卵を入手して，同じ条件下で飼育を試み，成長に関して同一の実験条件下で成長度を比較した（図9-2）。その結果，マダイの成長度に顕著な家系間差が認められた。このことにより，選抜育種による一定の効果が確認されるに至った。実際の系統間比較調査結果に基づき，選抜育種系の成長が非選択系の成長にくらべ明らかに優れていることが

図9-2 マダイ非改良系と改良系間の成長度比較（孵化後200日目）
S1:非改良系，S2-S3:養殖事業所で使われている改良（選抜育種）系

確認され，選択効果（反応）が現れていると結論された。

養殖用種苗の利用と管理：非選択系は成長率がやや劣り，物音や人影に敏感に反応して逃避行動を示したと言われる。これに対し，選択系は成長率や生残率において優れているばかりでなく，物音や人影に対しても過敏に反応することがなかった。このような現象は，この系統が成長形質に関して選抜育種系と言われるだけでなく，無意識的選択による家魚化のすすんだ系統であることが示唆される。

選抜育種により，家魚化と形質の改良が進行した種苗は，野生集団とは異なる遺伝的性質を備えるようになる。他方，野生集団は原種として永遠に利用可能な遺伝資源である。野生魚の遺伝特性を保全するため，養殖魚を安易に遺棄し，野生集団に影響を及ぼすことがないよう配慮する必要がある。

今後は，散逸による野生集団への遺伝的影響の防止を考慮して，経済形質の改良と遺伝的多様性の保持を両立させ得る育種を系統的に実施することが求められる。また，選抜育種による遺伝的変化のモニタリングは重要である。

選抜育種系の保存と系統間交雑：マダイの増養殖用として流通している系統は野生集団と比べると何がしかの遺伝的改良が認められた。今後，それらは何らかの形で，継代的な系統保存が実施されるものと思われる。しかし，これらの系統は継代飼育が重ねられるなかで近交度の上昇を免れない。従って，これらの選択系を継続的に利用するだけでなく近交弱勢発現を防止するための対策を実施することが求められる。

対策の一つとしてはルーツの異なる系統間交雑を積極的に実施することが考えられる。系統間交雑についてはF_1は両親の系統より優れた形質発現することが知られている。しかし，第2代目では遺伝子型が分離するため集団内の形質の均質性が失われる。このため，両親の系統は維持しながら系統間の交配1代目のみを実用に供することが必要となる。このように，選択の負の影響を軽減するため系統間のF_1のみ利用する育種法を雑種強勢（ヘテロシス）育種法という。ただし，元の改良系はF_1作出のための親魚候補集団として維持することが必要となる。

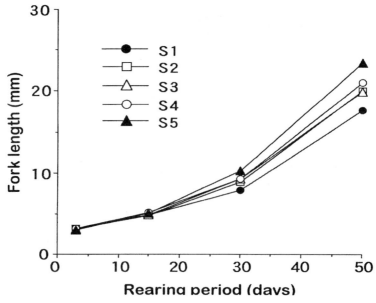

図9-3 ママダイの非改良系と改良系間の初期成長の比較（孵化後50日目）
S1：非改良系，S2-S5：養殖事業所で使われている改良（選抜育種）系

6）マダイの育種学的知見
(1) 高感度遺伝マーカーの開発

　人間の生活環境と魚介類の生息環境は時空間的に著しく異なるため，それらの遺伝と育種研究においては，系統作出と管理における時空間的ギャップを埋めるためのツールとして，遺伝マーカーの利用が必要不可欠とされてきた。当初，マダイの集団構造解析や遺伝的変異の研究において，遺伝マーカー（標識）としてアイソザイム多型が利用されてきた。これらは，タイ科魚類の系統類縁関係の研究や家系判別に基づく成長や奇形の原因調査などに応用され，新たな知見が提供された。

　近年，アイソザイムマーカーに比べ遙かに集団の識別感度の優れた遺伝マーカーとして，ミトコンドリアDNA多型やマイクロサテライトDNA多型などが開発・利用されるようになり，マダイの集団構造や人工種苗の親子鑑定などに関わる新たな知見が得られるようになった。

　マイクロサテライトDNA多型については，マーカーの検出手順のなかで，ラジオアイソトープ（RI）を使用するため，RI実験室が必要となり，このためその普及が遅れた。近年，マイクロサテライト断片をケミルミネッセンス（蛍光色素）で標識し，これらをDNAオートシーケンサーで検出する方法が普及し，大量のサンプルのアリル型データを短時間のうちに検出できるようになった（口絵3-1，3-2参照）。これら高感度マーカーを利用した研究により多くの知見が得られている。

(2) 量的形質における系統差

　仔稚魚期の生残率：いくつかの系統を同一条件に置いて比較したところ，ふ化率は80.1％から100％の範囲にあり，ふ化後60日目の推定生残率は21.2％から41.3％の範囲にあり，仔稚魚期の生残率には顕著な系統差が認められなかった。一般に，仔稚魚期の生残率に見られる系統差には，親魚，卵質，飼育水槽等の微妙な条件の影響が含まれるので，遺伝的要因の影響を把握するのは容易ではない。

　成長の系統間比較：養殖用マダイ諸系統の成長や生き残りに関する系統差を評価するためには，成長などにおける環境要因による差を極力除去するよう努める必要がある。従って，各系統に同一の飼育条件を与えるため，同一日に採

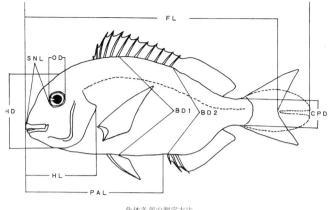

魚体各部の測定方法
TL:全長　　FL:尾叉長　　BD1:体高1　　BD2:体高2
PAL:前肛門長　HL:頭長　　HD:頭高　　CPD:尾柄高
SNL:吻長　　OD:眼径

図 9-4　マダイの量的諸形質の遺伝率推定の事例
(各形質の遺伝率は表 9-1 参照)

表 9-1　マダイ(非選択系)における形態的諸形質および成長度の遺伝率

測定項目	最大値(%)	最小値(%)	遺伝率(h^2)
BD1/FL	39.15	36.81	0.268
BD2/FL	35.12	32.88	0.329
HD/FL	23.69	23.11	0.023
HL/FL	27.01	26.39	0.069
OD/FL	7.78	7.10	0.422
SNL/FL	11.5	10.89	0.122
PAL/FL	55.94	54.84	0.080
CPD/FL	9.81	9.51	0.078
BD2/BD1	90.07	88.88	0.014
CPD/BD1	25.85	24.97	0.108
HD/BD1	63.40	60.47	0.126
OD/HL	28.82	26.90	0.300
HD/HL	89.83	86.93	0.037
SNL/HL	43.39	40.56	0.216
100日齢の体高	31.01	26.33	0.380
150日齢の体高	50.99	46.14	0.205
200日齢の体高	73.10	47.30	0.537

(測定項目の略字は図 9-4 を参照)
＊体高の最大値・最小値の単位はミリメートル

卵し，同じ形と容量の水槽を使用し，密度，給水率，給餌量などの飼育環境条件を可能なかぎり同一条件下で比較試験を行う必要がある。そこで，高知大学では，養殖系統の成長評価試験を計画し，ふ化後200日齢まで体長および体重を測定し，各採集日の体長および体重の平均値の系統間差を評価したところ，選択系統と非選択系統の間に顕著な差が観察された。その結果，200日齢の体重において選択系統は非選択系の150％に達するという結果が得られた（図9-2，9-3）。

　形態比較：前述の5系統の200日齢の魚体各部を測定したところ，体高（背鰭第5棘の位置で測定）眼径，吻長などの形態形質について，系統差が認められた。このような形質について育種目標に定められていたか否かは別として，養殖系統間には，体高の高いものや，目のやや大きいものなど形態的に特徴のある系統が作出されている。

　諸形質の遺伝率：魚類の育種は多大の時間と経費を要する困難な側面を備えているため，育種事業を始める前に当該形質の育種効果を予測するための指標となる遺伝率の推定は重要である。通常，体形などの形態的形質（図9-4）は成長にともなって変化するので，稚魚期，若魚期，成魚期の発育段階別にデータを取る必要がある。遺伝率が0.2より高い時は個体選択の効果が期待できるとされる。遺伝率が0.2以下の場合は家系選択を採用することが奨められる。マダイの若魚の場合，形態形質の多くは遺伝率が0.2以下であった。ただし，若魚の成長については遺伝率が0.2よりやや高く，この形質については選択効果が期待できる。

　マダイの成長については，実験条件下で顕著な家系間差が認められたことから選抜育種による一定の効果が期待できた。実際に育種系統間比較調査の結果，業界で流通している選抜育種系の成長は非選択系のそれにくらべ明らかに優れていることが判明し，選抜反応が現れていると評価された。

　交雑魚の成長と成熟：品種間交雑による雑種強勢現象（両親より優れた形質発現をする）を利用する育種法を雑種強勢育種と言う。魚介類育種では，雑種強勢現象を期待した異魚種間交配実験が試みられている。たとえば，タイ類では，マダイ x クロダイのF_1，マダイ x ヘダイのF_1の成長には雑種強勢と思われる現象は確認されるが，成熟個体は見られなかった。

（3）人工採苗における近交係数

　近交係数の推定：アイソザイムマーカーを使用して，マダイの人工種苗生産において遺伝的多様性の低下が実際に確認され，遺伝的多様性を維持するために採るべき対策が提案された。実際，遺伝的多様性は1マーカー座あたりのアリル数やヘテロ接合体率で評価する事ができる。本種の人工種苗における遺伝的多様性の低下現象は，最近開発されたマイクロサテライトDNAマーカーによって，従来より明瞭に観察できることが判明した。養殖用人工種苗の選抜育種系では継代とともに変異性の低下が顕著になる。放流用人工種苗では1マーカー座あたりのアリル数は低下するが，ヘテロ接合体率の低下は顕著ではないことが判明した。人工種苗における遺伝的多様性の低下はmtDNAマーカーによる多型解析においても容易に確認された。また，ヘテロ接合体率と近交係数との反比例関係を利用して，近交係数の推定が試みられている（図9-5）。

　親子鑑定による人工種苗集団の有効な大きさの推定：マダイの人工種苗生産においては，通常200個体程度の親魚が産卵水槽に収容されるが，それらのうち次世代に実際に遺伝子を伝え得た親魚の数は本当の所は良くわからない。マイクロサテライトDNAマーカーは1つのマーカー座のアリル数が多いので，複数のマーカー座の遺伝子型を組み合わせれば個体の遺伝子型（ゲノム型）は無数に多くなる（図9-6）。したがって，これをマーカーとして利用すれば個体レベルの親子鑑定が可能で，これをDNAフィンガープリントと称している。このようなマーカーを用いて人工種苗の親子鑑定を実施す

第9章 水産養殖における選抜育種　161

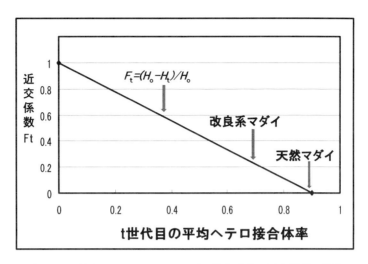

図9-5　遺伝マーカーによるマダイ養殖系統の近交係数の推定

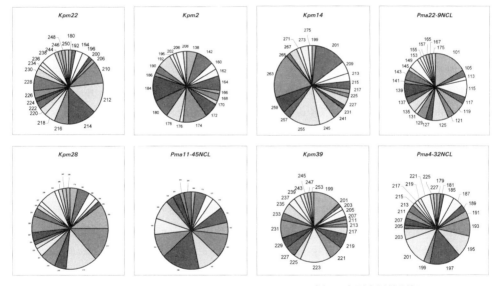

図9-6　マイクロサテライトDNAマーカーの遺伝子座別変異性評価

ることにより「集団の有効な大きさ＝ Ne」の推定が試みられた。ここで, Ne（種苗生産に係った親魚数の推定値）は産卵水槽に収容した親の数の1/4程度と推定され, 決して多くないことが判明した。また, このような親子鑑定により, 産卵水槽内での交配様式および性比を解明することも可能となる。

集団の有効な大きさと遺伝子の機会的浮動の関係：採卵に使用する親の数が少ないとき, 子世代における遺伝子の機会的浮動は大きくなる。マダイの人工種苗生産において, 対立遺伝子頻度が採卵日によって顕著に変動することがアイソザイムマーカーによって確認された。また, 対立遺伝子頻度の変動の大きさに基づいて推定された Ne（集団の有効な大きさ）は, 産卵水槽に収容されている親魚の実数にくらべ, 著しく小さい事が解明された。

また, マイクロサテライトDNAマーカーおよ

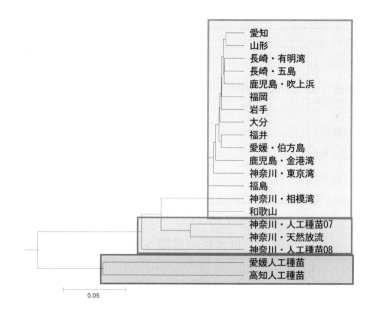

図9-7 マダイ種苗の放流による野生集団への影響
(UPGMA法によるマダイ集団間の遺伝的距離に基づく系統図)

びmtDNAマーカーによって，同様の調査が実施され，子世代におけるアリル頻度の採卵日による顕著な変動が検出された。ここで，採卵日の異なる人工種苗を混合すると，野生集団と大差ない程度の遺伝的多様性（変異）が確保されることが判明し，天然集団と遺伝的同質性を備えた種苗生産のあり方に一つの指針を示した。

(4) 人工種苗放流と野生の集団構造への影響

毎年，2000万尾以上のマダイ人工種苗が日本の沿岸域に放流されている。これらの放流の効果を上げるための研究が進められ一定の成果があげられているが，人工種苗における変異の減退と野生集団に及ぼす影響については未解明の状態にある。しかしながら，人工種苗に特異的に発現する鼻孔隔皮欠損などの形態異常が証拠となり人工種苗の混在が判明している。このような天然採捕マダイをサンプルとして集団遺伝学的解析を実施したところ，集団構造に種苗放流の影響を示唆する現象が確認された（図9-7）。

また，マイクロサテライトDNAマーカーはその感度ゆえに親子鑑定マーカーとしての優秀性が既に確認済みである。このようなDNAマーカーは放流種苗（個体）の判別標識として利用できることが示唆されている。今後，放流種苗が野生集団におよぼす影響の解明については，このような高感度マーカーを利用した放流種苗の追跡と家系判別に基づく総合的な調査研究を実施することが可能と考えられる。

(5) 染色体操作育種系の作出と利用

一時期，三倍体や雌性発生二倍体の有用性が話題になり，それらの作出と評価研究が進められた。しかし，それらの生残率，成長度，再生産能力などにおいて芳しくないとの評価が広まり，その後，これらの研究は進展していない。染色体操作系の初代には近交弱勢が表われたからであろう。しかし，雌性発生二倍体の2代目を作出すると近交弱勢効果を免れ，かつ，有害遺伝子が除去されるため優れた性質を備える系統が出現する可能性が残されている。筆者らはアユを研究材料として，極体放出阻止型雌性発生二倍体の2代目〜3代目においてほぼクロー

ン化することを確認している。それらの雌性発生２倍体の成長や生殖腺の発達といった育種評価研究も実施されている。

また，短期間にクローン化するための技術として，卵割阻止型雌性発生二倍体（倍加半数体）の作出条件が検討され，それらの２代目において完全ホモ型クローンが作出されている。短期間に効果的育種を実行出来る手法として注目された染色体操作育種法は，従来型の選抜育種法の基本理念を適切に活用することにより実用的品種作出の可能性を秘めている。

（6）奇形魚の出現と要因

マダイやヒラメの養殖用種苗の生産過程において，脊椎の湾曲（脊椎のＶ字型骨折）や短縮（寸詰まり）による奇形が発生する。また，色素細胞異常による体色異常個体が出現する。これらの人工種苗について遺伝マーカーを使った親子鑑定を実施すると，同一の飼育条件下で育てられたにも関わらずそれらの異常個体が特定の親魚に集中的に出現するケースが確認されている。

マダイの短椎症が特定の親魚において多発した。このため親魚に内在する遺伝要因による現象と考えられた。他方，前湾症の場合は発現率が特定の親に偏ることがなく，飼育水槽や採卵日の影響が強いと判定された。この場合は飼育条件つまり後天的要因による異常の発現と結論づけられた。後の実験的飼育により，真の原因は，発生初期の空気の取り込み不良による浮き袋の発育不良にあることが解明された。

奇形魚の発生が親の備える遺伝要因による場合には，次年度の採卵用候補からその親魚を除外することにより次年度の稚魚群における奇形発現を少なくすることが可能である。短椎症については，仔稚魚期の飼育条件や生物餌料であるワムシの栄養価の改善により発現抑制効果が確認され，遺伝的要因の関わりが少なくないことが解明された。

以上の事例は種苗生産用の親魚系統から有害遺伝子保有家系を除去することが効果的である

ことを示しており，養殖の生産性を高めるための技術として育種的観点からも大きな意義が認められる。このような事例は養殖品種から負の影響をもたらす家系を除外するための育種として認識すれば，形態異常だけでなく低成長家系の除去，低水温，高水温などの生理形質に関する家系選択などへ展開してゆく可能性が考えられる。

２．ヒラメ（マーカーアシスト選抜）

マーカーアシスト選抜（marker assisted selection：MAS）育種法によって作出されたヒラメのリンホシスチス病耐性種苗が，日本の養殖現場で利用されている。水産育種分野では MAS 育種技術の世界初の実用化事例であり，東京海洋大学，神奈川県，（株）日清マリンテック（現：（株）マリンテック）により報告された。そこで本項では，世界初の成果となったポイントを整理しながら，MAS 育種法によるヒラメのリンホシスチス病耐性種苗の作出過程を解説する。

１）リンホシスチス病に抵抗性のあるヒラメ系統の発見

1990 年代には多くの県の水産試験場などで，ニジマスやヒラメなどにおいて雌性発生魚やクローン魚の作出技術の開発が行われた。神奈川県水産技術センター（旧神奈川県水産試験場）においても，ヒラメを対象魚として技術開発が行われ，その結果，雌性発生魚の系統が数種類作出された。雌性発生魚やクローン魚は遺伝的に均一な集団であるため，遺伝的背景の異なる一般集団を飼育している場合よりも，一群の特徴からそれぞれの系統の性質をとらえやすくなる。

神奈川県における日々の飼育の中で，同一の飼育環境中（同一水槽での混合飼育や，同一水槽内の仕切り網による飼育）で，雌性発生で作出した系統間で自然発症のリンホシスチス病への罹患率がまったく異なることが明らかになっ

た。このことは，日常の飼育の中で，担当者の各系統や各群の違いを見抜く力が，育種にはとても重要であり，その第一歩であることを示す好例である。それと同時に，このリンホシスチス病耐性形質については，研究室における実験的な耐病性形質の違い（人為感染実験による死亡率の違い）などと異なり，養殖現場に近い飼育状況で系統差を見つけることができたため，実践的な利用への可能性が大きかったと言える（成功のポイント1）。

2）ヒラメゲノム地図の作成

日本において水産分野でMAS育種研究への取り組みが始まったのは，1990年代初頭である。このころ水産分野ではまだ，一つの遺伝子の単離が大変な時代であった。東京海洋大学で本研究を開始するにあたって，ヒトの遺伝病に対する遺伝情報解析の先端的研究者から，「水産分野でこの研究を行うのは，地図も持たずに果てしない大海に小船で漕ぎだし，宝物を探していくような覚悟が必要だ」と言われたそうである。

養殖魚類において，その個体が目的とする形質を保持しているか，いないかを識別するマーカーを開発するためには，その魚種の遺伝情報を効率よく解析できるゲノム地図が必要となる。対象魚種における遺伝情報のゲノム地図とは，魚種ごとに開発した遺伝マーカーを多数配置した地図であり，その地図によってゲノム上のどの部分を解析しているかを知ることができる。遺伝マーカーには，DNA塩基配列上の同種間の個体差を検出できるDNA断片（DNAマーカー）が用いられ，DNAマーカーから得られる個体差情報を位置情報の指標として，ゲノム地図が作成される。遺伝情報を詳細に解析するためには，DNAマーカーを多数開発し，ゲノム地図上に配置する必要がある。研究グループは，情報量の多いマイクロサテライト（MS）マーカーの開発を進め，そのMSマーカーを用いたヒラメにおけるゲノム地図を作成した（Coimbra et al., 2003）。

この研究グループが，MSマーカーを用いて最初に作成したニジマスのゲノム地図（Sakamoto et al., 2000）は，発表した2000年当時，養殖対象魚において最も詳細なゲノム地図であり，現在でも養殖魚類のゲノム地図に関する論文の中で，引用が最も多いものである。また同グループはこのニジマスゲノム地図を用いて，連鎖解析によりニジマスのウイルス病である伝染性膵臓壊死症（infectious pancreatic necrosis : IPN）の耐病性遺伝子座を特定に成功していた（Ozaki et al., 2001）。これは，養殖魚類において疾病に対する抵抗性に関与する遺伝子座の世界初の報告であった。神奈川県の研究者は，研究グループの出身であり，耐病性研究の取り組みやその成果を知っていたことで，ヒラメにおける共同研究を直ちに開始することができた（成功のポイント2）。ヒラメにおいてもMSマーカーの開発が進められ，それを用いたゲノム地図が作成され，ニジマスにおける耐病性遺伝子座の特定の実績から，リンホシスチス病の耐病性遺伝子座を解析する準備が整って行った。

3）リンホシスチス病耐性形質の解析家系の作出

その個体が目的とする形質を保持しているか，いないかを識別するマーカーを開発するためには，目的の形質を解析するための家系を作出する必要がある。この解析家系の作出には，一般的な遺伝学の考え方からすると，2世代を要する（雑種第2代目：F_2もしくは戻し交配家系：backcrossを用いる）。さらに耐病性系統と感受性系統のように，2集団間における形質の差ができるだけ大きいことが重要となる。また，連鎖解析やQTL解析といった分子遺伝学的な解析を行う際には，2集団のそれぞれが遺伝的に均一な集団（クローンや近交系）であることが有効となる。幸いにも，神奈川県には複数の雌性発生魚の系統が維持されており，さらにリンホシスチス病への抵抗性が異なり，しかも雌性発生魚であることからそれぞれが遺伝的に均一な2つの系統を交配に用いることができた（成功のポイント3）。

4）耐病性形質を識別可能な遺伝マーカーの開発

　ヒラメの全遺伝情報（DNA 配列の総塩基対数）は，約 6 億 5 千塩基対と推定されている。その中のどこかに，リンホシスチス病の抵抗性に関連する責任遺伝子が存在している。その責任遺伝子近傍の遺伝マーカーが，耐病性形質識別マーカーとなる。リンホシスチス病耐性形質の解析家系を用い，作成されたヒラメゲノム地図を使って，リンホシスチス病の抵抗性に関連する遺伝マーカーを連鎖解析により探索した。ここで重要になるのが，個体差を検出できるという遺伝マーカーの特徴である。すなわち，親から子へ伝達された個体差を多数の遺伝マーカーで検出し，それぞれの個体差の伝達のされ方と，リンホシスチス病への抵抗性の親から子への伝達のされ方を比較する（連鎖解析）。ほとんどの遺伝マーカーでは，遺伝マーカーが検出する個体差の伝達とリンホシスチス病への抵抗性の伝達の間には，関連性が見られない。その理由は，生物が，親から子へ遺伝情報を精子や卵として伝達する減数分裂時に，染色体の対合と乗換えにより遺伝情報のシャッフル（混ぜ合わせ）を行っているためである。一方，その遺伝マーカーの配置されているゲノム上の場所とリンホシスチス病への抵抗性に関与する責任遺伝子が存在する場所が非常に近かった（連鎖している）場合には，遺伝マーカーと遺伝子の間で乗換えがおきにくく，関連性（連鎖関係）が見られるようになる。

　様々な遺伝マーカーを使ってヒラメのゲノムを調べて行く中で，リンホシスチス病への抵抗性と関連性が見られる遺伝マーカー（*Poli9-8 TUF*）が見つかった（Fuji et al., 2006）。*Poli9-8 TUF* の近傍に，リンホシスチス病耐性形質に関連する遺伝子が存在する（耐病性遺伝子座）ことになる。この遺伝マーカーがリンホシスチス病耐性形質を識別可能な遺伝マーカーとなる。

　先程述べた染色体の対合と乗換えという現象を遺伝マーカーで検出したところ，ヒラメを含む魚類では，その頻度（遺伝的組み換え率）が

全体的に低いことが明らかとなった。そのため，通常は対象種毎に 300 ～ 500 個程度の DNA マーカーが無ければ遺伝形質の解析は難しいと考えられてきたのに対し，養殖魚類の耐病性形質の最初の報告例となったニジマスの伝染性すい臓壊死症（IPN）耐性形質識別マーカーは，121 個の遺伝マーカーによる解析で開発された。そして，ヒラメのリンホシスチス病耐性形質識別マーカーは，わずか 50 個の遺伝マーカーによる解析で開発することができた。つまり，魚類では，乗換えの頻度（遺伝的組み換え率）が全体的に低いことで，遺伝マーカーと形質との関連性が検出されやすいという幸運に恵まれた（成功のポイント 4）。

4）ヒラメのリンホシスチス病耐性形質の MAS 育種法の実践

　耐病性形質識別マーカーで，耐病性形質の有無を識別可能な個体は，同一解析家系内の個体である（ただし，クローン系統を用いた場合は，全個体が同じ遺伝的背景を持つため，耐病性形質識別マーカーはそのクローン内で有効である）。

　天然魚や他集団のヒラメにおいては，リンホシスチス病への抵抗性の有無を，その DNA マーカーで判別することは難しい。天然魚や他集団でも，解析家系を作った後に耐病性形質識別マーカーで解析すれば判別できる可能性はあるが，魚病検査の PCR 法のようにプラスマイナスで識別できるものではない。天然魚や他集団のヒラメにおいてもプラスマイナスで識別可能になるためには，リンホシスチス病耐性形質を司る責任遺伝子そのものもしくは，その遺伝子と遺伝マーカー間で組み換えが全く起こらないゲノム領域（ハプロタイプブロック）を単離する必要がある。

　ヒラメのリンホシスチス病耐性形質においては，メンデルの優性の法則が成り立つことが明らかになった。優性の法則が成り立つということは，リンホシスチス病耐性形質をホモ接合体で保持する個体と感受性個体を交配した雑種第

1代：F₁ の種苗では，すべての個体がリンホシスチス病耐性形質を保持することになる（成功のポイント5）。このため，その系統内において耐病性形質識別マーカーで解析し，リンホシスチス病耐性形質をホモ接合で保持する個体を選別すれば良いことになった。

そして，リンホシスチス病に対する耐病性形質識別マーカーで選択された個体を（株）日清マリンテック（現：（株）マリンテック）の保有する親魚と交配すること（MAS育種法）により，遺伝マーカーによる選択を複数の世代で実施すること無く，耐病性形質を保持する新規種苗を作出することができた。新規種苗は，通常種苗よりもリンホシスチス病のみに抵抗性を有することを説明し，リンホシスチス病の発症がある複数の養殖場において試験的な養殖が行われた。その結果，試験的な飼育が行われた養殖場でリンホシスチス病の発症は無く，養殖用種苗として販売されるようになった（Fuji et al., 2007）。なお，リンホシスチス病耐性に関連する同一の責任遺伝子が他の疾病に対しても抵抗性を有する可能性はあるが，本種苗はリンホシスチス病のみに抵抗性を有すると考えるべきである。世界初となるMAS育種法によって作出されたリンホシスチス病耐性系統は，日本で使用されるヒラメ種苗の1/3を占めるほどに利用されるに至った。

3．グッピーにおける品種改良の歴史

ニシキゴイやキンギョなどの観賞魚は魚類の中でもっとも古くから育種が行われていた種の一つである。ニシキゴイやキンギョは食用として飼育されていたコイやフナに出現した変異体を選択し様々な品種が作成されてきたと考えられる。しかし，これらの品種の作成の過程についての記録は残っておらず，それぞれの品種が必ずしも固定されているわけではないことから，実験動物として用いられることは少ない。一方，メダカやグッピーなどの小型の観賞魚は様々な

品種が作成されそれぞれの形質が安定していたことや大規模な飼育施設が不要なこと，世代時間が短いことなどから20世紀の初頭から魚類における実験動物として用いられるようになった。メダカでは Aida（1921）によりヒメダカの遺伝子である R 遺伝子が伴性遺伝することが示され，グッピーでは Schmidt（1919）により色彩に関係する多くの遺伝子が Y 染色体上に存在することが示されている。近年では1980年代中ごろからゼブラフィッシュが実験動物として盛んに用いられるようになっている。これら実験動物として用いられている魚種において，グッピーは最も多くの品種が作出され商業取引が行われている種の一つと言える。

グッピーは南米原産の小型の観賞魚で様々な品種が作成され，熱帯魚の中で最も人気のある種の一つである。これまでに様々な模様や色彩，鰭の形に対して選択が行われ様々な品種が作出されている。一方，雌雄における色彩や模様の違いから雌の雄選択などの性選択に係る行動の研究（Houde 1997）や模様の研究に用いられてきた（Winge and Ditlevsen 1948）。しかし，観賞魚として飼育され品種改良が行われてきた過程が研究論文や書籍として刊行されてきたわけではない。したがって様々な品種が作成された時期等は商業誌や観賞魚飼育のハンドブック等で紹介された時期を参考に紹介してゆくこととなる。

グッピーは1848年にスペインのド・フィリポ氏により南米のベネズエラで発見され，*Lebistes poeciliopsis* と命名された。また，ド・フィリポ氏とは独立して1850年にイギリスの植物学者レクメア・グッピー氏がトリニダード島で発見した小型の魚を大英博物館に紹介し，*Lebistes reticulates* と命名している。後にド・フィリポ氏が先に発見していた魚と同種であることがわかり，グッピー氏は第一発見者としての誉を得ることはできなかったが現在使用されている英名はレクメア・グッピー氏に由来する Guppy（グッピー）が用いられている。グッピーの学名はその後紆余曲折があったが現在では *Poecilia reticulata* が用い

第9章　水産養殖における選抜育種　167

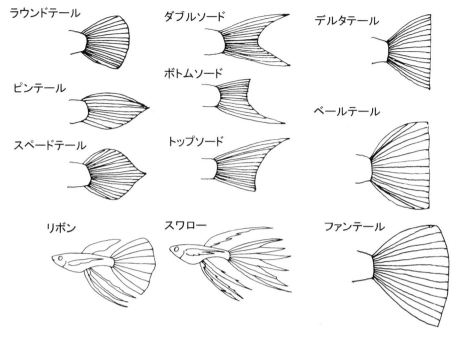

図9-8　グッピーにおける尾鰭の形の変異

られている。

　輸入業者により南アメリカからヨーロッパへグッピーが何度か輸出され，20世紀初頭の1910年ころにはすでに観賞魚としてヨーロッパでは定着し，様々なコンテストが行われていた。学術研究では色彩や模様の遺伝様式の研究が進められ，1919年にSchmidt (1919) により色彩の多くの遺伝子がY染色体上に存在し，雄親から雄仔魚に伝えられることを示した。Y染色体上に遺伝子が存在し雄親から雄仔魚へ形質が遺伝する例は限性遺伝の例として現在でも遺伝の教科書に出てくる。さらにWinge (1927, 1936, 1948) はグッピーを用い様々な模様の遺伝様式を明らかにした。これらの中には雄決定遺伝子と強く連鎖し，雄決定遺伝子そのものではないかというMaculatus (Ma) と呼ばれる雄の背鰭の黒斑と体側部の黒及び赤斑の特徴的な配列の存在を決定している遺伝子がある。

　観賞魚としてのグッピーはWingeが実験に用いた1920年代には既にいろいろな模様の系統が作出されていた。当初，ドイツ，イギリスを中心としたヨーロッパで盛んに飼育されていたが，第二次世界大戦前後に多くの研究者やブリーダーがアメリカに移住し，グッピーの品種改良の中心地はアメリカへと移って行った（和泉1996）。

　日本に導入されたのは1930年代であったが，一般の家庭で飼育されるようになるのは熱帯魚の飼育が一般的になる1960年代からである。代表的な品種としてモザイク，タキシード，コブラ，グラス，アルビノなどがある。野生型，アルビノ，フラミンゴレッド，キングコブラを口絵2-2，図2-3に示す。これらは体側部や尾鰭の模様に対して選択され作出された系統である。一方，尾鰭等，鰭の形に対して選択され作出された系統としてデルタテール，ファンテール，ベールテール，トップソード，ダブルテール，ボトムソードなどがある（図9-8）。それぞれの品種は体側部や鰭の模様と鰭の形を組み合わせ様々な名称がつけられている。これらの他に臀鰭や腹鰭が伸長するスワローやリボンと呼ばれる品種も存在する。基本的にこれらの品種

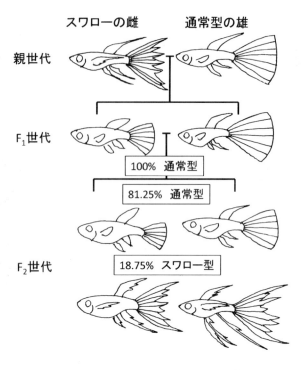

図9-9 グッピーにおけるスワローの遺伝様式

は雄の形態や色彩，模様に対してつけられている名称である。いずれの品種も雌は色彩や模様に乏しく地味である。

ここでは様々な形質，品種のうち遺伝的な解析が試みられている鰭の伸長と体色について紹介する。グッピーでは背鰭や臀鰭，尾鰭等全ての鰭を伸長させる遺伝子としてSchroder (1974)によって報告された *Kal* (*Kalymma*) 遺伝子がある。この遺伝子により鰭が伸長した個体はスワローと呼ばれている。*Kal* 遺伝子は野生型（*Kal*⁺）に対して優性で遺伝子型が *Kal / Kal*，*Kal / Kal*⁺で，もう一つの遺伝子 *Sup* が劣性のホモ接合体（*Sup*⁺/*Sup*⁺）である時のみ発現する。その遺伝様式を図9-9に示す。*Sup* 遺伝子が *Kal* 遺伝子の発現を抑制している抑制遺伝の例といえる。このほかに鰭を伸長させる遺伝子として *Rib* がある。*Rib* 遺伝子も野生型（*Rib*⁺）に対して優性で，遺伝子型が *Rib / Rib* と *Rib / Rib*⁺のときに発現する。この遺伝子で発現する鰭の伸長した品種はリボンと呼ばれている。スワローとリボンの表現型上の差異は鰭の軟条の分岐の形態による。スワローはリボンよりも軟条が余計に分岐するため尾鰭の先端がそろわない傾向にある。このようなすべての鰭を伸長させる *Kal* 遺伝子の他に背鰭と尾鰭だけを伸長させるエロンゲイテッド（*Fa*）遺伝子がある。*Fa* はホモ接合（*Fa / Fa*）のときに背鰭，臀鰭が伸長する。モザイクやグラス等の尾鰭がデルタテールになっている品種はこの遺伝子による。スワローやリボンの系統の雄は臀鰭が伸長することにより交尾ができなくなり子孫を残すことができない。そのため系統を維持するためにはヘテロ型の雄が必要となる。常にヘテロ型の雄とホモ型の雌を交配させ，得られた雄の半分はホモ型で鰭が伸長し，半分は野生型となる。この野生型の雄が交配用の雄となる。雌も同様に半分で鰭が伸長し，半分が野生型となる。ヘテロ型の雌と雄の交配から生まれた次世代はスワロー（リボン）のホモ，ヘテロ型，野生型に1：2：1に分離する。この時ヘテロ型と野生型のホ

モを外見から区別できなくなるため，スワロー（リボン）の雌とヘテロ型の雄との交配から得られたヘテロ型の雌（表現型は野生型）は系統から取り除かれることとなる。

アルビノは黒色素胞に蓄積されるメラニンを合成する酵素の失活によりメラニンが合成されず，体色が白色，あるいは黄色になる現象である。メラニンは以下の三つの段階を経て合成される。

1）メラノサイト（色素細胞）中で，チロシンがメラノソームタンパク質によってメラノソーム（メラニン小体）に取り込まれる。

2）チロシナーゼの作用により，チロシンが，ドーパ，次いでドーパキノンへと変換される。

3）ドーパキノンが，チロシナーゼ関連タンパク質の作用により，メラニンに変換される。

アルビノにはいくつかの系統があるが，これらのどの経路で変異が生じているかはそれぞれのアルビノ系統によって異なるようである。通常のアルビノは野生型に対して劣性であるがニジマスなどでは優性のアルビノも報告されている。アルビノ系統同士を交配させると F_1 が野生型の表現型を示すことがある。これはそれぞれの系統をアルビノとしている原因遺伝子が異なることを示している。通常のアルビノとされる系統はメラニンの合成経路のみの変異であることから黒色素胞のみの欠損で，体色はゴールデンと類似した黄色っぽくなり，尾鰭や体幹部には赤色の模様が発現することがある。ゴールデンとの違いは目の色でゴールデンが黒色であるのに対してアルビノは赤，あるいは濃赤色となる。また，黒色素胞に加え黄色素胞と赤色素胞を欠損すると体色は真っ白になり，眼も鮮やかな赤色となる。現在では体色の変異であるアルビノと鰭の変異であるスワローやリボンなどを組み合わせ，様々な系統の作出が愛好家らの手によってなされている。また，様々な新たな品種の作出も試みられている。

ここに紹介した品種の他にも多くの形質や形

質を組み合わせた品種が作出されている。ダイヤモンドはヘテロ型で発現する形質で，ダイヤモンド同士を交配させるとダイヤモンドの形質が発現するのは F_1 の半分である。また，一部の品種は形質が遺伝的に固定され形質が安定しているものもあるが，一部は形質が安定せず常に選択を繰り返す必要のある品種もある。今後，様々な形質を有する品種が開発されると考えられる。それらの遺伝様式の解明や形質の遺伝支配の解明は興味ある課題である。

参考文献

岩崎　登，1993，グッピー専科，ブリーディング・テクニック，（株）マリン企画，東京，pp.90.

佐藤昭広，2002，遺伝の話のその前に　基本的大前提とこれからの可能性，Guppy

Base-Book Vol.2，（株）ピーシーズ，東京，pp176.

Houde, A. E., 1997, Sex, Color, and Mate Choice in Guppies, Princeton University Press, Princeton, USA.

筒井良樹，1995，GUPPY（グッピー），Tropical Fish Collection 4，ピーシーズ，東京

和泉克雄，1996，熱帯メダカ族百科，東京書店，東京

ヴェ・エス・キルビチニコフ，1988，魚類遺伝育種学，山岸宏，高畠雅映，中村将・福渡

淑子共訳，恒星社厚生閣，東京

筒井良樹，1997，FA 遺伝子とエロンゲイテッド遺伝子，Guppy Base-Book Vol. 1:34-41，（株）ピーシーズ，東京.

筒井良樹，1997，スワローグッピーの遺伝，Guppy Base-Book Vol. 1:34-41，（株）ピーシーズ，東京.

福所邦彦（1986）：飼育技術の問題点．「マダイの資源培養技術」（田中克・松宮義晴編），水産学シリーズ 59，恒星社厚生閣，東京，pp.9-25.

原田輝雄・村田　修・宮下　盛・和泉健一・前田茂樹（1990）選択によるマダイの品種改良．平成 2 年度日本水産学会秋季大会講演要旨，p134.

村田　修（1998）海水養殖魚の品種改良に関する研究．近畿大学水産研究所報告第 6 号，101 p.

ペレス－エンリケス・リカルド・竹村昌樹・谷口順彦：マダイにおけるケミルミネッ センスを用いたマイクロサテライト DNA の検出：実践マニュアル．水産育種，26，73-79.

澤山英太郎・高木基裕（2012）マダイ人工種苗で見られた重度の脊椎骨形成の異常個体の遺伝的解析，日水誌，78：62-68.

田畑和男（1994）マダイの友が島水道周辺海域における漁獲群と放流用人工種苗のアイソザイムによる集団解析．水産増殖，42，85-91.

高木基裕・澤山英太郎（2012）養殖分野における DNA 親子鑑定の活用術．第 3 回マダイの形態異常排除．

アクアネット，2012.7，48-52.

隆島史夫 (1978) 人工種苗マダイの脊椎形成異常について．日水試，44，435-443.

谷口順彦・東　建作・楳田　晋 (1984) マダイ人工種苗の脊椎異常発生率にみられた親間差．日本水産学会誌，50，787-792.

谷口順彦 (1986) 種苗生産における遺伝学的諸問題．「マダイの資源培養技術」（田中　克・松宮義晴編），水産学シリーズ 59, 恒星社厚生閣，東京 pp.37-58.

谷口順彦・東健作・楳田晋 (1988) アイソザイム遺伝子で標識されたマダイ半きょうだい群の成長および生残率における親間差．日水誌，54，553-557.

谷口順彦・松本聖治・小松章博・山中弘雄 (1995) 同一条件で飼育された由来の異なるマダイ 5 系統の質的および量的形質に見られた差異．日水誌，61, 717-726.

谷口順彦・Perez-Enriquez, R.・松浦秀俊・山口光明 (1998) マイクロサテライト DNA マーカーによるマダイ放流用種苗における集団の有効な大きさ（Ne）と近交係数（F）の推定．水産育種，26：63-72.

第10章

交雑と育種

1. 雑種の生物学

　魚類の精子は，チョウザメ類などを除き，先体（acrosome）を欠き，卵門（micropyle）から卵内に侵入する。従って，異なる魚種の精子が運動でき，かつ卵門から侵入できれば，異種間受精が成立する。その後，両親種に由来する雌性前核と雄性前核が融合し，卵割が生じれば，雑種（hybrid）が出現する。魚類の異種間交雑については16世紀に既に報告がある。19世紀末の論文では，交雑由来の胚は胞胚期まで達するが，囊胚期に多数死亡することが観察されている。魚類雑種については既に16000件を超える報告があり，毎年200あまりの雑種に関する論文が出版されているという。魚類の雑種研究は，天然に生じる自然雑種と，実験的に作出した人工雑種に大別される。前者は，生殖的隔離と種分化，系統分類，種間の遺伝子浸透，野生集団の遺伝的撹乱等に着眼した進化生態学，生物保全学の観点から，後者は養殖利用を念頭においた遺伝育種学的な観点から行われてきた。異なる種（品種，系統）間の雑種が，両親よりも優れた形質を示す雑種強勢（ヘテロシス heterosis）の現象は古くから知られており，水産養殖に適した雑種作出が考えられてきた。養殖魚においても，選抜育種により固定された複数の品種が存在すれば，品種間交配による育種が可能となるが，一部の魚種以外では品種確立に至っていないことから，異種間交雑が当面の

養殖生産性向上の手段とされてきた。雑種を用いた育種研究の前提としては，両親種について，人為成熟や排卵，さらに人工受精，種苗生産の技術が確立していることが必要である。さらに，異種間交雑のためには両親種の成熟・産卵時期を同調させる必要があり，その実施には光周期など外部環境を人為的に調節する技術が必要である。また，春産卵の魚種と秋産卵の魚種の間で交雑を行うためには，両親種あるいはいずれかの種について，精子の凍結保存が必要となる場合がある。

1) 雑種の生存能力

　目間（ドジョウ科，コイ科魚類の卵とメダカ科，サケ科魚類精子の受精）の交配では発生自体が生じない。そして，異科間の交雑により胚は発生するが，生存性の仔稚魚は得られない。一般に異亜科間，異属間よりも同属異種間の交雑で，雑種の生存性と妊性は高い傾向が見られるが，交雑の方向（正逆交雑）により結果が異なる場合もあり，必ずしも類縁の遠近との対応は明確ではない。異種間で人工授精を行うと，魚種の組み合わせにより，雑種子孫が得られる場合と，胚発生の様々なステージに発生異常が生じ，生存性の雑種が得られない場合がある。魚類の胚発生において，同調的な細胞分裂（卵割）が起こる時期には接合子（胚）ゲノムからの遺伝子発現はなく，中期胞胚遷移（MBT：mid blastula transition）のステージから，接合

171

表10-1　サケ科魚類における種間交雑の組合せと生存・生殖能力

属	♀ ＼ ♂	ホッキョクイワナ	レイクトラウト	カワマス	イワナ,アメマス	ブラウントラウト	タイセイヨウサケ	ニジマス	カットスロートラウト	サクラマス	アマゴ	ギンザケ	マスノスケ	ヒメマス,ベニザケ	シロザケ	カラフトマス
Salvelinus 属	ホッキョクイワナ S. alpinus	2n=80	○	◎		①	○									
	レイクトラウト S. namaycush	○	2n=84	◎				×								
	カワマス S. fontinalis	◎	◎	2n=84	◎	⊠	×	☒		①	①	×			○	×
	イワナ, アメマス S. leucomaenis		◎	◎	2n=84	○		×		○	①	×				☒
Salmo 属	ブラウントラウト S. trutta	①	○	①	①	2n=80	◎	×		①	①	×		×	×	
	タイセイヨウサケ S. salar	○	×	×	×	◎	2n=54~58	×								
Oncorhynchus 属	ニジマス O. mykiss	×	○	⊠	×	☒	×	2n=60~64	×	○			⊠		×	×
	カットスロートラウト O. clarki						○		2n=64							
	サクラマス O. masou masou			×	○	×		×		2n=66	◎	○	◎	☒	×	○
	アマゴ O. m. ishikawae			○	◎	○		×		◎	2n=66				×	
	ギンザケ O. kisutch			×		×		×		×		2n=60	○		☒	○
	マスノスケ O. tshawytscha									○		○	2n=68		⊠	○
	ヒメマス, ベニザケ O. nerka			×	×	×		×		×	×	○	○	2n=57,58	◎	○
	シロザケ O. keta			⊠	×	×		×		×		◎	⊠	◎	2n=74	◎
	カラフトマス O. gorbuscha			⊠						○		○	○	○	◎	2n=52

◎ 生存性かつ妊性　　① 生存性、不妊　　○ 生存性、生殖能力不明

☒ 致死性であり三倍体化しても致死性のまま

⊠ 致死性であるが三倍体化により生存性回復

× 致死性、人為三倍体化の効果は不明

子（胚）ゲノムに由来する遺伝子発現が起こり，様々な分化が始まる。従って，発生の異常が明らかになるのはこの時期以降であり，特に嚢胚期，胚体頭部形成の時期，および循環系形成期に斃死率が高い。

　表10-1にサケ科雑種における両親種の組み合わせと生存能力との関係を示す。生存能力の定義は個々の研究により異なるが，ここでは「生存性」とは浮上期を超えて正常な子孫が生育した場合を示し，「致死性」とは胚が孵化以前にほぼ全滅し，浮上期に到達する個体が生じないか，著しく少数（低率）の場合をいう。例えば，ニジマス（染色体数2n = 60）雌×サクラマス（2n = 66）雄の交雑では雑種胚の多くが正常に発生し，孵化に至るが，逆のサクラマス雌×ニジマス雄の場合，胚は発生異常を示し，孵化以前に死亡する。生存性のニジマス雌×サクラマス雄の場合，染色体異常は認められず，染色体数と核型は両親の中間（2n = 63）となる。表10-2は雑種の生存能力と染色体構成の関係を示す。前述のニジマス雌×サクラマス雄に加え，生残性を示すイワナ雌×カワマス雄，サクラマス雌×マスノスケ雄，サクラマス雌×イワナ雄，サクラマス雌×カラフトマス雄

第10章　交雑と育種　**173**

表10-2　サケ科魚類雑種の染色体と生存・生殖能力

	雌（2n染色体数）	雄（2n染色体数）	雑種染色体数	備　　　考
生存性雑種	カワマス（84）	サクラマス（66）	2n = 75	不妊
	カワマス（84）	ギンザケ（60）	2n = 72	—
	イワナ（84）	カワマス（84）	2n = 84	妊性有
	イワナ（84）	サクラマス（66）	2n = 75	—
	ニジマス（60）	カワマス（84）	3n = 102	異質三倍体（自然発生）
	ニジマス（60）	サクラマス（66）	2n = 63	—
	サクラマス（66）	イワナ（84）	2n = 75	—
	サクラマス（66）	マスノスケ（68）	2n = 67	妊性有
	サクラマス（66）	カラフトマス（52）	2n = 59	—
	ヒメマス（58）	シロサケ（74）	2n = 66	妊性有
	シロサケ（74）	ヒメマス（58）	2n = 66	妊性有
	ギンザケ（60）	カワマス（84）	2n = 60	雌性発生二倍体（自然発生）
	マスノスケ（68）	サクラマス（66）	2n = 67	—
致死性雑種	カワマス（84）	シロサケ（74）	異数体（低二倍体）	三倍体化による生存回復無し
	イワナ（84）	シロサケ（74）	異数体（低二倍体）	三倍体化による生存回復無し
	イワナ（84）	ニジマス（60）	異数体（低二倍体）	三倍体化による生存回復無し
	サクラマス（66）	ヒメマス（58）	異数体（低二倍体）	—
	サクラマス（66）	ニジマス（60）	異数体（低二倍体）	三倍体化による生存回復無し
	アマゴ（66）	ニジマス（60）	異数体（低二倍体）	—
	シロサケ（74）	カワマス（84）	2n = 79	三倍体化による生存回復あり
	シロサケ（74）	イワナ（84）	2n = 79	三倍体化による生存回復あり
	カラフトマス（52）	イワナ（84）	2n = 68	三倍体化による生存回復あり

から生じる子孫は両親種の中間の染色体構成であった（表10-2）。これに対して，致死性のサクラマス雌×ニジマス雄では，染色体数が両親種の半数和である2n = 63よりも減少しており，低二倍性（hypodiploid）異数体（aneuploid）の状態であった。また，一部の細胞では染色体の断片化が観察された。さらに，GISH（genomic in situ hybridization）法，すなわち，染色体ペイント法（chromosome painting）を用いて（口絵10-1），両親種由来の染色体を区別したところ，これらの染色体異常はいずれも父親種ニジマス由来の染色体に特異的であった。致死性雑種胚では父方由来の染色体削減が生じ，これによる異数性に伴う遺伝子の欠失により死亡する。染色体削減による異数体化は，カワマス雌×シロサケ雄，イワナ雌×シロサケ雄，イワナ雌×ニ

ジマス雄等でも認められる（表10-2）。サケ科雑種で見られた父系染色体の削減あるいは行動異常による雑種の致死性は，古典的細胞学的観察をもとに，*Fundulus*, *Menidia*等の種間雑種においても報告されており，最近では，メダカ雑種（ニホンメダカ *Oryzias latipes* 雌×*O.hubbsi* 雄）でも父方由来の染色体が削減されることが観察されている。

表10-1を見ると，シロサケ雌×カワマス雄，シロサケ雌×イワナ雄は致死的であり孵化に至る胚は生じない。ところが，異数性を示すサクラマス雌×ニジマス雄雑種とは異なり，これらの雑種胚の染色体数と核型は両親種の半数和であった（表10-2）。コイ科の雑種では，致死性であっても染色体削減は生じない。例えば，ドジョウ（*Misgurnus anguillicaudatus*）雌×キン

ギョ（*Carassius auratus*）雄，ドジョウ雌×タモロコ（*Gnathopogon elongatus elongatus*）雄，ドジョウ雌×コイ（*Cyprinus carpio*）雄，シマドジョウ（*Cobitis biwae*）雌×コイ雄はいずれも発生が異常で致死的であり，摂餌を開始する個体は生じないが，いずれの雑種胚においても染色体数と核型は両親種の中間であった。これらの染色体構成に異常が見られないが致死性となる雑種では，遺伝子は存在していても発現調節に問題が起こり，そのため一種の生理的異数体となっている可能性がある。

　そこで，複数の酵素の分子多型（アイソザイム）の発現をサケ科魚類の雑種胚で調べてみた。すると，生存性雑種では受精から胚体形成の初期に至るまでは，常に母系種の成分のみが見られ，父系種由来遺伝子の産物を含む雑種成分は尾芽胚期前後に生じた。一方，細胞遺伝学的には異常が認められないが，致死的な雑種胚（シロサケ雌×イワナ雄等）について分析したところ，父系種由来遺伝子の産物を含む雑種成分は全く見られないか，著しく遅れて出現した。このことは，これらの致死的雑種胚では，一部の遺伝子については発現抑制が起こり，これが原因となって発生異常が生じると考えられた。同様のアイソザイムの発現パターンの異常はマスノスケ雌×ギンザケ雄雑種等についても報告されている。最近，サケ科致死雑種のプロテオミクス分析から，核酸代謝やクロマチン複製に関わるハウスキーピング遺伝子の産物の発現低下が見られ，これら遺伝子が雑種の生存度に関与することが示唆された。

　サケ科の致死雑種のうち，染色体異常が生じないものは，異種精子の受精後の第二極体放出阻止により，三倍体化処理を行うと，生存能力を回復する（表 10-1）。例えば，シロサケ（$2n = 74$）雌×イワナ（$2n = 84$）雄の場合，二倍性の雑種（$2n = 79$）は孵化以前に全滅するが，三倍体の雑種（$3n = 116$）では劇的に生存性が回復し，90％以上が孵化し，順調に生育する。同様の事例はカラフトマス雌×イワナ雄等にもみられるが（表 10-1，10-2），この機構の詳細は現在も不明である。（第 6 章参照）

2）雑種の生殖能力

　生存性の雑種では，両親種に由来する雌雄両前核の融合と卵割期の有糸分裂過程が正常に進行し，成体へと成長する。このような生存性雑種の生殖能力は，次世代を作出するうえでも，不妊の雑種として利用するうえでも，基本となる重要な形質である。従って，雑種の生殖能力については多数の研究がある。サケ科における雑種の生殖能力を表 10-1 に示す。一般に同じ属内の種間交雑から生じる子孫は生殖能力を示すものが多く，属間交雑に由来する子孫は生存性であっても不妊となる。表 10-2 に示すように，両親種の間で染色体数に差が無いイワナ雌×カワマス雄雑種が妊性をもつのに対して，染色体数の異なる属間雑種カワマス雌×サクラマス雄は不妊であった。しかし，両親種の染色体数が異なっていても妊性を示し，次世代子孫が得られる場合もある（表 10-2）。

　雑種が妊性を持つ場合，育種の観点からは新品種の合成や有用形質の導入が可能であることを示すが，一方，自然界での繁殖が可能であることも意味する。カワマス（$2n = 84$）とレイクトラウト（$2n = 84$）の種間雑種 splake は雌雄ともに妊性をもつ。この雑種はヤツメウナギの食害への抵抗性が純粋種より高いとされ，過去には五大湖に放流されたことがあった。同様の妊性をもつサケ科雑種としては，シロサケ×カラフトマス，シロサケ×ヒメマス正逆雑種があり，前者は旧ソ連で海面へ，後者は支笏湖への放流が行われた。幸いこれらの雑種による純粋種の遺伝的攪乱は生じなかったが，遺伝資源保全の観点から，現在はこの様な事業は行われていない。我が国でも，外来種のカワマスを導入したため，長野県上高地等で在来のイワナと雑種が生じ，この雑種が遺伝的攪乱を起こし，イワナの繁殖に影響を与えている例があった。このように，妊性をもつ雑種の場合は，自然集団に悪影響を及ぼす事態が考えられるので，十分な注意が必要である。

雑種の不妊性については，卵形成および精子形成異常の観点から，メダカ類の種間雑種ニホンメダカ×ハイナンメダカ（*O.curvinotus*）を用いて良く調べられている。メダカ雑種の不妊性は，基本的に異なる種から伝達された非相同あるいは部分的に相同の染色体間の対合不全にある。雑種雌の産む卵のうち少数は，卵原細胞期の核内分裂に起因する非還元二倍体卵である（後述 3)）。多数の卵母細胞では染色体の複製により DNA 量は二倍となるものの，対合不全から接合糸（ザイゴテン）期で減数分裂は停止し，卵黄蓄積を含むそれ以降の卵形成は進行しない。一方，雑種雄でも，減数分裂過程における染色体の対合は，両異種に由来する染色体間の相同性が低く，正常に進行しない。複製により 4C の DNA 量をもつものの，減数分裂第一分裂における染色体の配列は精母細胞毎に異なる。一部の染色体はきちんと対合して赤道面に配置するが，残りは紡錘体極にとどまったままになる。この時期の染色体を調べると，染色体数は純粋種の 24（二価染色体数 24II，体細胞 2n = 48）に対して 16 〜 48 を示し，二価染色体と一価染色体の両者の形成を示唆した。また，雑種の精子は正常なメダカの精子に比較して，頭部サイズが異常に大きく，鞭毛も短く異常であった。精母細胞の培養実験から，1 個の精母細胞から複製した 4C の DNA 量をもつ細胞が作られ，これら細胞では減数分裂における複製は生じるが正常な分裂は起こらず，結局，1 本の鞭毛をもつ精子様細胞に変態する。相同染色体の結合に関わるシナプトネマ構造の構成タンパク質（染色体と直接結合する側方要素の SCP3，2本の側方要素を繋ぐ中心要素の SCP1）に対する抗体を用いた検討では，中心要素が不完全なシナプトネマ構造が形成されるために相同染色体の対合を保つことができず配偶子形成不全が生じると推察されている。

メダカ類以外の魚種においても，雑種の生殖能力に関する生殖生理学的な研究がある。コイとゲンゴロウブナ（*Carassius auratus cuvieri*）の属間雑種では，相同染色体の対合不全により細糸（レプトテン）期から厚糸（パキテン）期の間に生じる核の異常凝縮に起因する生殖細胞の死滅が観察されている。従って，精原細胞の分裂は正常に進行するが，メダカ雑種のような精母細胞，精子様細胞は見られない。また，コイ×フナ雑種の場合，4C の DNA 量は観察されなかったことから，正常な複製は起きていないと判断される。以上の事例は，生殖腺は形成されるが正常な配偶子ができない場合であるが，さらに遠縁の亜科間雑種においては，キンギョ雌×カマツカ（*Pseudogobio esocinus*）雄雑種のように，精巣も卵巣も形成されない中性（neuter）となるものも見られた。プロテオミクス分析から，サケ科の不妊雑種（カワマス雌×サクラマス雄）では両親種に比較して 60％以上のタンパク質，特に，DEAD box ファミリーに属する ATP 依存性 RNA ヘリカーゼである Vasa のような，生殖細胞に特異的なタンパク質，およびチューブリンや，熱ショックタンパク質等の発現が低下していることが見出され，このことが生殖細胞欠損による精子形成不全と不妊化に関連すると推察された。

タナゴ類 *Tanakia*，*Rhodeus*，および *Acheilognathus* の 3 属の異種間交雑では，性と生殖について興味深い結果が得られている。*Tanakia himantegus* は他種と交配した場合，致死的であったが，他の同属 4 種間の交雑からは生存性の雑種が生じ，しかも，これらは雌雄とも成熟し，性比も雌：雄 = 1：1 であった。*Rhodeus* 属内 3 種，*Acheilognathus* 属内 3 種，およびこれら 3 属の異種間交配をみると，いずれの雑種も生存性であったが，性比は雄に大きく偏った。これらの雄は不妊であったが，ごく少数の妊性をもつ雌と不妊の間性（intersex）も生じた。不妊雄の精巣では精子形成が減数分裂第二分裂で停止しており，ごく少量産生された精子は複数の頭部や鞭毛を有し，形態的に異常であった。これに対して卵巣における卵形成は正常な組織像を見せた。タナゴ類の性決定は雌ヘテロ型（ZW 雌，ZZ 雄）と推定され，交雑に用いた種間でこれら性染色体に大きな相違がなければ，正常の性

比（雌：雄＝1:1）となる。性染色体の遺伝的組成が大きく異なる種間の交雑の結果，ZZ は雄となるが，ZW は不妊雄へと性転換する。ZW には他に妊性を示す雌と間性（intersex）を示す雌が希に生じる。

テラピア類 Oreochromis 属魚種の雑種も，雄への大きな性比偏りを示す。例えば，O. niloticus 雌 × O. hornorum 雄雑種では 98-100% 雄が生じ，同様の例は他の組み合わせでも見られる。雑種の全雄性は，テラピアの生産性向上にむけた単性養殖のため好適であるが，テラピア雑種では交配に超雄（YY）の異種を用いても，雑種は 100% 雄とならないこともあり，この様な「ゆらぎ」は常染色体上の性に関与する因子の作用によると考えられている。

3）雑種における特殊な生殖・発生様式

異種精子による卵の受精の結果，必ずしも両親由来のゲノムを含む雑種とならない場合もある。交雑より生じた子孫が母親種と同一で，父親種の遺伝的影響が認められず雌性発生子孫と考えられる事例が，サケ科魚類ではギンザケ雌 × カワマス雄で見られ（表10-2），異体類（Pleuronectes platessa × Platichtys flesus）雑種でも報告された。一方，コイ雌 × ソウギョ（Ctenopharyngodon idella）雄の交雑から少数生じた子孫の中には，雑種のほか雌性発生，雄性発生により生じたと考えられる個体があった。また，ソウギョ雌とコクレン（Aristichthys nobilis）雄の交雑からは三倍体雑種（異質三倍体）が生じる。三倍体雑種（異質三倍体）はニジマス雌 × カワマス雄においても確認できる（表10-2）。これらの事実は，雑種の研究にはまず，そのゲノム構成の確認，すなわち，雑種であるか否かの確認が必要なことを示している。もし，遺伝的に雑種ではない場合は，精子の刺激により単為発生（parthenogenesis）が生じた可能性を，また，両親の一方に表現型あるいは遺伝子型が偏る場合は三倍体化を疑う必要がある。したがって，雑種については，フローサイトメトリーにより DNA 量分析等から倍数性を確認す

るとともに，染色体分析，マイクロサテライト DNA マーカー型分析，各種の DNA フィンガープリント法等を用いて，細胞遺伝学的，分子遺伝学的に両親種の遺伝的関与による雑種性を確認しなければならない。

人為催熟し，人工受精により作出した種苗に，倍数体が見られる場合が多い。これには，人為的に排卵させた卵の老化（過熟）が関与することが，最近，ニホンウナギ（Anguilla japonica）を用いた研究から明らかにされ，減数分裂の第二分裂（第二極体放出）の自然阻害により三倍体が出現する。人工受精に由来する純粋種および雑種チョウザメ類においても三倍体，四倍体が出現することが明らかにされている。しかし，チョウザメ類においては，減数分裂の障害に加えて，複数卵門をもつことから，多精（polyspermy）の関与も推定される。現在のところ，異種間の受精に伴って自然に起きる雌性発生，雄性発生に関しては，どのような機構が精子侵入後の細胞学的な過程に関与しているか，全く不明である。

雑種の両親種の染色体の親和性が低いと対合の不全から配偶子形成阻害が生じ不妊となるが，互いに対合できないほど染色体の相同性が低いと，非還元的に配偶子形成が生じることがある。現在までに，二倍体雑種雌において非還元的な二倍体の卵形成が起こる例として，ブラウントラウト × タイセイヨウサケ（正逆交雑），ニホンメダカ（O. latipes）雌 × ハイナンメダカ雄のほか，Poeciliopsis, Fundulus, Menidia, Carassius, Phoxinus, Squalis, Cobitis, Misgurnus 属の種間の自然あるいは人工雑種において知られている。また，種内であっても遺伝的に異なる集団間雑種で類似の報告がある。

非還元卵形成機構には「減数分裂前核内分裂（premeiotic endomitosis）」と「無配偶生殖（apomixis）」の二通りが知られている。メダカ雑種，雑種起源と考えられるドジョウ二倍体クローン，および Poeciliopsis 三倍体の非還元卵形成には，前者の機構が関与する。これは，減数分裂以前の卵原細胞期にゲノム倍加が起こり，

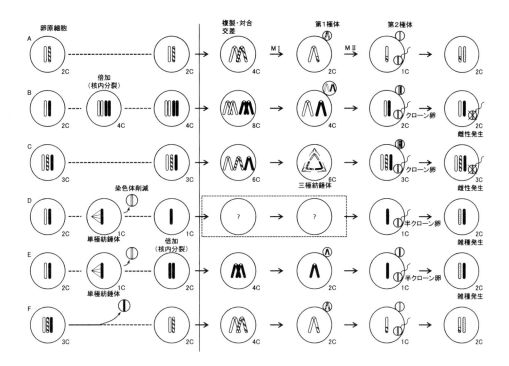

図 10-1 減数分裂過程（A）と特殊な卵形成過程（B－F），B：減数分裂前核内分裂によるクローン 2n 卵形成と雌性発生，C：無配偶生殖によるクローン 3n 卵形成と雌性発生，D：半クローン 1n 卵形成と雑種発生（詳細不明），E：減数分裂前核内分裂による半クローン 1n 卵形成と雑種発生，F：減数分裂雑種発生による 1n 卵形成

その後，複製と対合を経て通常の減数分裂（図10-1A）と同様の二回の分裂過程により非還元的に卵を作るものである（図10-1B）。形成される卵は減数分裂開始前に倍加現象が存在するため，二倍体からは二倍性の卵，三倍体からは三倍性の卵が生じる。減数分裂の第一分裂では，同一の染色体に起源する2本の姉妹染色体が，あたかも相同染色体のように複製・対合し，交差による乗り換えが起こる。しかし，交差があっても同一の内容の染色体部分間の交換であるので変異は生じず，最終的に産生される非還元卵は親の体細胞と遺伝的に同一のクローン卵である。ドジョウではこのようなクローン非還元二倍体卵は雌性発生（gynogenesis）することが知られているが，一部の非還元卵は普通の受精と同様に精子核を受け入れ三倍体として発生することもある。雄の場合も，同じ仕組み（減数分裂前核内分裂）により，遺伝的に同一な非

還元二倍体精子の形成が性転換クローンドジョウ，イベリアミノー Squalis において報告されている。

「無配偶生殖（apomixis）」による非還元卵の形成では，減数分裂の第一分裂をスキップして，体細胞分裂と同じ細胞分裂機構により非還元卵形成を行う（図10-1C）。雌性発生により繁殖するアマゾンモリー（Poecilia formosa），ギンブナ（Carassius auratus langsdorfii）三倍体は無配偶生殖により非還元卵を形成していると考えられており，特にギンブナでは減数分裂像に三極紡錘体（tripolar spindle）が見られることから，この様な分裂装置の異常が第一分裂を省略させて無配偶生殖を引き起こしていると考えられる。アマゾンモリーもギンブナも学名が付されているが，現在までの遺伝学的研究により，これらは雑種起源と考えられている。

上記2例では，卵が母親の体細胞と同一の

遺伝子型を有する。ところが，一方の親に由来するゲノムのみが卵に伝達される雑種発生（hybridogenesis）という生殖様式が *Poeciliopsis monacha-lucida* 二倍体において見られる。このシステムでは，雑種の生殖細胞において，父親 *P. lucida* に由来するゲノムが減数分裂に参加せず削減され，残りの母親種 *P.monacha* 由来の1セットのゲノムのみが対合や交差を経験せずに卵に伝達される。この様な卵と野生型 *P. lucida* 雄の精子との交配から生じる子孫は，再び雑種 *P. monacha-lucida* のゲノム構成をもつことから，永続的に雑種となる。そして，これら雑種の父系ゲノムは毎世代入れ替わるが，母系ゲノムのみは遺伝的な変異がないことから，半クローン（hemi-clone）と呼ばれる。（図10-1D）半クローン生殖では父系ゲノム削減の後，母系ゲノムが倍加（核内分裂）し，その後，普通の減数分裂と同様の過程により二回の分裂を行い，半クローン卵を作る経路（核内分裂雑種発生）も想定されている（図10-1E）。

二倍体クローン由来の三倍体が半数体の卵を通常の減数分裂により形成することがある。雑種の形成する非還元二倍体卵が，野生型の精子をとりこむと三倍体となる。この様な三倍体のうち2セットの染色体は同じ種に由来するので相同染色体は対合が可能である。三倍体が非相同の1セットの染色体を削減し，同種由来の相同な染色体のみで減数分裂を行うと半数性の卵が生じる。この様な卵は減数分裂過程で対合，交差の影響を受けることから遺伝的変異性を示す。このような，三倍体から半数体卵（配偶子）が生じる生殖システムを「減数分裂雑種発生（meiotic hybridogenesis）」という（図10-1F）。クロードジョウの非還元卵の精子取り込みにより出現するクローン起源三倍体はこの様式により半数体の卵を形成する。ドジョウ雌×カラドジョウ（*M.mizolepis*）雄の三倍体雑種（異質三倍体）においても，雄は精子形成過程で父系カラドジョウ由来ゲノムを排除し，母系ドジョウ由来ゲノムのみをもつ精子を産生する。北米にすむ *Phoxinus eos-neogaeus* 三倍体，欧州および韓国の *Cobitis* 属シマドジョウ類三倍体も減数分裂雑種発生により配偶子形成を行っている。

以上の例は，自然あるいは人工の交雑により生じる雑種においては，対合不能な非相同の染色体（ゲノム）をもつことにより，生殖細胞の形成過程に変化が生じ，非還元卵（あるいは精子）の形成がおこることを示す。この様な非還元卵が精子をとりこめば，ゲノムの重複，すなわち，倍数化が起こる。一方，非相同のゲノムをもつことが，ゲノム（染色体）削減をもたらし，雑種発生あるいは減数分裂雑種発生を誘起することもある。そして，非還元卵が精子の前核化を阻害する機能を獲得すれば，この様な卵は雌性発生により発生を行うことになる。この様に，交雑－倍数体－特殊な発生様式の間には密接な関係がある。

交雑にともなう倍数体や雌性発生，雑種発生の開始，さらに，妊性をもつ雑種における非還元配偶子形成は，遺伝資源の給源として興味深い。現在，染色体操作により人為的に作出された同質三倍体，異質三倍体が養殖に利用されているが，四倍体作出が人為的に困難なことから，四倍体の産する二倍性配偶子を用いた育種への展開はできていない。しかし，交雑により，目下のところ理由と機構は不明であるが，倍数性の異なる非還元配偶子やクローン配偶子が得られる。交雑から生じる倍数体や自然のクローン系統が，有用な形質をもつのであれば，その配偶子を実際の養殖魚の育種へ利用可能と考えられる。この問題は2節以降の各論で検討したい。

4）交雑育種の理論と実際

特に着目する遺伝子型の異なった2系統間の交配を交雑といい，育種学的には遺伝的変異の大きな基本集団をつくりだすこととなる。遺伝子型の異なる2個体間で交雑を行った時，F_2 以降の分離世代において，減数分裂時における交差により新規の遺伝子型が生じる。例えば，2対の対立する形質をもつ *AABB* と *aabb* の F_2 には4種類のホモ接合型 *AABB*，*aabb*，*AAbb*，*aaBB* が生じ，うち後者二つは両親の形質が組み換え

られた新しい遺伝子型である。このように，交雑により新しい遺伝子型をもつ子孫が生じる。

優良な形質（高成長，抗病性など）を支配する遺伝子を，この形質をもたない種（品種）に導入するには，累進交配が有効である。すなわち，ある特性を示す個体を導入したいA系統と交雑してF$_1$を作る。これをA系統と1回交配したという意味でN$_1$とする。N$_1$はA系統から1/2の遺伝子を受けている。N$_1$をAに戻し交配してN$_2$をつくる。N$_2$では3/4だけA系統の遺伝子を受けている。N$_2$で目標の形質をもつ個体を選び，A系統に戻し交配してN$_3$をつくると，これは7/8だけA系統の遺伝子をもつ。この様に戻し交配を繰り返すと，戻し交配の回数をnとした時，$1-(1/2)^n$の確率でA系統の遺伝子に置き換わる。数世代を経ることによりA系統の中にヘテロ接合の形で特性を示す遺伝子が導入されたことになるので，ヘテロ接合体の交配からホモ接合体を育成する。累進交配を8世代繰り返すと，ほとんど既存系統の遺伝子に置き換わる。しかし，交差率を考えると8世代では不十分なことも多い。また，累進交配の場合，目標形質をもつ遺伝子をもつ個体をどのように選ぶかという問題が生じる。

2. サケ科魚類

サケ科魚類の飼育の歴史は17世紀からであるが，漁業，養殖，遊漁の対象であったことから，人間の関心も深く，膨大な研究蓄積がある。現在，選抜育種により商品化されたタイセイヨウサケ等がノルウエー，チリ等の重要養殖産物となっている。異種間の交雑は欧米をはじめ日本においても多くの種間で実施されてきた。しかし，雑種後代の作出が困難なことから，不妊性と雑種強勢効果に期待した一代雑種の利用という方向で研究が進められてきた。そして，現在では染色体操作法と併用することにより，異質三倍体としての利用が行われている（第6章）。異質四倍体（複二倍体）が形成できれば，妊性回復が期待され，天然には存在しないゲノム構成の品種を両性生殖により安定的に生産できることが期待されるが，後述のコイ科魚類とは異なり，サケ科魚類ではその段階には到達していない。

1）雑種とヘテロシス

日本では，1970年代に日本産，海外産のサケ科魚類を用いて62の組み合わせで異種間交雑が行われ，一定の水温，流水量，溶存酸素量，給餌率，飼育密度等の条件下で，F$_1$が生後3年9カ月の長期にわたり飼育され，生存，成熟，成長等の形質比較が実施された。その結果，九つの組み合わせの雑種が胚期・孵化期を過ぎた稚魚期以降の生存率とセッソウ病に対する抗病性について雑種強勢を示し，成長度についても両親種と同様もしくは両親種より良好であった（表10-3）。これらの雑種は雌雄ともに不妊であり，生殖腺の形成が認められないものもあった。わずか少数の個体が成熟することもあったが，生殖腺の発達は悪く，産卵数や精液量が著しく少なく，受精した場合でも発眼期を超えて生存できなかった。この様な不妊性が，既述の三倍体（第6章）と同様に生存度と成長度の改善につながり，雑種強勢を示した可能性がある。これらの不妊雑種では，可食部の重量比が両親種よりも顕著に大きく，体色は銀色で，肉色も強いピンクであった。なかでも，ブラウントラウト雌×サクラマス雄では10年を超えて生存し，体重も7キロを超えるものが出現した。しかしながら，一代雑種を養殖産業に用いている例は現在見られない。

2）異質三倍体品種

サケ科魚類においては，異種間交雑のみで三倍体が出現することがあるが（ニジマス雌×カワマス雄，表10-2参照），異種間の人工受精のあと，第二極体放出を阻止すること，および，異種の人為同質四倍体との交雑により異質三倍体を作出している。ブラウントラウト×タイセイヨウサケ（正逆）は非還元二倍体卵を産生することから，カワマスの精子を受精することに

表 10-3　サケ科魚類雑種に見られた特性と雑種強勢

雌	雄	生　　存	成　　長	生　殖
カワマス	イワナ	両親種より高い	父系種より早い	妊性有
カワマス	サクラマス	両親種より高い（稚魚期以降），孵化率がやや低い	父系種と同等	不妊
カワマス	ヒメマス	同上	両親種の中間	不妊
ブラウントラウト	イワナ	同上	父系種より早い	不妊
ブラウントラウト	カワマス	両親種より高い	母系種に同じ	不妊
ブラウントラウト	サクラマス	両親種より高い（稚魚期以降），孵化率がやや低い	父系種より早い	不妊
ブラウントラウト	アマゴ	母系種同様（1年魚），両親種より高い（2年魚）	両親種より早い（2年魚以降）	不妊
アマゴ＊	イワナ	両親種より高い（稚魚期以降），孵化率がやや低い	両親種とほぼ同じ	不妊
サクラマス	アマゴ＊	両親種より高い	両親種より早い	妊性有

＊原表ではビワマス

より，異なるゲノムを3セット持つ異質三倍体が作られている。

　異種間交雑の場合は致死性を示す交雑組み合わせにおいても，染色体操作により，母方ゲノムを2組，父方ゲノムを1組としてやると，生存度が回復する（例：ニジマス雌×ブラウントラウト雄，カラフトマス雌×アメマス雄等）。異質三倍体ではウイルス感染症に対する抗病性が向上し，筋肉成分の変化により食味，食感が改善する。そして，雌で不妊，雄で異数体精子を少量産生し，成熟にともなう成長低下や外観の劣化が無いことから，地域ブランド水産物として利用されている（第6章）。

3. コイ科魚類

　コイ科魚類は多くの淡水養殖対象種を含み，育種の研究も古くからなされている。ここでは，特に，選抜されてきた各種のコイ品種を用いて，伝統的な交雑育種の手法により養殖品種を樹立しようとした事例を紹介する。次に，雑種が非還元配偶子を産出することを利用して，異質四倍体（複二倍体）品種を作出した，他の産業動物では見られないユニークな育種法を解説す

る。この方法は自然の倍数体を巧みに利用した例であり，植物の倍数体育種で利用されてきた方法と類似する。また，天然のクローン系統から，有用形質を示す新規クローン系統を開発し，養殖産業に応用がされている事例を述べる。

1）コイ品種の交雑育種

　コイは，最も古い養殖魚種と考えられ，中央アジアに原産し，中国では2400年前より飼育されていたといわれる。従って，長い飼育の歴史の中で，意識的あるいは無意識の選択により育種が進み，欧州では普通に体表全面に鱗をもつウロコゴイ（scaled carp），背鰭基部と尾柄の一部のみに大型の鱗をもつカガミゴイ（mirror carp），側線と背鰭の両側に1列の鱗をもつラインゴイ（line carp），鱗を殆どもたないカワゴイ（leather carp）が得られている。日本では飼料効率の改善による給餌養殖用品種の樹立を目指して，日本産の品種ヤマトゴイ，アサギゴイ，野生ゴイとドイツ産ウロコゴイ，カガミゴイを様々な環境のもとで比較飼育試験し，カガミゴイが最も優れていることを確認している。この様にコイでは品種が複数存在していることから，異なる品種間で交雑が行われ，雑種強勢が観

表 10-4　コイの品種間交雑と雑種強勢

品種／雑種	生残率（%）	増重量（g）	平均飼料効率（%）
カガミゴイ	72.5	603.5	82.1
ドイツウロコゴイ	76.3	495.7	78.4
ヤマトゴイ	80.0	481.7	79.8
ビックベリー	90.8	405.8	74.3
野生コイ	42.2	82.4	50.5
ヤマトゴイ雌×カガミゴイ雄	84.4	855.2	85.8
ヤマトゴイ雌×ドイツウロコゴイ雄	77.7	737.9	84.3
ヤマトゴイ雌×ビックベリー雄	90.6	650.2	83.4
ヤマトゴイ雌×野生コイ雄	73.3	590.0	78.7

（10 ヶ月令魚、約 25℃飼育）

察されている。例えば，ポーランド産カガミゴイとアムール産の野生ゴイの雑種 F_1（ropsha ロプシャゴイ）は，高成長で抗病性も高い。このロブシャゴイとウクライナ産の品種との雑種では，さらにこれら形質の改善が進み，中国産品種ビッグベリー（big-belly）と欧州産品種の交雑も良い結果を与えた。日本での品種間交雑では，ヤマトゴイ雌×カガミゴイ雄（F_1：ヤマトカガミ），ヤマトゴイ雌×ドイツ産ウロコゴイ雄（F_1：ヤマトドイツウロコ），ヤマトゴイ雌×ビッグベリー雄において，飼料効率と増重率が改善された（表 10-4）。しかし，前二者は鱗に関する変異遺伝子をもつため，次の F_2 世代には鱗の不規則なカガミゴイが分離し，コイは鱗のあるものとの感覚をもつ日本人の嗜好に合わず，また，寄生虫に対する抗病性が低下する。そこで，F_1 のみを食用として利用することが推奨された。

2）フナ×コイ雑種由来の異質倍数体品種

　異種間雑種が非還元配偶子をつくることを利用して育種をすすめ，異質四倍体（複二倍体）の新品種形成に至った例がある。中国ではフナ（*Carassius auratus* red.var.）雌×コイ雄の交雑を行ったところ，F_1 で妊性をもつ雄が 4.7%，雌が 44.3%生じた。そこで，F_1 世代の交配から，二倍体雑種の F_2 がつくられた。F_2 雄の精子は濃度が薄いが，半数体精子（40%），二倍体

精子（49%），その他四倍体以上の精子（11%）により構成されていた。F_2 雌では半数体，二倍体，三倍体の 3 種類の異なるサイズの卵が産出されることから，F_3 作出が試みられたが，この交配からは生存度の高い子孫はわずかしか生じなかった。染色体観察より，これら子孫は異質四倍体であることが確認された。これらは両性生殖により繁殖することから，安定して F_{16} まで継代を続けている。これらの系統は現在，実際の養殖に利用されている。本品種は異質四倍体であるが，染色体操作により作出されたものではなく，雑種に生じた非還元配偶子を利用して，新品種を樹立したものである。

　フナ×コイ異質四倍体系統は通常の減数分裂と配偶子形成過程を経て，二倍性配偶子を産するので，これらと染色体操作を用いて，様々な品種が作られている。例えば，異質四倍体を人為雌性発生させることにより全雌二倍体集団が形成され，また，雄性発生により妊性のある雌雄子孫が得られている。また，$F_3 - F_{16}$ の異質四倍体雄の精子を日本産ゲンゴロウブナに交配することで，ゲノムを 3 セット持つ異質三倍体を作出した。すなわち，この異質三倍体はフナ（*C. auratus* red.var.），コイ，ゲンゴロウブナ由来のゲノムを各 1 セット持つ。

　同様のフナ×コイ間交雑は旧ソ連の研究者によってもなされており，類似の結果が得られて

いる。彼らはF₁世代で雌雄を得ているが、妊性をもつ雄はいなかった。しかし、雌から得た卵は非還元性の二倍体卵であった。そこで、次世代以降は、人為的に雌性発生を誘起することにより二倍体雑種を維持した。また、交雑に用いた両親種との戻し交配により異質三倍体を誘起した。これらの中で、コイの精子によって誘起したフナゲノム1セット＋コイゲノム2セットをもつ異質三倍体は雌雄とも不妊であった。一方、フナの精子によって作出されたフナゲノム2セット＋コイゲノム1セットをもつ異質三倍体の雄は不妊であったが、雌は妊性をもち、しかも、三倍体が三倍性非還元卵を産生した。そこで、人為雌性発生の手法により、異質三倍体を継代した。異質四倍体はF₃世代の二倍体雑種を性ステロイドにより性転換し、この性転換雄の持つ非還元二倍体精子と二倍体非還元卵との受精から作出された。この様に作出された異質四倍体は全雌となったが、通常の減数分裂により二倍体卵を形成した。さらに、フナのゲノム2セットとコイのゲノム1セットをもつ異質三倍体の産む非還元三倍体卵にコイ由来の精子を受精し、異質四倍体がつくられた。以上のように、種間雑種は二倍体配偶子の給源となっており、これらの利用により多様な倍数性変異を誘導可能である。

3) フナ×ダントウボウ雑種由来異質倍数体品種

フナ雌（2n = 100）×ダントウボウ（*Megalobrama amblycephala*）雄（2n = 48）の交雑を実施したところ、F₁世代のなかには二倍体雑種は見られず、異質三倍体（3n = 124）が23%、異質四倍体（4n = 148）が77%生じた。ダントウボウ雌×フナ雄からは生存性の子孫は得られなかった。異質四倍体は形態、染色体、多核赤血球頻度、*Sox*遺伝子の特異的なPCR断片の増幅により区別可能であった。異質三倍体は不妊であったが、異質四倍体雌は妊性をもち、産生した卵の95%が大型（2.0mm）の非還元四倍体卵であり、5%が小型（1.7mm）の二倍体卵

であった。一方、異質四倍体雄は非常に薄い精液を産した。従って、異質四倍体同士の交配からは、わずか8個体の子孫しか得られなかった（8n = 296と推定されるが未確認）。しかし、非還元四倍体卵（4n = 148）にダントウボウ（2n = 48）の精子を受精することにより、異質五倍体（5n = 172）を作出できた。

4) 自然クローンフナ新品種（核-細胞質雑種）の育種

日本のギンブナには、二倍体（2n = 100）のほか、雌性発生によりクローン生殖を行う三倍体（3n = 156）と四倍体（4n = 206）がいる。二倍体には雌雄がおり、両性生殖により繁殖するのに対して、三倍体と四倍体は各々非還元三倍体および四倍体の卵を作り、雌性発生により全雌のクローン系統として繁殖する。従って、日本のギンブナ倍数体においては雄の出現は希である。これに対して、中国大陸のギベリオブナ（*C. a. gibelio*）には染色体数156～162の変異が見られ、両性生殖と雌性発生の二通りの生殖様式をもつ。しかし、雌性発生はギンブナと異なり、異種精子雌性発生（allogynogenesis）という様式をとる。すなわち、ギベリオブナが産む卵に異種の精子が侵入したときは、雌性核のみによる雌性発生が開始され、クローンの子孫が生じる。一方、ギベリオブナ中に1～10%の率で存在する同種の雄の精子が侵入した時は、両性生殖となり、子孫には雌雄が出現する。この原理を利用して、新規のクローン系統が作出され、その養殖特性が良好なことから産業応用がなされている。

ギベリオブナのクローンD雌の卵にクローンA雄の精子を人工受精したところ、約9%しか子孫は生存しなかったが、これらには3タイプが生じた。約80%はクローンDとなり、残り約15%は多様な遺伝子型を示した。しかし、約5%は父親としたクローンAに類似し、雌：雄の性比はほぼ3：2であった。これらの雌は高成長を示すことから、それから得た卵を7世代連続でコイ精子の受精により雌性発生により維持

した。分子遺伝学的，細胞遺伝学的な解析から，これらの子孫の核はクローンAに由来し，細胞質はクローンDに由来することが判明した。このクローンはA$^+$系統と名付けられ，自然の「雄性発生」により生じた，クローン間の「核 - 細胞質雑種（nucleo-cytoplasmic hybrid）」である。養殖特性がよいため，このクローンの子孫が中国国内10以上の養殖施設に提供され，1億尾を超える個体が養殖利用されているという。

4. その他の魚介類

1）チョウザメ類

チョウザメ類は，キャビアを求めての過剰な捕獲，ダム等の建設による生息環境の急激な悪化により，急速に資源が減少し，1998年から全種がワシントン条約の規制対象となり，世界各国で資源保護と養殖技術による復活が進められている。チョウザメ類は生きた化石と言われるその系統上の位置から，倍数性進化との関係においても興味をもたれてきた。そして，体細胞核DNA量（pg）と染色体数を指標として3つのグループ（A：DNA量4pg，染色体数約120，B：8 - 9pg，染色体数約240 - 270，C：13 - 14pg，染色体数372）に分けられ，各々機能的な二倍体−四倍体−六倍体，あるいは進化的な四倍体−八倍体−十二倍体と考えられている。このことは，グループ間の交雑は中間の倍数性の雑種を誘起することを示す。また，人工種苗を含めたDNA量分析と染色体観察から，チョウザメ類では現在も自然倍加が生じていることも明らかにされている。

旧ソ連では1950 - 60年代にオオチョウザメ（*Huso huso*）とコチョウザメ（*Acipenser ruthenus*）の属間雑種ベステルが作出された（口絵6-2）。オオチョウザメは海で成長し，雌では14 〜 20年，雄では10 〜 16年で成熟し，産卵期に遡上する。一方，コチョウザメは淡水に暮らし，成熟期間は雌で5 〜 8年，雄で3 〜 5年とオオチョウザメより短期である。オオチョウザメのキャビアは最高品質とされるが，コチョウザメ

の品質は劣る。雑種ベステルでは，雌は6 〜 7年，雄は3 〜 4年で成熟し，後代も妊性をもつこと，キャビアの質はオオチョウザメには至らないが，コチョウザメより良好なことから，養殖品種として，日本に導入されている。

2）淡水魚類

実験的には多くの種間で交雑が試みられてきたが，産業的に有用な取り組みとしてはナマズ目アメリカナマズ科のキャットフィッシュが挙げられる。北米で養殖種として重要なチャネルキャットフィッシュ（*Ictalurus punctata*）とブルーキャットフィッシュ（*I. furcatus*）の間で，雑種第一代F_1，第二代F_2および戻し交配世代が作出され，養殖特性が比較された。雑種F_1の頭部，内臓や皮膚を取り除き調理した可食部あるいは切り身（フィレ）の重量は，雑種F_1が両親種や，F_2，戻し交配を上回った。そこで，F_1に見られた雑種強勢が，染色体操作やマーカー選抜（marker assisted selection：MAS）と併用され養殖に利用されている。

3）海産魚類

異種間の交雑研究は，人工受精が可能なだけでは不足で，両親種と同様に，受精卵から孵化まで，さらに仔魚から稚魚への初期生活史管理，すなわち人工種苗生産技術が確立していなければ異種間の交雑は困難である。そこで，海産魚の交雑に関する試験研究は，種苗生産技術を有する近畿大学水産研究所が，養殖方法の確立されたタイ科，イシダイ科，ブリ属等を対象に行ってきた。しかし，目下のところ，これらの魚種では産業品種としての利用には至っていない。また，雑種が妊性を持つ事例が見られることから，海産魚の場合は生簀や飼育施設からの逃亡による両親種の野生集団への影響が懸念され，遺伝資源保全の観点からは好ましくない。本格的な雑種の養殖利用に進む場合は，染色体操作法による異質三倍体化等により不妊化することも重要である。

タイ科ではマダイ（*Pagrus major*）雌×クロダ

イ (*Acanthopagrus schlegeli*) 雄，マダイ雌×ヘダイ (*Rhabdosargus sarba*) 雄，マダイ雌×チダイ (*Evynnis japonicus*) 雄（マチダイ）について雑種が作出された。前二者は雌雄とも不妊で，マダイより環境耐性があるが，体色が劣り，商品化はできなかった。マチダイはマダイよりも成長は劣ったが，体色は鮮明な桜色で，養殖にともなう体色の黒化も見られなかった。この雑種は雌雄とも成熟することから，マダイの雌にマチダイ雄を戻し交配したところ，この戻し交配魚の成長はマダイに近づき，かつ，体色が大きく改善された。このほかヘダイ雌×クロダイ雄雑種がつくられ，クロダイより優れた成長を示し，妊性を期待しうるほど雌雄とも生殖腺が発達した。

イシダイ科では，イシダイ (*Oplegnathus fasciatus*) 雌×イシガキダイ (*O. punctatus*) 雄が作出され，成長がイシダイに優れること，生簀での生存度が両親種に勝ることが判明した。雌が90％以上と性比が偏るが，雌雄とも妊性を持ち，後代の作出が可能であった。

ブリ類では，ブリ (*Seriola quinqueradiata*) 雌×ヒラマサ (*S. lalandi*) 雄が作出され，2歳魚の時点で雑種の成長はブリに劣るが，ヒラマサの二倍であり，雌雄とも成熟する。また，本雑種は肉質が良く，市場や料理業界では高評価であった。他に，カンパチ (*S. dumerili*) 雌×ヒラマサ雄雑種がつくられ，両親種よりも成長が優れること，飼料効率の高いこと，雌雄ともに成熟することが報告されている。

世界規模で多様な海産魚種の組み合わせで雑種が作出され，それらの養殖能力評価が進んでいる。例えば，異体類では古くから交雑試験がなされ，最近では種苗生産技術が開発されたハタ類についても，交雑試験が行われている。産業的に重要な取り組みの一つが北米大西洋岸に生息するスズキ目モロネ科のストライプドバス (*Morone sexatilis*) とホワイトバス (*M. chrysops*) 間の雑種であり，サンシャインバスという名がつけられている。この雑種は両親種と類似していることから商品性が高く，摂餌活動

が活発で，環境耐性がより広くて強いことから，養殖利用が推奨されている。

4）貝類

一部のアワビ類（ミミガイ科，腹足綱）については種苗生産技術が確立していることから，日本，メキシコ，チリ等で人為種間交雑が実施され，雑種の性能について比較がされてきた（表10-5）。本邦産エゾアワビ (*Haliotis discus hannai*)，メガイ (*H. gigantea*)，マダカ (*H. madaka*) を組み合わせた交雑では，いずれの組み合わせの雑種であっても生存性で，雌雄とも妊性を示し，雑種第二代，戻し交配世代の作出も可能であった。これらの組み合わせでは，メガイ雌×エゾアワビ雄，マダカ雌×メガイ雄の成長は両親種を大きく上回り，メガイ雌×マダカ雄，マダカ雌×エゾアワビの成長も両親種に勝った。エゾアワビ雌×カムチャッカアワビ (*H. kamtschatkana*) 雄雑種では，18℃飼育では成長が両親種に勝り，8℃の飼育では母系種に勝るが父系種に及ばないことが観察された。一方，太平洋東部に生息する *H. fulgens* 雌×*H. rufescens* 雄雑種は雌では卵母細胞の成長が見られるが，雄では精子形成は認められず不妊と判断された。エゾアワビ雌と太平洋東部の *H. rufescens* 雄を交雑した場合生存する子孫は生じないが，交雑方向を逆にした場合（*H. rufescens* 雌×*H. d.hannai* 雄）は生存性の雑種子孫が生じ，その成長は母系種と同等であるが，父系種に勝ったことが観察されている。以上のように，アワビ類雑種は，成長に雑種強勢を示す場合が認められた。組み合わせにより妊性を有する場合があるので，これら雑種を放流することは不適切であるが，特に良好な成長を示す雑種は閉鎖循環系での養殖に利用可能と考えられる。

ホタテガイ類（イタヤガイ科，斧足綱）では異亜種間および異種間交雑が報告されている。イタヤガイ2亜種 *Argopecten irradians irradians* （北方系）と *A. i. concentricus* （南方系）の間の正逆交雑から得られた雑種では，成長に関して強い雑種強勢が認められた。対照両親種子孫と比

第10章　交雑と育種　185

表10-5　アワビ類（*Haliotis*属）における種間交雑とその結果

| 交雑の組合せ | | 生存性 | 妊　性 | | 成長度 |
雌	雄		雌	雄	（ヘテロシスの強さ）
H. discus hannai	*H. gigantae*	+	+	+	±
H. d. hannai	*H. madaka*	+	+	+	±
H. gigantae	*H. d. hannai*	+	+	+	+ +　　成長は両親種に勝る
H. gigantae	*H. madaka*	+	+	+	+　　成長は良い
H. madaka	*H. d. hannai*	+	+	+	+　　成長は良い
H. madaka	*H. gigantae*	+	+	+	+ +　　成長は両親種に勝る
H. d. hannai	*H. kamtschatkana*	+ （受精率は低い）	+	+	+　　　（8℃）父系種に劣るが母系種に勝る + +　　（18℃）両親種に勝る
H. fulgens	*H. rufescens*	+	+	−	n.d.
H. rufescens	*H. d. hannai*	+	n.d.	n.d.	+
H. d. hannai	*H. rufescens*	−	n.d.	n.d.	n.d.

較すると，雑種子孫では殻長，殻高，殻幅，全重量，閉殻筋重量が，各々約11，10，9，35および42％増加していた。中国におけるペルー産ホタテガイ（*Argopecten purpuratus*）とイタヤガイとの交雑では，成体まで育った雑種の生存率はペルー産ホタテガイに優れたが，イタヤガイとは変わらなかった。雑種の成長（殻高と全重量）はペルー産ホタテガイより良く，イタヤガイと比較した場合，全重量で26〜39％増し，閉殻筋重量で45〜56％増しであった。以上の様にアワビ類，ホタテガイ類の雑種では雑種強勢効果が広く認められる。これは貝類自体がホモ接合過剰による成長低下の状態にあるが，このことが交雑によりヘテロ接合となり解消されたため，成長度が改善したものと考えられる。

　最も重要な養殖貝類としてカキ類がある。カキ類の交雑試験については約130年前の文献に既に記載があり，20世紀末にいたるまで*Crassostrea*，*Saccostrea*および*Ostrea*属において属内，属間の種間交雑が行われてきた。しかし，これらの交雑試験においては，親として用いたカキの種同定，分類が曖昧なこと，適切な対照交雑が行われてないこと，雑種遺伝子型を確認する手段が乏しかったこと，さらに，両親種の受精卵および幼生の混入（コンタミネーション）

を避けることが技術的に困難であったことから，その結果の解釈には注意が必要である。現在，マガキ*Crassostrea gigas*については，選抜育種と三倍体（四倍体×二倍体）の利用が進んでいる（第6章）。

5）ウニ類

　ウニ類ではキタムラサキウニ（*Strongylocentrotus nudus*），エゾバフンウニ（*S. intermedius*），ムラサキウニ（*Anthocidarus crassispina*）の3種間で実験的交雑が行われ，3カ月令までの異種間交配雑種子孫の成績（受精率，幼生生存率，変態率，稚ウニ生存率）は同種間交配の子孫に劣った。しかし，22カ月令において，雑種は殻径，殻高，湿体重，生殖腺重量について雑種強勢効果を示し，特にエゾバフンウニ×ムラサキウニでは明確であった。エゾバフンウニ×キタムラサキウニ，ムラサキウニ×キタムラサキウニでは雑種強勢は一部の形質に限られた。そして，これらの雑種は配偶子をつくれず不妊であった。沖縄産の*Echinometra*ナガウニ属では，*E.mathaei*のほかに，未記載の近縁種が生息する。これらの間で雑種を作出して比較すると，それらの生存度は両親種より少し劣るが，ほとんど変わらず，成長度は両親種に優れたという。

以上のように，ウニ類では不妊でかつ成長の優れた雑種が作出されたが，その本格的養殖利用には至っていないのが現状である。

6）甲殻類

　甲殻類の人工受精は困難であり，1960年代に *Penaeus kerathurus* と *P. japonicus* を飼育下で成熟させ，解剖により精包（spermatophore）を取り出して交雑を行った場合，受精卵が得られたが，胚はすべて異常であったことが報告されている。その後，今世紀に入ってから，*P. monodon* 雌 × *P. escullentus* 雄雑種が作出され，これらをを4.5カ月飼育した結果，両親種との間に生存度の差が無いこと，成長に雑種強勢が見られないこと，さらに体色が中間となることが判明した。また，性比は雄に偏る（86%，対照の両親種は56%）ことが分かった。しかしながら，目下，雑種研究の例は乏しく，甲殻類純粋種自体の育種も含め，研究の進展が望まれる。

7）海藻類

　紅藻類アマノリ *Porphyra* 属のアサクサノリ *P. tenera* とスサビノリ *P. yezoensis* を交雑して作成した F$_1$ 糸状胞子体のつくる殻胞子は多く死滅するが，僅かに生存した殻胞子由来葉状配偶体の放出する単胞子は発芽した。そして，DNA マーカー分析の結果，雑種糸状体は異質四倍体であった。すなわち，種間交雑から倍数体が生じており，今後の養殖ノリにおける異質倍数体育種の可能性が示唆された。魚類の雑種と同様にノリでも交雑の結果として倍数体が出現することは，両者に共通する非還元配偶子形成機構の存在を暗示し，極めて興味深い。ノリの育種では，プロトプラスト（protoplast）を用いた異種間での体細胞融合（cell fusion）による品種作出が試みられているが，養殖品種作成には至っていない。褐藻類では，比較的古くよりワカメ，コンブにおいて交雑試験が実施され，雑類の高い生産性が示されたが，事業化には至らなかった。

参考文献

水産生物の遺伝と育種（日本水産学会編）水産学シリーズ 26．1979．恒星社厚生閣．東京．

魚類育種遺伝学（キルピチニコフ・ヴエ・エス編著．山岸宏・高畠雅映・中村将・福渡淑子訳）1983．恒星社厚生閣．東京．

魚類細胞遺伝学（小島吉雄）．1983．水交社．東京．

水産育種の基礎（藤尾芳久・木島明博）水産増養殖叢書 36．1987．日本水産資源保護協会．東京．

水産増養殖と染色体操作（鈴木亮編）水産学シリーズ 75．1989．恒星社厚生閣．東京．

魚類の DNA 分子遺伝学的アプローチ（青木宙・隆島史夫・平野哲也編）1997．恒星社厚生閣．東京．

魚類生理学の基礎（会田勝美編）2002．恒星社厚生閣．東京．

水産増養殖システム 1　海水魚（熊井英水編）2005．恒星社厚生閣．東京．

サケ学入門　自然史・水産・文化（阿部周一編著）2009．北海道大学出版会．札幌．

改訂版　育種における細胞遺伝学（渡辺好郎監修　福井希一・辻本壽共著）2010．養賢堂．東京

Sex determination in fish.（Pandian T J）2011．Science Publishers, NH, USA.

サケ学大全（帰山雅秀・永田光博・中川大介編著）2013．北海道大学出版会．札幌．

読んでおくべき重要な文献

Arai K (2001) Genetic improvement of aquaculture finfish species by chromosome manipulation techniques in Japan. Aquaculture 197：205-228．

Arai K and Okumura S I (2013) Aquaculture-oriented genetic researches in obalone：current status and future perspective. African J Biotechnology 12：4044-4052．

Arai K and Fujimoto T (2013) Genomic constitution and atypical reproduction in polyploid and unisexual lineages of the *Misgurnus* loach, a teleost fish. Cytogenet Genome Res 140：226-240．

Chevassus B (1983) Hybridization in fish. Aquaculture 33：245-262．

Devlin RH and Nagahama Y (2002) Sex determination and sex differentiation in fish: an overview of genetic, physiological, and environmental influences. Aquaculture 208：191-364．

Liu S (2010) Distant hybridization leads to different ploidy fishes. Science China Life Sci 53（4）：416-425．

第11章

水産育種における ゲノム情報の利用

1. 水産遺伝育種の目標とゲノム情報

　家畜や栽培植物を対象とした遺伝育種学の最終目標のひとつは，遺伝学的情報をもとにして表現型を予測することである（東條ら2007）。古典的遺伝育種学が普及した後に，連鎖地図の利用を特徴とする分子育種学がうまれたが，この分子育種学も過去の流れを忠実に引き継ぎ，遺伝マーカーの遺伝子型から表現型を予測することを最終目的とする研究が主流であった。そして近年，主な家畜と栽培植物の全ゲノム配列情報がだれにでも利用可能となりつつあるが，そのゲノム情報の主な利用目的は，やはり遺伝子型・表現型の相関（genotype-phenotype correlation）を明らかにして遺伝子型から表現型を予測すること，そして，その情報を利用して有用品種の作出を効率化することであると言ってよいだろう。たとえば，病気に強い品種の原因遺伝子（表現型変異の原因となる変異が生じている遺伝子）を同定するといった研究例を思い浮かべれば理解しやすいかもしれない。

　ここで遺伝育種学を志す者が注意すべきなのは，遺伝育種学と基礎生物学との違いである。モデル生物を材料とする一部の基礎生物学においても，遺伝子型・表現型相関を明らかにすることは主要課題のひとつである。ただし基礎研究では，遺伝子型から表現型に至るまでの生物学的プロセスを克明に明らかにすることも重要課題となる。ところが，そのようなプロセスを厳密に解明しても，有用な品種作出といった応用目標には直結しないことが多い。そこで遺伝育種分野では，"プロセス"を研究対象とせずブラックボックスとして扱い，遺伝子型・表現型相関の解明に力を注ぐことがしばしばである。プロセス解明指向の研究は，実学的な観点からはさほど価値が高くない場合があることを理解すべきである。

　水産分野においても，遺伝育種学の目標は，家畜分野や栽培植物分野とおおよそ同じであるといって良いだろう。この観点に従い，本章では，遺伝子型・表現型相関を明らかにすることを目標としたゲノム配列情報の利用方法について概説する。ただし，水産遺伝育種学においては，野生集団を対象とした研究の重要性も高いということにも注意を促しておきたい。家畜や栽培植物分野では，人類が長い期間をかけて作り出してきた品種（ある場合は種）を主に利用しているが，食用水産生物のほとんどで品種・系統は確立しておらず，多くの場合，人は野外から直接得た水産物を利用している。したがって，水産遺伝学分野では，野生生物の効率的な利用に向けた様々な研究が要請されており，そのような方向でもゲノム配列情報活用法を積極的に開発していく必要があるのである。

　こういった背景のもと，本章では水産育種におけるゲノム配列情報の利用についての概説を進める。しかし，ゲノム利用の実際や将来の展望などを理解するには抽象的な理屈の説明だけ

では分かりにくいだろう。そこで，具体的な研究の流れを示すことにより，理解の助けとすることを試みた。初歩的知識を得ようとする読者だけでなく，これからこの方面の研究を始めようとする人たちの入門書となることも意識して本章を執筆した。

2. ゲノム解読計画の歴史

まず，水産生物を中心としたゲノム配列決定の歴史を概観する。水産生物の中で最初にゲノム概要配列が出版されたのはトラフグ（2002年）であるが，ゲノム解読計画について語るにはヒトのゲノム研究やそれに関する用語の定義などに関する話題を避けて通れない。まず基本的な事柄から再確認しておきたい。ゲノムとなんであろうか？この術語の定義は複数あるが，ここでは個体が持つ遺伝情報のすべてとする。形態，生理機能，生態的特性など，種の特性や個体の個性などは環境要因に支配される部分はあるものの，ゲノムによって規定されている部分が大きい。このゲノム情報は主にDNAの塩基配列によって記録されている。ゲノム上には遺伝子とよばれる特別な情報が書き込まれた領域が数多く含まれており，その多くはタンパク質をコードしているが，遺伝子以外の機能不明の配列（非遺伝子領域（non-genic region））も含めて，一個体の持つDNA配列のすべてを解読してしまおうというのが全ゲノム解読計画（whole genome sequencing project または genome project）である。

脊椎動物で最初に全ゲノム概要配列が公開されたのはヒトである（2001年）。その成果は医学分野で盛んに利用され，疾患に関係するいくつもの遺伝子が同定されつつある（StrachanとRead 2011）。またヒトゲノム配列が公開されたおかげで，アフリカに起源する現代人類がどのような経路で移動したのか，そして，その過程でいかなる遺伝子が地域適応に関与したかといった研究も加速的に進んでいる（StrachanとRead 2011）。

初期のヒトゲノム解読計画の進行は，技術的な制限から緩慢といってよい状態にあった。その遅滞を横に見ながら，ヒトに続くゲノム解読計画の対象として選ばれたのが，脊椎動物の実験動物として特権的な地位にあったマウスである。一方，分子生物学の創始者の一人として有名なシドニー・ブレナーは，ゲノムサイズがヒトの1/8程度であり，非遺伝子領域が著しく短いという理由で，トラフグの全ゲノム解読計画を提唱した（Denny and Kole 2012）。トラフグといえば食用とおもう我々日本人とは異なり，これを全く食用としないイギリス，アメリカ，シンガポールの研究者たちによりトラフグのゲノム解読が進められ，マウスの研究に先んじて2002年にそのゲノム概要配列が出版された。それ以前のゲノム解読計画では階層的ゲノムショットガン法という方法が主に用いられていたが，トラフグの場合は全ゲノムショットガン法という方法のみでゲノム概要が決定された（方法に関しては次節参照）。ゲノム解読計画はここよりしばらく，全ゲノムショットガン法全盛の時代をむかえる。

真骨魚類の中でトラフグの次にゲノム概要配列が公開されたのはミドリフグである。ミドリフグが解析対象として選ばれた理由はトラフグとほぼ同じであり，フランスとアメリカのグループにより進められた研究は2004年に出版された（Denny and Kole 2012）。

2000年代初頭までは全ゲノム解読には莫大な費用を要した。それゆえ，全ゲノム解読計画の対象を選定する際には厳しい事前審査が必要であった。審査の判断基準は，全ゲノム解読にかかる費用（つまりゲノムサイズ）とサイエンスにおける対象生物種の重要性である。最も優先順位の高い生物種は，ヒトを除けば遺伝学の実験モデル生物たちであり，そのゲノム配列解読により，遺伝子型・表現型相関を得ることが容易となることが期待された。たとえば，多細胞生物として最初に全ゲノム配列が解読されたのは，発生遺伝学のモデル生物であるセンチュウであり（1998年），二番目に解読されたのも発

第11章　水産育種におけるゲノム情報の利用　**189**

表11-1　真骨魚類の"古典的な"ゲノム配列

種　名	特　徴	出版年	備　考
ゼブラフィッシュ	発生学のモデル生物	2013年	2001年から解読計画は開始していた
トラフグ	比較ゲノム学のモデル	2002年	真骨魚で最初のゲノム概要
ミドリフグ	比較ゲノム学のモデル	2004年	
メダカ	発生学のモデル生物	2008年	
イトヨ	進化学のモデル生物	2012年	

表11-2　ゲノム配列が解読された家畜列

種　名	用　途	公開年	備　考
ウシ	主に食用，使役用	2009年	哺乳類
ブタ	主に食用	2012年	哺乳類
ウマ	主に乗馬用，競走馬用	2009年	哺乳類
ニワトリ	主に食用	2004年	鳥類，ゲノムサイズが哺乳類の約1/3
イヌ	主に愛玩用，使役用	2005年	哺乳類

生遺伝学のモデル生物であるショウジョウバエであった（2000年）。脊椎動物の実験モデル生物としては，マウスについでやはり発生遺伝学分野で用いられるゼブラフィッシュが選ばれた（2001年に開始，出版公開は2013年）。真骨魚類に話を絞ると，その後にゲノム解読の対象となったのは，メダカ（2007年）とイトヨ（2012年）であり，やはり，遺伝子型・表現型相関の解析を促進することが目的であった。一方，フグ類はその飼育が容易ではないことから実験生物とは見なされておらず，遺伝子型・表現型相関について知見を深めることは期待されていなかった。この点において，全ゲノム計画が進められた生物の中で，フグ類は異端に属すると言ってよいだろう（Denny and Kole 2012）。

　ヒト全ゲノム解読においては，ゲノムDNA配列上に散在する遺伝子領域を正確に予測することが大きな課題であったが，初期のフグ類の研究は基本的に，このヒト遺伝子領域予想を高精度化するという目的でおこなわれた。ゲノム上のタンパク質をコードする領域や発現を調節する領域など，機能的に重要なDNA配列はフグとヒトの間で保存されていると予想されたからである。実際，フグ類のゲノム概要配列は，

ヒトゲノムに含まれる遺伝子数推定の補正に大きく貢献した。さらにトラフグの概要配列が公開されたことによって，脊椎動物種間でゲノム配列をまるごと比較して，その類似性と差異性のパターンを抽出するという研究が初めて可能となり，その後の比較ゲノム学発展の基礎をかたち作ることになった（Denny and Kole 2012）。しかし，フグ類には遺伝学的研究の蓄積が全くなかったため，そのゲノム概要配列はフグ類の遺伝学的研究や育種研究に直接役立つデータとはならなかった。

　以上の"古典期"において，ゲノム解読が進んだ代表的な真骨魚については表11-1にまとめた。なお，本節におけるゲノム配列の公開年に関しては，Ensembl genome browser（http://www.ensembl.org/index.html）を参照した。

　ここからは，家畜のゲノム計画について概説する。栽培植物および家畜分野における全ゲノム解読は，基本的には，実験モデル生物の場合と同様に遺伝子型・表現型相関の解明を効率化するためにおこなわれたといって良いだろう（表11-2）（Cockett and Kole 2009）。ただし，その表現型は「育種学的な視点から見てヒトにとって有益か否かという基準」で選ばれている

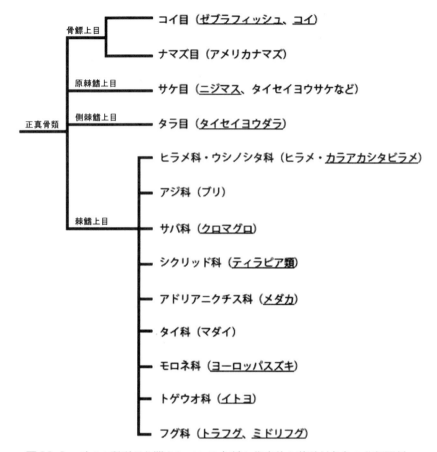

図11-1 ゲノム配列が公開されている魚種と代表的な養殖対象魚の分類関係

ゲノム配列が公開されている魚種に下線を付した。横軸の長さは遺伝的な距離を反映はしていない。基本的にはNelson2006を参照したが，棘鰭上目の魚類については系統関係の見直しが頻繁に提唱されていることから，科レベルで並置するにとどめた。また，ウナギのゲノム概要は既に報告されているが，継代飼育が容易とは言えず，遺伝学的研究よりは飼育技術の改良がまず必要であると考えて図には含めなかった。

点が実験モデル生物の研究とは異なる。代表的な家畜の中で，ゲノム概要解読が先行したのはニワトリであった（2004年）。ウシやブタなどの哺乳類より先に概要配列の解読が終わった理由は，ニワトリのゲノムサイズが哺乳類のそれの約1/3程度であったという事情が大きいだろう。その後，イヌのゲノム概要が2005年に，ウシとウマのゲノム概要は2009年に，ブタのゲノム概要は2012年に公開された（Cockett and Kole 2009）。

では，水産分野で遺伝子型・表現型相関の解明を目指してゲノム解読がおこなわれた生物種はなんであろうか。欧米において極めて重要性の高い魚であるサケ類のゲノム解読は早くから取りくまれていた。ところが，サケ類特異的な全ゲノム重複のせいでゲノム配列解読の難易度が高いことが判明し，その解析は遅々として進まなかった（ニジマスのゲノム概要が公開されたのは，2014年になってからのことである）。結局，食用魚としてゲノムが解析され，その概要が公開された最初の魚は，欧米において重要な漁獲対象種であるタイセイヨウダラであった（2011年）。漁獲対象魚の一部は往々にして飼育が困難であり，こういった魚種のゲノム配列情報は通常の遺伝育種プログラムにはほとんど役に立たないが，タイセイヨウダラの場合は養殖対象魚としてのポテンシャルも期待されており，遺伝学的実験により表現型の研究成果もあ

る程度蓄積されていた。本魚種のゲノム解読で特筆すべき点は，全ゲノム配列が次世代シーケンサーのデータ（next generation sequencer，方法に関しては次節参照）のみから得られていることである。ここより，水産生物のゲノム解読は，データ取得が安価な次世代シーケンサー全盛の時代に突入し，現在，膨大な数の水産生物種のゲノム解読計画が，中国と欧米を中心として進行中である（Genome 10 K project など）。

日本の海面養殖生産において上位を占める魚類は，ブリ類，マダイ，フグ類，ヒラメなどである（農林水産省大臣官房統計部　2011）。トラフグについては既に全ゲノム概要配列が得られているものの，他の魚種についてはゲノム配列が決定・公開されていない（2014年の時点の話。ただし，ヒラマサは米国，ヒラメは中国と韓国の研究機関が概要配列決定を終えたことを宣言している。）。これらの全ゲノム解読計画の着手とその成果の公開が待たれるが，後述するように，全ゲノム解読が終わった魚種と類縁関係を考慮しながら比較することによっても有用なゲノム情報を得ることができる場合も多い。参考のため，ゲノム概要配列が公開されている魚種との類縁関係を図11-1に示した。なお，欧米や中国における重要養殖魚の一部も図に加えた。

3．ゲノム解読の方法

脊椎動物などゲノムサイズが大きな生物の全ゲノム配列は，比較的最近まで階層的ショットガンシークエンス法または全ゲノムショットガンシーケンス法で決定されることが多かった（図11-2AC）。両者ともにサンガー法というDNA配列決定法に依存しており，その特徴は一回の読み取りで500〜1000塩基の配列が精度高く得られることである。したがって，1000塩基以上の長さのDNA配列を読もうとすれば，何らかのかたちでDNAを断片化した後に500〜1000塩基の配列を読み取り，それらをつなぎ合わせることになる。以下で複数の全ゲノム解

読の方法の概要を説明するが，全ゲノムショットガンシーケンス法の方が，階層的ショットガンシークエンス法と比べて行程が単純なのでこちらから説明する。

1）全ゲノムショットガンシーケンス法

まず，ゲノムDNAを制限酵素や超音波などで適当な長さ（例えば数千塩基）に断片化する（図11-2A）。この際，切断点が特定の部位に偏らず，お互いに重なり合うような断片配列の集合をつくる必要がある。次に，これらの断片配列をクローニングベクターに挿入する。クローン化されたゲノムDNA断片を増やし，その末端の塩基配列をサンガー法により決定する。得られた配列同士を比較すると，部分的に重ね合わさる箇所が見つかる（alignment）。この重なり合いを利用して，パズルを解くように全体の配列を再構築する。重なりあう配列断片をつなげて得られた配列をコンティグ（contig）とよぶ（図11-2B）。また，配列が重なっていなくてもコンティグ間の距離が推定できる場合が多々ある。この場合，配列未解読領域（ギャップ，gap）を含んだ状態でコンティグをつなぐことになるが，そういった配列をスキャフォールド（scaffold）とよぶ（図11-2B）。アラインメントの計算量が膨大となるため，コンピューターの性能が十分ではない時代は本法を脊椎動物のゲノム解読には適用できなかった。そこで用いられたのが，ショットガンシーケンス法が適用できるレベルまで段階的に複雑性を低下させる，階層的ショットガンシークエンス法である。

2）階層的ショットガンシークエンス法

ゲノムDNAを制限酵素や超音波などで適当な長さに断片化するのは上記と同様であるが，こちらの方法ではその時のサイズを長くする（例えば十万塩基）（図11-2C）。次に，これらの断片配列を，長いDNAが挿入可能なクローニングベクターを用いてクローン化する。個々のクローンを増やして，クローンの集合を得る。これらのDNAについて遺伝マーカーを用いて

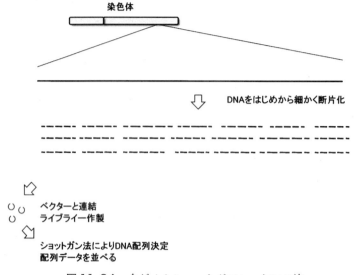

図 11-2A　全ゲノムショットガンシーケンス法
まず，ゲノム DNA を適当な長さに断片化する。次に，これらの断片配列をクローニングベクターに挿入する。クローン化されたゲノム DNA 断片を増やして，その末端の塩基配列をサンガー法により決定する。得られた配列同士を重ね合わせて，全体の配列を再構築する。

染色体上の位置を決めたり，制限酵素断片長の重なり具合からクローン間の重なり具合を推定したりして，ゲノム上の相対的な位置を特定する。位置が決定された個々のクローンについて，ショットガンシーケンス法を適用して配列を決定し，コンティグやスキャフォールドをつくっていく。この方法は手間がかかるものの精度の高いデータが得られるので，必要に応じて今でも頻繁に用いられている。

3）次世代シーケンサーによる全ゲノム配列決定例

2005 年頃より，サンガー法とは異なる原理にもとづいて DNA 配列を決定する次世代シーケンサー（next generation sequencer）が普及しだした。ひとくちに次世代シーケンサーと言ってもいくつかの種類があるが，「莫大な数の塩基配列決定反応を並列におこなう」機器であるとまとめることができるだろう。この特性によって，従来のキャピラリー型 DNA シーケンサー（サンガー法と相性が良い）と比較して桁違いの塩基配列情報を一挙に得ることが可能となった。ただし，大量データが取得可能な機器ほど一回の読み取りで得られる塩基長が短い（例えば 100 塩基）傾向があり，塩基配列決定の精度もキャピラリー型 DNA シーケンサーに劣る場合が多い。これらの欠点のため，脊椎動物のゲノムなどの大きなサイズのゲノムを現行の次世代シーケンサーのみで解読することは困難であると当初は予想されていた。しかし，様々な工夫により次世代シーケンサーのみで全ゲノム解読が成功するようになってきた。現在，原理や特性の異なる複数の機種が使用されている。また，技術改良が精力的に進められている分野であり，第 3 世代シーケンサーも普及しだしている。ここでは，代表的なメーカーの一つであるイルミナ社の製品が採用している原理を簡略化して示す（図 11-2D）。

まず，ゲノム DNA を超音波で適当な長さに断片化する（図 11-2D）。次に，断片化された DNA の両端にアダプター配列を結合する。これらの DNA を基盤上に高密度に配置した後，基板上で DNA の増幅をおこなって鋳型を形成する。これらの鋳型について，同時並列的な DNA 伸張反応をおこなう。4 種類の塩基をそれぞれ異なる蛍光剤で標識し，一回の DNA 伸

第 11 章　水産育種におけるゲノム情報の利用　193

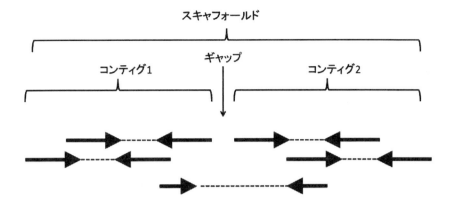

図 11-2B　コンティグとスキャフォールド
一つのクローン配列は両端から中心に向かって配列が決定される。矢印は配列が読み取られた領域を表す。点線は配列が未解読であるものの長さが推定されている領域を表す。コンティグは読み取られた配列が部分的に重なることを利用して得られたコンセンサス配列で，未解読領域（ギャップ）は存在しない。一方，配列の重なり合いに加えてクローンの長さを考慮すると，ギャップがあるにも関わらず隣接するコンティグをつなぐことができる。こうして作られた配列をスキャフォールドとよぶ。

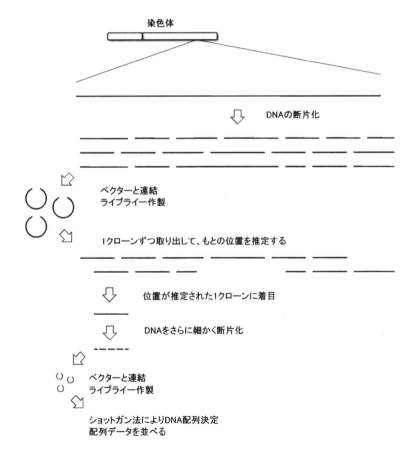

図 11-2C　階層的ショットガンシークエンス法
ゲノム DNA を 100 kb といった長めのサイズに断片化する。次に，これらの断片配列を，長い DNA が挿入可能なクローニングベクターを用いてクローン化する。これらのクローンについて，まず，ゲノム上の位置を特定する。位置が決定された個々のクローンについて，ショットガンシーケンス法をおこない配列を決定する。

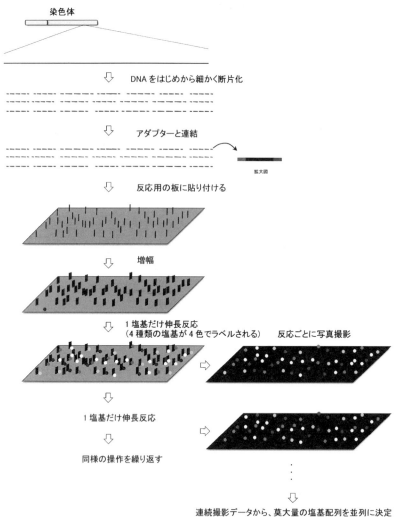

図11-2D 次世代シーケンサーによる全ゲノム配列決定例
まず、ゲノムDNAを適当な長さに断片化する。次に、断片化されたDNAの両端にアダプター配列を結合する。これらのDNAを基盤上に高密度に配置した後、基板上でDNAの増幅をおこなって鋳型を形成する。これらの鋳型について、同時並列的なDNA伸張反応を行う。4種類の塩基をそれぞれ異なる蛍光剤で標識し、一回のDNA伸張反応の際にどの塩基が取り込まれるかをカメラ撮影で検知する。伸張反応と写真撮影から成るステップを繰り返し、得られた連続写真データから塩基配列を決定する。

張反応の際にどの塩基が取り込まれるかをカメラ撮影で検知する。伸張反応と写真撮影から成るステップを繰り返し、得られた連続写真データから塩基配列を決定する。なお、ここで紹介した方法は、シーケンス・バイ・シンセシス法とよばれている。従来のサンガー法と比較して一つの鋳型あたり極微量の反応系を用いるのが特徴であり、その結果、莫大な量の反応を並列におこなうことができる。この並列反応により一挙に得られた大量のDNA配列データを、アラインメント用のプログラムに付して高性能計算機で処理することにより繋ぎあわせ、連続性（contiguity）の高い配列をつくりだす。このようにしてつくられるのが全ゲノム配列概要であるが、注意すべきは、「どのレベルまでデータをだせば概要配列を解読したと言って良いか」という点についての厳密な定義が今のところはないことである。特に次世代シーケンサーのみを

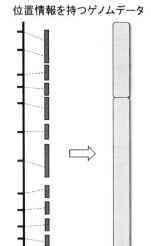

図 11-3 2種類の全ゲノム概要配列
「スキャフォールドを集積しただけのゲノム配列データ」と「スキャフォールドがゲノム上の位置情報を持つゲノム配列データ」を模式的に示した。遺伝学的解析に利用しやすいデータ形式は後者であるが、ゲノム解読計画はスキャフォールドを集積した段階で終了することもある。「位置情報を持つゲノム配列データ」はゲノム地図あるいは統合ゲノム地図とよばれる。ただし、これらの用語は厳密な定義付けがない状態で使用されている。

用いた全ゲノム配列決定報告においては、実に様々な質の概要配列データが出版されてり、中にはDNA配列の連続性がとても低いデータも見受けられる。全ゲノム領域にわたって、少なくとも数個の遺伝子が含まれるコンティグが得られていない場合、ゲノム概要解析以降の利用範囲（例えば育種学的利用）は極めて限定的であろう。

4）2種類の全ゲノム概要配列

遺伝学者の立場から見ると、既報の全ゲノム配列情報は、その品質（データ形式）によって大きく二つにわけられる（図11-3）。遺伝学的解析に利用しやすいデータ形式と、利用しにくいデータ形式である。全ゲノム配列決定計画では、いったん断片化したゲノム配列を解読して収集した後、これを染色体の端から端までつなぎ合わせて長大なDNA配列を再構築しようと試みる。このDNA配列の連続性が高くて染色体レベルに達している場合、ゲノム上のほとんどのDNA配列の位置関係が明らかとなるため、その全ゲノム配列情報は遺伝学的解析に利用しやすい。一方で、つなぎ合わせたDNA配列の連続性が低い場合、興味がある遺伝子のゲノム上の位置が不明で、個々の遺伝子間の連鎖関係を推定することができず、遺伝学的解析に直接は役立たない場合が多い。なお、DNA配列の連続性を高めるためには、スキャフォールドを物理的につなげて長大なスーパースキャフォールドをつくりだす方法と、連鎖地図上にスキャフォールドを網羅的に配置する方法がある。

魚類を含む脊椎動物のゲノムサイズはバクテリアのそれに比べるとはるかに大きく、リピート領域など、その配列を正確に決定することが困難な領域を多く含んでいる。したがって解読配列はつながりにくく、染色体を端から端まで正確に再現したゲノム地図の作製は困難である（ヒトでさえ作製されていない）。しかし、セントロメア領域などのリピート配列が豊富な領域は除外して、出来る限り連続性の高いDNA配

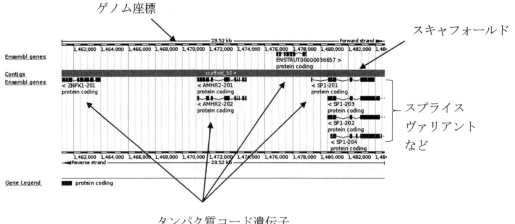

図11-4 ゲノムブラウザ
ゲノムブラウザが提供する典型的な図像情報のひとつ。ゲノム座標を基準として，その上にタンパク質コード領域が示されている。タンパク質コード領域をクリックすれば，遺伝子のDNA配列や演繹タンパク質配列など様々なデータが得られる。

列を再現しようという努力は，遺伝学的研究への利用を視野にいれた多くのモデル生物や農業生物のゲノム解読計画でなされている。しかし，「鼻のきくある生物種では嗅覚に関する遺伝子が増えている」といった研究のように，遺伝子のレパートリーを生物種間で比較することが目的でゲノム解読計画が進められている場合，その目的達成には遺伝子座のゲノム上の位置情報を必要としない。そのため，連続性が低い段階でゲノム解読計画が終了してしまう例もしばしば見受けられる。遺伝学的な研究においては，この品質の差に注意しながらゲノム配列情報を利用していく必要がある。

4. バイオインフォマティクスとDNA配列データベースの活用

バイオインフォマティクス（bioinformatics）は，ゲノム配列などの生物学的データを分類・整理・解析する方法を開発する学問分野であり，これにより開発された方法やコンピュータプログラムの一部は，遺伝育種学者にとって必須のものとなっている。バイオインフォマティクスが扱うことがらは多岐にわたり，DNAデータベースも日進月歩の状態であるが，この節ではおもいきって話題を絞り込み，まず全ゲノム配列情報を研究者に利用しやすく見せるためのゲノムブラウザについて紹介し，次に遺伝育種学者がブラウザを通じて日常的におこなっているDNA配列データベースの基本的活用法を紹介する。

1) ゲノムブラウザとは

解読されたゲノムDNAのデータは，基本的にはA・T・G・Cという四つの塩基が連なる配列断片の集合体であり，たとえば，タンパク質をコードしている遺伝子がどこにあるのかといった注釈（annotation）情報は自明のものではない。注釈情報を全ゲノムにわたって視覚化し，研究者に利用しやすく表示するインターフェイスがゲノムブラウザである。ゲノムブラウザが提供する典型的な図像情報のひとつを示した（図11-4）。図中では解読されたDNA配列を横軸の座標（genomic coordinate）として表し，その上にタンパク質コード領域などの位置を提示している。注釈付けの情報は，タンパク質コード領域や，そこから演繹されるタンパク質の構造の他に，遺伝子発現データ，遺伝的

多型データ，他種との比較ゲノム解析データな
ど様々なデータが含まれる。これらの注釈情報
は全ゲノム解読のみから得られるわけではなく，
発現遺伝子解析など他のプロジェクトの成果を
取り込むことで累積・高精度化・重層化されて
いく。

　ゲノムブラウザには様々な形式が存在すること
は知っておくべきである。代表例のひとつは，欧
州バイオインフォマティクス研究所（EBI）と
サンガー研究所が提供する Ensembl 形式である。
Ensembl データベースは脊索動物の全ゲノム
データを主に扱っており，水産上の重要種を多
く含む真骨魚類のデータは含まれているが，同
様の重要性を持つ無脊椎動物（イカ・タコ・貝・
エビ・カニなど）のデータはここにはなく，全ゲ
ノム解読をおこなった研究チームが個別にゲノ
ムブラウザを提供している場合が多いようであ
る。それぞれの，ゲノムブラウザには一長一短
があるので，研究者は複数のブラウザを用いる
ことが多い。ゲノムブラウザは育種プロジェク
トに必須というわけではないが，ブラウザがな
い生物種において遺伝子型・表現型相関の解明
を目指す際には，バイオインフォマティクスに
通暁した研究者の支援が必要となる場合が多い。

2）遺伝子名による探索

　DNA 配列データベースの利用法として良く
使われるのは，そのデータベース内にある遺伝
子の検索である。たとえば，動物の筋肉量の
調節に重要な働きをすると考えられている遺伝
子のひとつとしてミオスタチン（Myostatin）遺
伝子があるが，ここではトラフグミオスタチン
のゲノム上の位置を知りたいという状況を考え
る。その場合，トラフグのゲノムブラウザ上で
myostatin というキーワード検索をおこなう。ト
ラフグのゲノムデータベースではミオスタチン
遺伝子が存在する領域がコンピュータアルゴ
リズムにより予想されて注釈付けられており，
キーワード検索の結果のみで，ミオスタチン 1
遺伝子が 8 番染色体上に，ミオスタチン 2 遺伝
子が 1 番染色体上の特定の位置にあることがわ

かる。

3）ホモロジーサーチによる類似 DNA 配列の探索

　ホモロジーサーチ（類縁度検索）は様々な目
的に利用可能で，生物系研究者がこれを使用す
る頻度は非常に高く，ほとんどのゲノムブラウ
ザにもこのプログラムが実装されている。その
ブラウザ上での代表的な利用法は，遺伝子の位
置の探索である。前小節でキーワード検索につ
いて述べたが，現状のゲノムブラウザ上ではか
ならずしも信頼性の高い結果を得られるとは限
らない。より信頼性の高い結果を得ることがで
きるのは，同種または他種で詳細に解析された
発現遺伝子の配列情報（cDNA など）をもとに，
ホモロジーサーチにより類似 DNA 配列を探索
する方法である。

　まず，同種で既に遺伝子配列情報の報告が
ある場合を例にとる。トラフグのミオスタチン
1 については遺伝子解析の結果が 2003 年に，
EMBL/GenBank/DDBJ データベースに登録さ
れている。なお，EMBL/GenBank/DDBJ デー
タベースはゲノムブラウザではなく，あらゆる
生物の個別の遺伝子が登録されているデータ
ベースである。まず，ミオスタチン 1 遺伝子の
配列を，キーワード検索（myostatin + fugu）に
より EMBL/GenBank/DDBJ データベースから
取得する。次に，トラフグのゲノムブラウザ上
で類似 DNA 配列の探索をおこなう画面（たと
えば BLAST search という画面）を開き，先に
取得した遺伝子配列の一部を「クエリー配列」
（照会配列）として貼り付ける（図 11-5）。そし
て，トラフグのゲノムデータベース内を探索対
象範囲として指定した後，BLAST 検索をおこ
なう。ブラウザ上の結果フィールドには，この
探索によりヒットした類似性の高い配列が上か
ら順番に表示されるが（図 11-5），最も高い類
似性を示す配列がデータベース内で注釈付られ
たミオスタチン 1 のエクソン領域である可能性
が高い。ちなみに BLAST 検索の場合，類似性
の度合は E-value と bit 値（類似性の点数）に

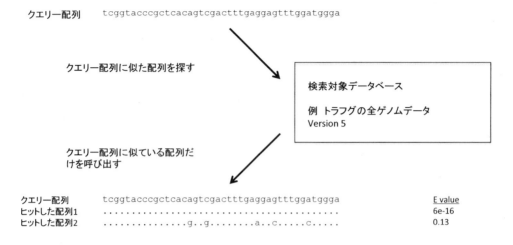

図 11-5　ホモロジーサーチによる類似 DNA 配列の探索
まずクエリー配列を指定し，次に探索対象範囲を指定した後，ホモロジーサーチをおこなう。ホモロジーサーチプログラムはデータベース内でクエリー配列に似た配列を探し出して，ヒットした配列だけを並べる。ヒットした配列において，クエリー配列と同一な塩基は点（．）で示してある。良く用いられるプログラムである BLAST を用いた場合，類似性の度合は E-value と bit 値（類似性の点数）によって表される。E-value の値は，「対象としたデータベース内において，全く偶然にこの bit 値以上の得点を持つ配列の本数の期待値」である。値が小さいほど，配列の類似性が高いと考えられる。

よって表される。E-value の値は，「対象としたデータベース内において，全く偶然にこの bit 値以上の得点を持つ配列の本数の期待値」である。つまり，E-value が小さいほど，偶然には起こり得ないくらい配列の類似性が高いことを示している。検索の結果を示す画面では，クエリー配列とわずかに異なる配列も上から表示される。図中の2番目の配列は，ミオスタチン1と類似性の高いミオスタチン2遺伝子である可能性が高い。同種において cDNA 等の手掛かりとなる遺伝子配列情報がない場合は，他種の配列を「クエリー配列」として用いる。それ以外の操作は同種の場合とほぼ同様である。その際，これら二種の系統的距離が近ければ近いほど高い類似度の配列がヒットすることが期待できる。一般に異種間比較の場合，cDNA の配列よりも演繹アミノ酸配列を「クエリー配列」として用いたほうが目的とする配列がヒットすることが多い。

5．原因遺伝子の探索：連鎖マッピングと連鎖不平衡マッピング

　遺伝育種分野におけるゲノム配列情報の主要な利用目的のひとつは，第1節で述べたように遺伝子型・表現型相関の解明を効率化することにある。ただし，ゲノム配列情報があるからといって，ただちに遺伝子型・表現型相関が判明するわけではなく，その目標達成に至るまでの様々な段階でいくつもの方法を介してゲノム配列情報を利用することになる。この「様々な段階におけるいくつもの方法」は実に多様で，状況に応じてそのつど方法を改変することも多い。初学者にとっては，多様な利用法の羅列を眺めるより，遺伝子型・表現型相関の解明に成功した研究例の全体像を理解し，その文脈にそって利用頻度の高い方法を学ぶことのほうが重要であると思われる（図11-6）。そこで本節では，まず，水産分野における遺伝子型・表現型相関解明の成功例を通じて，ゲノム配列情報の活用方法を解説する。次に，ゲノム配列情報を利用した研究が水産分野より進んでいる家畜分野の研

究例を紹介する。

1）例としてのトラフグ性決定遺伝子研究

近年，水産分野においても様々な種を対象に連鎖マッピングがおこなわれ，有用形質の遺伝子座が同定されている。これら遺伝子座の情報はマーカーアシスト選抜法を通じて効率的な品種確立に寄与しているが，遺伝子座の情報（アリルと表現型の連鎖）は概して系統特異的であり，たとえ同一種であっても他の系統や野生魚に対しては利用することはできない。汎用性の高い有用形質遺伝マーカーを得るためには，遺伝子座の中にある原因変異を同定する必要があるのである。しかし，2014年の時点で有用形質の原因遺伝子が同定された例は，世界を見渡してもトラフグの性決定遺伝子やサケ類の性決定遺伝子などのみで未だ少ない（菊池ら2013）（2015年には，タイセイヨウサケにおける伝染性膵臓壊死症耐性遺伝子座の原因遺伝子候補が報告された）。今後，多くの水産生物において有用形質の原因遺伝子特定が進むと考えられるが，その際に役立つであろう研究手法の多くをトラフグ性決定遺伝子の研究は採用している。そこで，トラフグ性決定遺伝子の研究例を通じて有用変異の原因遺伝子同定に向けたゲノム配列情報の利用法を解説する（図11-6）。

形質の選定と分子マーカーの必要性（図11-6①）

水産生物の有用形質の典型的な例は耐病性や高成長などであるが，遺伝的疾患のように排除することで有用となるような形質もある。また，雌雄の片方が生産者・消費者に好まれることも多いことから，性も重要な有用形質である場合が多い。たとえばトラフグの場合，卵巣が猛毒を持つのに対して精巣は食品として珍重されることから，成熟した雄に高い商品価値がある。しかし，この魚には明瞭な外部形態の二次性徴が認められないため，有用表現型（精巣を形成することを）を持つか否かを未成魚の段階で判定することは不可能であり，性を統御する方法も確立されていなかった。こういった事情

から，精巣形成を有用表現型と捉えて，その原因遺伝子同定を目指した研究が進められた。

全ゲノム配列の取得（図11-6②）

今回の研究例では，全ゲノム概要データが遺伝学的研究の開始前から利用可能であった。このような事態はかつて稀であったが，全ゲノム配列解読がルーティーン作業化してきた現在，他の水産生物の研究においても同様な事例が増えるはずである。

マーカーセットの取得（図11-6②）

有用遺伝子座を同定するためには，まず全染色体に渡る多数の遺伝マーカー座を取得して，次に全染色体を覆うような連鎖地図を作成し，さらに，その地図を用いて有用遺伝子が存在するおおよその位置を連鎖地図上に位置付ける必要がある。全ゲノム配列情報が利用できる場合は，遺伝マーカー座の同定が著しく容易となる。遺伝マーカー座とよばれるものにはいくつかのカテゴリーが存在するが，ここでは，代表的な多型座であるマイクロサテライト座とSNP（single nucleotide polymorphism，一塩基多型）座に焦点をあてて解説する。

マイクロサテライト配列：CACACAといった2-4塩基などの繰り返し配列より構成され，高い頻度で反復回数の多型を示す配列がマイクロサテライト配列である。トラフグのようにゲノム概要データが存在する種の場合，コンピュータプログラムを利用するだけでマイクロサテライト配列を網羅的に抽出できる（Ensemblにはデフォルトで実装されている）。その多型頻度が極めて高いため，マイクロサテライト座は1個体の2倍体生物内でしばしば多型を示す。したがって，雌雄1対の両親から得られた解析家系内でも多型を示す場合が多くて利便性が高い。たとえば，トラフグの第一世代連鎖地図作製に際しては，ゲノム概要配列から無作為に選び出したマイクロサテライト配列の中で，約6割が連鎖地図作製に役立つ多型を示していた。

SNP：ある生物種の集団のゲノム中に一塩

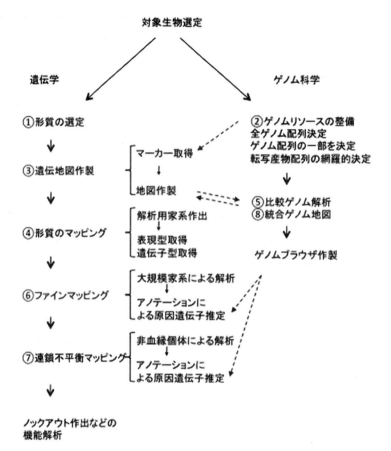

図11-6 ポジショナルクローニングによる表現型原因遺伝子の同定とゲノム配列情報の利用
原因遺伝子（表現型の原因となる変異が存在する遺伝子）を明らかにするためには，主に遺伝学的な手法が用いられる（図左側）．その際，ゲノム科学的手法により得た情報を逐次利用する（図右側）．点線で示した矢印は，両者間における情報のやりとりを表す．

基の変異が認められ，その頻度が1％を超えるとき，その祖先型と変異型を一塩基多型という．たとえば，ある1個体の魚のある遺伝子の配列決定をおこない，GATCGGGATGCCTとGATCCGGATGCCTという二つのアリル配列を得た場合，G/CというSNPが存在する確率が高い．ただし，少数側のアリルの頻度が集団中で1％より低いときは，多型ではなく変異とよばれる．複数個体の網羅的遺伝子発現データやゲノム配列がデータベース内に存在する場合，コンピュータプログラムにより大量のSNP座を網羅的に抽出することが可能である．実験的な見地からすると，SNPのほうがマイクロサテライト多型より迅速で正確な遺伝子型判別に向いており，その遺伝子型判定のコストは，解析対象座がある程度増えると（たとえば3000個）SNP座のほうが低くなる．したがって，モデル実験生物やヒトにおける解析ではSNPの利用が好まれる．一方で，SNP利用には集団レベルのデータ蓄積（多個体からのデータ取得）が前提となるという制限要因もある．現時点（2014年）で公共データベースのみを用いてSNP座を同定できる水棲生物は，イトヨ，ゼブラフィッシュ，タイセイヨウサケなどごく限られた種のみである．ただし，次世代シーケンサーの利用により多数のSNP座を同定することの敷居が下がってきたので，今後は多くの水産生物でもSNPの利用が進むと考えられる（佐藤ら2012; 柿

岡 2013)。

連鎖地図の作製（図 11-6 ③）

　品種化が進んでいない多くの水産生物の場合，雌雄一対の両親とその交配より得られた兄妹がしばしば解析家系とされる（F_1 家系を用いた解析）。この家系の親子間におけるアリルの伝達パターンを解析して，連鎖地図を作製する（詳細は第 7 章）。トラフグの場合，野外採取により得られた両親と 64 個体の子供が連鎖地図作製に用いられた。最初の報告では，200 個のマイクロサテライト座により全染色体に対応する連鎖地図が作製されている（菊池ら 2012）。連鎖地図は次のステップで形質マッピングに利用されるが，後述するようにゲノム配列情報の高精度化にも役立つ（⑧統合ゲノム地図の作製）。

形質のマッピング（図 11-6 ④）

　基本的には，連鎖地図作製の際に用いた連鎖解析と同様の原理に基づく（詳細は第 6 章）。最も単純なのは，単一の遺伝子座により形質の表現型が規定されているときである。この場合，表現型が分離する家系（たとえば，子供たちの中に表現型 A の子供と表現型 B の子供が混在する状況）を解析対象とし，まず表現型の記録をおこなう。次に，全染色体にわたって遺伝マーカー座のアリル型を取得する。最後に，表現型データを他のマーカー座のアリルデータと同列に扱うことにより（例えば，表現型 A をひとつのアリルと見なす），連鎖地図上に形質座を位置付けることができる。単一の遺伝子座で表現型の分離パターンが説明できない場合，その形質が量的形質座（QTL）により支配されていると仮定して QTL 解析をおこない，形質を規定する QTL 座の数と影響力を解析する（詳細は第 7 章）。

　トラフグ性決定遺伝子座のマッピングにおいては，まず両親と 130 尾の子供から成る解析家系が作出され，生殖腺の観察により各個体が雄か雌かという表現型データが得られている。次に，全染色体上の遺伝マーカー座からアリル型データを取得した後，アリル型データと表現型データを併せて連鎖を調べ（雄という表現型を優性アリルとみなした），性決定遺伝子座が 19 番染色体上にあることを明らかとしている（菊池ら 2012）。真骨魚類の性決定は多因子支配であることが珍しくないが，ここで得られたトラフグのデータはヒトなどと同様の単一遺伝子支配という作業仮説を支持していた。

比較ゲノム解析（図 11-6 ⑤）

　次のステップでは，多くのマーカー座と多くの解析個体を用いた連鎖解析をおこない，目的遺伝子座の正確な位置を同定することになる。ファインマッピング（fine mapping）とよばれるステップである（図 11-6 ⑥）。もし，研究対象種のゲノム配列情報が存在しなかったり，あったとしても連続性の乏しいゲノム配列情報しか利用できない場合，目的の領域周辺にマーカー座を高密度に設定したり，目的領域に含まれる遺伝子を知ろうとしたりすることは困難である。ここで有効な方策の一つは，比較ゲノム解析の利用である。一般に，系統的に近い種同士では染色体上の遺伝子の配置が良く似ている。このことを利用すれば，高精度で連続性の高いゲノム配列情報を持つ種を参照することで，限られた情報しか持たない種のゲノム構造（遺伝子配置など）が推定可能となる。

　トラフグの場合，200 個のマーカー座で作られた連鎖地図は，性決定遺伝子座がどの染色体にのっているかを知ることには十分であったが，性染色体の DNA 配列を端から端までつなげるという目的には不十分であった。そうするためには，ゲノムデータベース内で位置情報を持っていないスキャフォールドに位置情報を与えてやる必要がある。

　今，個々の染色体にこだわらずにすべての染色体においてできるだけ DNA 配列をつなげたいという場合を考えてみる。その場合，単純にマーカー座を増やしていき，より多くのスキャフォールド配列に位置情報を与えてやれば良い。マーカー座数を限界まで増やせば，それぞれの

染色体の DNA 配列のほとんどをつなげること
が可能となるだろう。しかし、この方法はある
染色体（例えば性染色体）のみを解析したいと
いう場合は効率が著しく悪い。位置情報をもた
ないスキャフォールがどの染色体上にあるかは
連鎖解析をしてみないと分からないからである。
そこで、ミドリフグとトラフグの比較ゲノム解
析という方策が採用された。ミドリフグは 2004
年にゲノム概要が公開された魚類であるが、そ
の配列データは 2002 年のトラフグデータと比
較して連続性の高いものであった。トラフグと
ミドリフグのシンテニー（遺伝子座の連乗関係、
この術語については第 7 章参照）は染色体レベ
ルで保存されていることが示されており、トラ
フグの 19 番染色体はミドリフグの 11 番染色体
に対応することも示されていた。そこで、東大
水産実験所チームは、まず、ミドリフグの 11 番
染色体上の遺伝子カタログを参照して、それら
の遺伝子に同祖的であると推定される約 600 個
の遺伝子をトラフグのゲノムデータから選びだ
し、この情報を用いることで、約 11 Mb に渡る
トラフグ性染色体（19 番染色体）の統合ゲノム
地図を作製した（図 11-3 も参照）（菊池ら 2012）。

　真骨魚類の場合、イトヨ、メダカ、トラフグ、
ミドリフグ、ゼブラフィシュなどで、比較的連
続性の高いゲノム概要配列が公開されている
（2014 年の時点）。真骨魚類ゲノムのシンテニー
は魚種間で良く保存されていることが示されて
いるので、対象とする魚種の系統的な位置に応
じて参照ゲノムを選ぶことにより、ゲノム配列
がほとんど読まれていない魚種でも確度の高い
ゲノム構造（遺伝子の染色体上の配置）の推定
が可能である（菊池ら 2012）。口絵 11-1 にトラフ
グ、ミドリフグ、メダカ、ゼブラフィッシュの
シンテニー構造を比較した図を示した。棘鰭上
目に属するトラフグ、ミドリフグ、メダカのシ
ンテニーが非常によく保存されていることがわ
かる。

ファインマッピングと注釈情報の利用（図 11-6 ⑥）

　この段階までくれば、マーカー座の密度を増

やして解析個体数を増すことにより、原因遺伝
子が存在するであろうゲノム領域を狭めること
ができる。トラフグの場合、20 kb-100 kb に 1 個
程度の密度で配置されたマーカー座を用い、約
1400 個体の解析家系に対して連鎖解析が進め
られ、17.5 kb の長さまで性決定遺伝子が存在す
るであろう領域が狭められている（図 11-7 AB）。

　次の疑問はこの 17.5 kb 領域にどのような遺
伝子が存在するかということである。ここでゲ
ノムブラウザが重要な役割を果たす。上で説明
したようにゲノムブラウザでは、ゲノム DNA
の配列上に遺伝子が存在していると予想される
領域が示されており、その遺伝子が他の生物
のどの遺伝子に対応するかといった情報が注
釈付けられている。トラフグの 17.5 kb 領域に
は、抗ミュラー管ホルモン II 型レセプター（*anti-
Müllerian hormone receptor type II, Amhr2*）と NFX1
型ジンクフィンガーコンテイニング 1（*NFX1-
type zinc finger-containing 1, Znfx1*）というタンパ
ク質コード遺伝子の存在が予測されていた（図
11-7 B）。哺乳類の Amhr2 は生殖関連器官の
発達に関わるタンパク質であり、Znfx1 は機能
不明のタンパク質であった。このように遺伝学
的な解析で絞りこまれた DNA 配列領域にいか
なる遺伝子が存在するかを予想できるところが、
注釈情報を持つゲノムデータベースのすばらし
いところである。

連鎖不平衡マッピング（図 11-6 ⑦）

　では、この二つの遺伝子の内どちらが性を決
定しているのだろうか？膨大な数の解析個体を
用いた連鎖マッピングをおこなえば、どちらの
遺伝子が性を決定しているかということが明ら
かとなるであろう。しかし、連鎖解析だけが原
因遺伝子同定に役立つ方法ではない。たとえ
ば、ヒト集団を材料とする多くの研究では、連
鎖不平衡マッピング（関連解析、関連研究とも
よばれる）が原因遺伝子の同定に用いられてい
る（図 11-8）。この方法では用いた個体群の祖
先で生じた組み換え事象を利用するので、たか
だか一世代や二世代の間に起きた組み換え事象

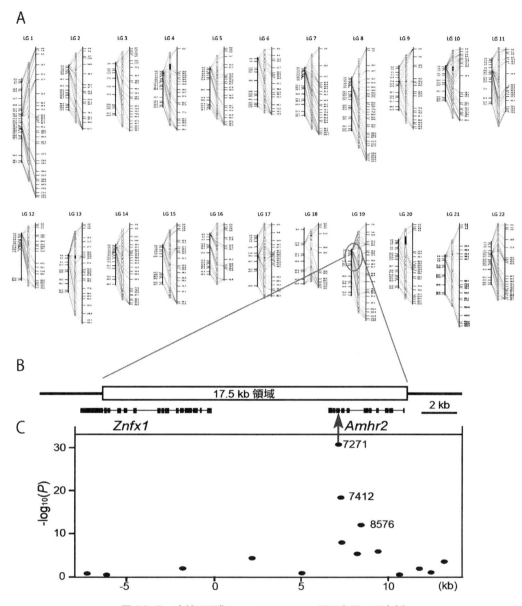

図 11-7 連鎖不平衡マッピングによる原因変異の同定例

A トラフグが持つ 22 個の染色体の統合ゲノム地図。
B 性決定遺伝子座のファインマッピングによって絞り込まれた 17.5kb 領域。この領域には，二つのタンパク質コード遺伝子が注釈付けられている。
C 連鎖不平衡マッピング
野生個体約 100 尾における，アリル型と表現型（雌あるいは雄）の関連値を示す。SNP7271 座のアリル型だけが表現型と完全に一致しており，突出した P 値を示している。（菊池ら 2013 を改変して引用）

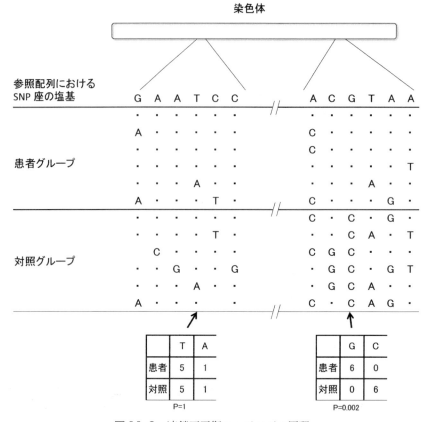

図 11-8　連鎖不平衡マッピングの原理
例として、ヒトの患者グループと対象グループを比較する場合を考える。まず染色体全域に沿って設定された SNP 座において、各群のアリル頻度を調べる。次にすべての SNP 座において、2 × 2 の分割表を用いて各グループとアリルとの関連を調べ、高い関連値（低い P 値）を示す座を探索する。図中には、染色体の 2 領域 2 座の解析例だけを示したが、ゲノムワイド解析の場合、全染色体上に設定された SNP 座すべてについて同様の解析をおこなう。原理は単純であるが、多重検定の問題や集団の構造化による擬陽性の頻出といった問題がある。

を解析する家系ベースの連鎖解析より、高い解像度で表現型・遺伝子型相関を解析することがしばしば可能である（連鎖不平衡という術語については第2章参照）。そこでトラフグ研究では、まず複数の野生個体を用いて 17.5kb 領域にあるすべての多型座が同定され、これらの中から大規模解析に適切な SNP 座が選定された。次に、これらの SNP 座のアリル型を野生個体約 100 尾について決定した後、連鎖不平衡の度合いが分析され、さらに性の表現型と SNP 座の関連値が算出された（図 11-7C）。関連解析の解像度は著しく高く、*Amhr2* 遺伝子上の一つの SNP 座のアリル型だけが表現型と完全に対応していた（図 11-7C）。このサイトにおいて全てのオス個体はヘテロ接合を、メス個体はホモ接合を示していた。すなわち、ここにトラフグの有用表現型である精巣形成能と完全に相関するアリル型が同定されたのである。この発見はただちにトラフグの簡易性判別法の開発とマーカーアシスト選抜による全オス生産に結びついている（菊池ら 2012）。

統合ゲノム地図の作製（図 11-6 ⑧）
　連鎖地図は形質マッピング以外にもゲノム概要配列の高品質化に役立つ。ゲノム解読により得られたスキャフォールド配列はそのままでは染色体上の位置が不明であるが、スキャフォールド配列内にある多型座を用いることにより、

連鎖地図上に位置付けることができる。トラフグの場合，約1200個のマイクロサテライト座を用いて697個のスキャフォールドを連鎖地図上に貼り付けて，ゲノム配列の86%の位置情報を得ている（図11-7A）（菊池ら2012）。このようにして，連鎖地図とスキャフォールドを統合して再構築した染色体から構成される地図を，統合ゲノム地図（integrated genome map）とよぶことがある（ただし，技術的に日進月歩の分野なので厳密な定義をしないで似たようなニュアンスの学術用語が用いられる場合も多い）。ゲノム上の位置情報が不明なスキャフォールド群は遺伝学的な解析に直接は役立たないが，このようにして位置情報が与えられると，形質の背後にある原因遺伝子同定のための強力な研究資源へと変貌する。

　以上，トラフグ性決定遺伝子の研究を通じて，ゲノム配列情報の利用法を見てきた。他の水産生物においても，単一遺伝子により規定される形質の場合，その原因遺伝子同定が比較的容易に進むと予想されるが，単一遺伝子では説明しきれない量的形質の場合，その原因遺伝子同定の敷居は未だ非常に高く（第4章と第6章参照），食用水産生物において成功例は未だ報告されていない（2015年に，タイセイヨウサケ伝染性膵臓壊死症耐性遺伝子座の原因遺伝子候補が報告された。水産分野の量的形質としては，原因遺伝子同定の初成功例となる可能性が高い）。今後の研究の発展が期待されるところである。

2）候補遺伝子アプローチ

　有用形質の原因遺伝子を同定する方法には，上で述べたポジショナルクローニング法の他に候補遺伝子アプローチがある。たとえば，魚の高成長品種があったとして，その原因変異が知りたいという状況を考える。成長ホルモン（growth hormone, GH）やインシュリン様成長因子1（insulin-like growth factor, IGF1）といった遺伝子は，その発現変動が動物の成長に大きな影響をもたらすことが生理学的な実験でわかって

いるので，「これらの遺伝子における変異が高成長に関わる」という仮説を立てて研究を進める方法である。GHやIGFの遺伝子配列を同種あるいは他種のゲノムデータベースを参照しながら取得し，遺伝子上の変異を探索した後，高成長という表現型との関連を見ていくことになる。連鎖解析のような大規模な実験が必要ないという利点を持つ反面，作業仮説が最初からあまりに限定的であるため，多くの場合は遺伝子型・表現型相関を見出すことはできない。ただし，連鎖解析で形質に関わる可能性を持つ遺伝子数を絞り込んだ後，その中から候補遺伝子を選び出す方法については，モデル生物において多くの成功例が知られている（たとえばvan Laere et al. 2003）。

3）家畜分野における遺伝子型・表現型相関

　家畜研究分野では，水産分野と比べてゲノム配列情報を利用した遺伝子型・表現型相関の研究が進んでいる。特に単一遺伝子により支配されている有用形質に関しては，多くの原因遺伝子が特定されている。たとえば，ダブルマッスルとよばれるウシの筋肥大表現型の原因は，ミオスタチン遺伝子上の機能欠失変異であることが分かっている。テクセルとよばれるヒツジの筋肥大表現型の原因も同様にミオスタチン遺伝子にある。また，産子数増加という表現型をヒツジにもたらす原因遺伝子は，ボーンモルフォジェネティックプロテイン15（bone morphogenetic protein, BMP15）およびBMPレセプター1B（BMPR1B）である。これらは生産形質とよばれる形質の例であるが，遺伝性疾患の場合，表現型が極端でそのデータ取得が容易なため，原因遺伝子の同定例はさらに多い（東條ら2007）。

　上記の例は単因子支配の形質であるが，有用形質の多くは量的形質であり，多因子によって支配されていると考えられている。こういった量的形質座（QTL）の原因遺伝子が同定された例はさほど多くない。早い時期に同定された例としては，ウシの牛乳生産に関わる14番染色体上と20番染色体上のQTLに関する研

究が挙げられる。これらの QTL の原因遺伝子は、それぞれジアシルグリセロールトランスフェラーゼ（*diacylglycerol transferase, DGAT*）と成長ホルモンレセプター（*growth hormone receptor, GHR*）であり、コード領域のミスセンス変異が原因変異であることが 2002 年に報告されている（Grisart et al. 2002, Winter et al. 2002）。またブタの筋成長に関わる QTL も早い時期に解析された例のひとつである。その原因遺伝子はインシュリン様成長因子 2（*IGF2*）であり、遺伝子内の 1 個の塩基置換がその筋成長に影響を持つことが明らかとなっている（van Laere et al. 2003）。これらの遺伝子同定は連鎖マッピングで遺伝子座の染色体上の位置を特定した後、連鎖不平衡マッピングの一種である IBD（identity by descent）マッピングでなされている。上記の研究以降も、多大な努力が量的形質における表現型・遺伝子相関の解析に向けられているが、その解明のペースが劇的に上昇したとは未だいえない状況にある。

　そういった事態を打開する解析技術として期待されているのが、ゲノムワイド関連マッピング法（genome wide association study, GWAS）（ゲノムワイド連鎖不平衡解析とも言う）である（図 11-8）。この方法は上で紹介した連鎖不平衡マッピングを全ゲノム領域に拡張した方法であり、ヒトの疾患遺伝子研究において強力な力を発揮している（Strachan と Read 2011）。ただし、一般に家畜品種の有効集団数は小さくて連鎖不平衡ブロックが長い傾向があるので、単純にこの技術を適用しても量的形質の原因遺伝子を絞り込むことはできない。そこで、IBD マッピングなど何世代にもわたる家系情報が記録された品種が存在するという家畜の利点を活用する方法論の開発が進められている。今後、遺伝的な系譜を考慮しつつ複数の品種を GWAS に供することで、表現型・遺伝子相関の解明が進むと予想されている。こういった研究の基盤整備にむけて、家畜の代表的な品種すべてについて全ゲノム配列の決定が進められている。

　一方で全く異なった発想のもとに進められ

ている研究として、ゲノム選抜法（genomic selection）の開発と適用がある（長嶺 2013）。従来の表現型・遺伝子型相関解析や GWAS の場合、主な興味は原因遺伝子の位置や効果の大きさにある。したがって、表現型と原因遺伝子の正確な因果関係の把握のために、効果の大きな座にのみ焦点をしぼり、連鎖解析に加えて多大な実験的労力を注いでいる場合が多い。ところがゲノム選抜においては、主な興味はアリル型による表現型の予測精度にあるので、原因遺伝子の正体にはこだわらないし、効果の小さな遺伝子座でも無視せず解析に取り入れる。具体的には、まず小さな集団（トレーニング集団）を解析対象とし、全ゲノムを覆う数十万の SNP 座についてアリル型を決定し、アリルの組み合わせが表現型をうまく説明するように、特定遺伝モデルのもとで各 SNP 座に重み付けをする。次に、ここで調整した遺伝モデルをより大きな集団（トレーニング集団と血縁関係にある）に適用し、遺伝的な情報をもとにした選抜がもたらす表現型の変化を予測しようとするものである。ここではもはやゲノム配列情報の利用ではなく、全ゲノムレベルの多型情報の利用に重点が移されている。この新しい潮流に関する詳細は 4 章を参照してほしい。

　以上のように表現型・遺伝子型相関の解明に関しては、家畜研究分野における研究動向が、水産研究分野における研究指針の設定に参考となること大である。しかし、家畜研究で用いられたストラテジーが水産生物には適用できない場合も多い。たとえば、家畜における表現型・遺伝子型相関研究の多くは品種・系統が存在するという歴史的資産を活用しているが、ほとんどの水産生物にそのような品種は存在しない。一方で、水産生物は品種・系統化にともなう連鎖不平衡ブロックの長大化を免れているので、高解像度の連鎖不平衡マッピングが期待できるという見方もできる（3 節⑦参照）。今後は水産生物の特性を利用した研究手法の開発が求められる。

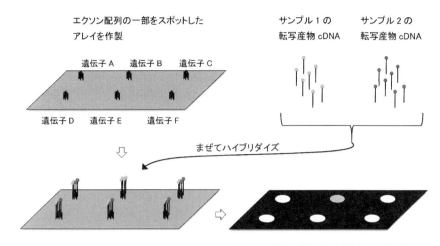

図11-9 マイクロアレイの原理

事前に網羅的発現解析で得たエクソン配列の一部を，遺伝子ごとにガラス基板上に高密度で貼り付けるか，ガラス基板上で合成する（マイクロアレイの作製）。図では6遺伝子しか示していないが実際は万単位であることが多い。別途，比較したい二つのサンプルから得たcDNAを異なった蛍光試薬でラベルし，これを同時にマイクロアレイにハイブリダイズさせる。二つのサンプル間で発現量が同程度の場合と偏っている場合で，蛍光色に差が生ずる。図ではエクソン領域がプローブとして用いられている例を示した。この場合，主に遺伝子の発現解析に用いられる。あらかじめSNPがあることが判明している領域がプローブとされる場合，SNP座のアリル型判定に用いられる。その他，ゲノム配列上の一定間隔の領域をプローブとする場合もあり（タイリングアレイ），多型解析など様々な用途に用いられる。

6. 機能ゲノミクス

ゲノムの中でタンパク質として発現する遺伝子座の数は限られている。たとえば，ヒトでは2万－2万5千個程度と言われているし，メダカやフグなどの真骨魚類でも同様か少し多いぐらいと考えられている（Denny and Kole 2012）。これらの遺伝子の発現を一挙に解析しようという試みが，1990年代から盛んとなってきており，しばしば，機能ゲノミクス（functional genomics）とよばれている。ただし，遺伝子"機能"を実際に解析している研究は少ないので，網羅的な遺伝子発現量解析とよぶほうが実情を反映しているだろう。

少数遺伝子の発現解析は連鎖解析や関連解析より敷居がはるかに低いため，水産生物における研究例は枚挙にいとまがない。その網羅性を高めた研究は，1990年代半ばから始まったDNAマイクロアレイ技術の発達に大きく依存していた（図11-9）。さらに近年は，次世代シーケンサーを発現定量のために用いるという動きが盛んとなってきている。DNAマイクロアレイ法では，解析対象とする多数の遺伝子配列をあらかじめ非定量的発現解析やゲノム解読で取得しておく必要があるため，その利用が一部のモデル生物に偏る傾向が強かった。一方，次世代シーケンサーからは，解析対象である遺伝子の配列データとその発現量データが同時に得られるため，多くの食用生物を含む非モデル生物が研究材料となりつつある。ただし，網羅的遺伝子発現解析の単独成果が品種改良に直結した例は未だないようである。そもそも育種への応用を本気で目指した研究は少ないと言えるだろう（注 育種に役立つかもしれないと述べる研究論文は多数ある。）。

ひとつの例として，魚の生殖腺における解析を考えてみる。例えば，卵巣と精巣発現している遺伝子を網羅的に次世代シーケンサーで読んだ後，各遺伝子座における転写産物の数をかぞえ，卵巣に顕著に発現している遺伝子と精巣

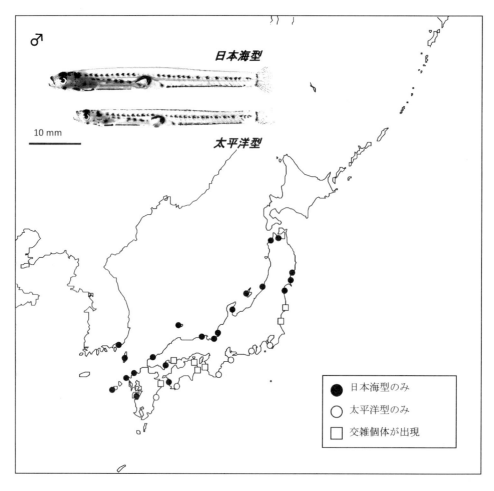

図11-10 体サイズの異なるシロウオの地域品種
サンプリング地点とDNAマーカーによる二型の分類。共通環境下において，日本海型は太平洋型に比べて孵化直後から成長速度が速い。（図はKokita and Nohara 2011を改変して引用。写真は小北博士提供）

に顕著に発現している遺伝子を同定したとする。数百個という遺伝子が見つかるはずだ。これらの遺伝子はそれぞれ卵巣および精巣の発達に関わる可能性が高いが，遺伝的な雌雄判別マーカーとしては当然利用できない。

以上と同様のことが品種間の解析でも言える。たとえば，高成長と低成長の品種の2群間で遺伝子発現を比較しても，高成長品種の選抜に役立つ遺伝マーカーは通常得られない。いうまでもなく，「遺伝子発現量の変動」は遺伝子型ではなく，表現型だからである。網羅的遺伝子発現解析はその容易さから今やほとんどルーティーン作業と化している面もあるが，栽培植物や家畜分野でも，網羅的解析で得た遺伝子発現データの育種学的利用はさほど進んでいないと言って良いだろう。ただし，遺伝子発現のパターンの網羅的解析はゲノムデータベースにおける注釈情報の高品質化には確実に寄与する。さらに，着目した生命現象に関わる候補遺伝子群や遺伝子カスケードをリストアップできるので，生命現象のプロセス解明に向けた土台をつくることもできる。

7. エコゲノミクス

魚介類の育種においては，家畜育種や作物育

種において採用されている育種戦略をそのまま採用することが常に正しいとはいえない。多くの魚種には同属の近縁種が豊富に存在しており，これらの一部がすぐれた育種素材となる可能性があるからである。たとえば，マダイの近縁種であるチダイは体表の色調がマダイより赤いが，これを育種素材として捉え，種間交配により消費者が好む色調を持つタイ品種の作出に利用しようという研究がおこなわれている（熊井2005）。今のところ，このハイブリッド品種は日本の市場に広く流通しているとは言いがたいが，北米では種間交配により作出された赤いティラピアが普及している（隆島忠夫と村井衛2005）。一方で，種内の地理的品種が持つ育種素材としての可能性も見逃せない。近縁種間交配魚に対する消費者の抵抗感が強い場合はこちらのほうがより実用的だろう。たとえば，高緯度環境に生息する地域品種の個体が低緯度環境に生息する地域品種より高い成長特性を示すことが，複数の真骨魚類で報告されている。（山平寿智2001）このような成長特性の高い品種は有望な育種素材と成り得るだろう。

上記のような状況を考慮すると，自然界から育種素材を見つけ出して利用する新たな方法論の探求は，農学分野の中でも特に水産系の学者に課された課題であると言えるかもしれない。この観点から見て興味深いのが，近年急速な進展を遂げている生態ゲノミクス（ecological genomics）という学問分野である。この分野は主に，自然集団における適応進化の遺伝基盤や適応遺伝子の時空間的動態の解明を目指しており，水産研究の中では自然集団の保全という分野との親和性が強い。育種分野との関係は一見ないように見えるかもしれないが，地域適応に寄与する遺伝子座の同定は，その適応形質が育種目標と一致するとき，有用形質座の同定と同じことになる。ここでは日本の水産生物の研究として，シロウオの例を紹介する。

シロウオは日本各地の海域・河川に生息しており，春季に河川に遡上した親魚をとるシロウオ漁は古くから春の風物詩となっている。実は

この種の中には，日本海型と太平洋型という2つの地理的品種が存在し，日本海型のほうが成長速度がはやくて体サイズも大きい（図11-10）。ゲノム配列を集団レベルでみてみると，日本海型と太平洋型の間で分化している領域が存在し，その中には成長を促進する作用が知られている成長ホルモン遺伝子（*GH*）座や食欲亢進作用を持つことが知られているニューロペプチドY遺伝子（*NYP*）座が含まれている（小北2010）。したがって，これらの遺伝子が日本海型の地域適応に関与している可能性が考えられるし，同時に，これらの遺伝子上の多型が高成長品種の遺伝マーカーとなる可能性もあるのである。シロウオは漁獲対象魚ではあるが養殖対象魚ではないため，高成長品種とその表現型に対する遺伝的マーカーが得られたとしてもすぐに水産上有用となるわけではない。今後，養殖対象魚を対象とした同様の研究が期待されるが，欧米では既にタイセイヨウダラやタイセイヨウスズキなどについて，そのような研究が進行している。

8．補足としての海外事情

食に関する規範は，地理的・文化的な制約を大きく受ける。たとえば，ブリ類，マダイ，ヒラメ，トラフグなどの日本における主要海産養殖魚は，欧米諸国ではさほど流通していない。こういった事情は，教科書の執筆にあたってある種の困難をもたらす。日本の読者に身近な研究例を求めれば，日本の研究者の成果，さらに言えば執筆者に身近な研究例に行き当たることになる。しかし，それが必ずしも先駆的研究や古典的研究とは限らない。この章ではできるかぎり日本の食用魚類を扱いながら，世界レベルで見ても先端的な研究例を引用するようにした（第8章の既出例は割愛）。しかし，世界の研究動向は欧米で展開されている研究にしばしば依存することから，欧米固有の水産生物の研究を無視することは好ましくない。特に，最近の欧州の水産研究に顕著な「ゲノムレベルの多型情報を利用した遺伝学」への指向性は注目に値す

表 11-3 遺伝育種という観点から見て重要な他国の水産動物の例

種　名	研究の中心地域	備　考
タイセイヨウサケ	ノルウェー・英国など	遺伝的改良が産業振興に直結した歴史を持つ。水産遺伝育種学のモデル生物となりつつある。
ニジマス	欧米など	遺伝的改良が進んだ魚の代表例。フランスでゲノムが解読された。
ヨーロッパスズキ	欧州	全ゲノムが欧州で解読された。東南アジア・豪州ではバラマンディの遺伝学的研究が進みつつある。
アカシタビラメ	中国	中国でゲノムが解読された。遺伝学的研究も進行している。
イシビラメ	欧州	スペインで全ゲノム解読が進行中。
タイセイヨウダラ	ノルウェー・カナダなど	ノルウェーで全ゲノムが解読された。生態研究と同時に遺伝研究も進行している。
ヨーロッパヘダイ	欧州	
アメリカナマズ	米国	北米での生産量は大きい。
テラピア類	東南アジア，欧米	世界で最も養殖生産量の大きい魚類グループのひとつ。米国でゲノムが解読された。
コイなどコイ科魚類	中国など	世界で最も養殖生産量の大きい魚類グループのひとつ。コイとソウギョの全ゲノムは中国で解読された。
マガキ	中国，欧米，豪州	中国で全ゲノムが解読された。欧米・豪州・中国で遺伝学的研究が進行している。

ると思われる。また，水産生物のゲノム配列決定計画における最近の中国の台頭は著しい。そこで，表11-3に欧米や中国で重点的に研究されている水産生物の一部を例示した。これらを対象とした研究は，日本の水産育種研究の今後の展開においても大いに参考になると思われる。

参考文献

Cockett NE, Kole C (ed.) (2009) Genome Mapping and Genomics in Domestic Animals. Springer

Denny P, Kole C (ed.) (2012) Genome Mapping and Genomics in Laboratory Animals. Springer

Grisart B, Coppieters W, Farnir F, Karim L, Ford C, Berzi P, Cambisano N, Mni M, Reid S, Simon P, Spelman R, Georges M, Snell R. (2002) Positional candidate cloning of a QTL in dairy cattle: identification of a missense mutation in the bovine DGAT1 gene with major effect on milk yield and composition. Genome Research 12, 222-231.

Kai W, Kikuchi K, Tohari S, Chew AK, Tay A, Fujiwara A, Hosoya S, Suetake H, Naruse K, Brenner S, Suzuki Y, Venkatesh B. (2011) Integration of the genetic map and genome assembly of fugu facilitates insights into distinct features of genome evolution in teleosts and mammals. Genome Biology and Evolution 3, 424-442.

柿岡諒 (2013) 生態・進化ゲノミクスのための RAD シーケンシング．生物科学 64, 168-176

菊池潔，細谷将，田角聡志 (2013) 魚類の性決定——フグの性決定遺伝子 Ambr2 を中心に——動物遺伝育種研究 41, 37-48.

菊池潔，甲斐渉，細谷将，田角聡志，末武弘章，宮台俊明，鈴木譲 (2012) トラフグのゲノム地図の作製とその応用——性決定遺伝子，性統御，比較ゲノム解析を中心に——. 水産育種 41, 141-151.

小北智之 (2010) 歴史的変動海洋環境におけるシロウオ集団の適応的分化——エコゲノミクスからのアプローチ——. 月刊海洋 42, 353-362.

Kokita T, Nohara K. 2011 Phylogeography and historical demography of the anadromous fish Leucopsarion petersii in relation to geological history and oceanography around the Japanese Archipelago. Molecular Ecology 20, 143-164.

熊井英水 (編) (2005) 水産増殖システムI 海産魚. 恒星社厚生閣．東京

Nelson JS (2006) Fishes of the World, 4th ed. John Wiley and Sons, Inc.

農林水産省大臣官房統計部. (2011) 平成22年漁業・養殖業生産統. 農林水産省大臣官房統計部

佐藤行人，八谷剛史，岩崎渉 (2012) 水圏生物学における次世代シーケンサー活用の現状と応用可能性への展望，水産育種 41, 17-32

Strachan T, Read A (2011) ヒトの分子遺伝学　第4版. メ

ディカル・サイエンス・インターナショナル東京

隆島忠夫, 村井衛 (編) (2005) 水産増殖システムⅡ 淡水魚. 恒星社厚生閣. 東京

東條英昭, 国枝哲夫, 佐々木義之 (編) (2007) 応用動物遺伝学. 朝倉書店 東京

長嶺慶隆 (2013) ゲノム情報と家畜育種. 動物遺伝育種研究 41, 15-22.

Van Laere AS, Nguyen M, Braunschweig M, Nezer C, Collette C, Moreau L, Archibald AL, Haley CS, Buys N, Tally M, Andersson G, Georges M, Andersson L. (2003) Positional identification of a regulatory mutation in IGF2 causing a major QTL effect on muscle growth in the pig. Nature 425, 832–836.

Winter A, Kramer W, Werner FA, Kollers S, Kata S, Durstewitz G, Buitkamp J, Womack JE, Thaller G and Fries R (2002) Association of a lysine-232/alanine polymorphism in a bovine gene encoding acyl-CoA:diacylglycerol acyltransferase (DGAT1) with variation at a quantitative trait locus for milk fat content. Proceedings of the National Academy of Sciences of the United States of America 99, 9300–9305.

山平寿智 (2001) 魚類の成長率における緯度間変異：GとEの相互作用と共分散に着目して. 日本生態学会誌 51, 117-123

<話題4>

ヒラメ・カレイ類における眼位の左右制御と逆位の発生メカニズム

鈴木　徹

　ヒラメ・カレイ類を含む異体類は眼の配置と体色が左右非対称であり，左ヒラメと右カレイと言われるように，両眼が体の左側に配置する左眼位の種と，右側に配置する右眼位の種がある。異体類でも仔魚の時期には，両眼は左右に配置し，変態期に片方の眼が反対の顔面に移動し，そのあと両眼の配置する体側が着色して体全体が左右非対称となる。眼の移動が始まる時に左眼位の種では右眼が，右眼位の種では左眼が移動を始めるのであるが，このような異体類の非対称性は，視神経交叉の左右差と，内蔵と脳の非対称性を制御するノダル経路の2つの発生システムにより制御されている（図1）。視神経交叉の左右差であるが，胚発生で視神経が左右の眼球から脳の反対半球に向かって伸長し脳の下で交叉する時に，左眼位の種では右眼由来の視神経束が左眼由来の視神経束の背側を通り，右眼位の種では左眼由来の視神経束が背側を通ることにより，左右逆の非対称性が発生する。この視神経束の交叉の順が，左ヒラメと右カレイを分ける位置情報として変態期に働くことになる。

　一方，ノダル経路は，脊椎動物共通に胚の左側の側板中胚葉に発現し，胚発生の間に心臓と腸の非対称性の向きを制御する。ノダル経路は，胚の左間脳にも発現して，間脳上部から発生する松果体・副松果体の左右の配置，左と右の手綱核の機能的差異を制御する。眼の移動は，前脳が傾いて顔面全体が左右非対称性となることで始まり，この時，前脳が右に傾くと左眼が移動し，左に傾くと右眼が移動する。左間脳に入力されたノダル経路の発現は変態期まで維持され，前脳の非対称性形成を一定方向になるように調節する。この調節機構が働くと，視神経交叉の捻れを開放する向きに前脳と視神経束が非対称性を形成するため，ヒラメとカレイ類で逆の眼が移動することになる。

　ノダル経路が左の側板中胚葉に入力される仕組みであるが，体節期胚に一過的に尾部に形成されるクッパー胞の上皮細胞の繊毛運動により，クッパー胞内に左向きの水流が発生し，この水流によりノダル経路は左側板中胚葉と左間脳に入力される。過去にクローン化操作により眼位逆位が高率に発生するヒラメ変異体が存在したが，この変異体では繊毛運動をつかさどるモータータンパク質が機能喪失しているものと推定される。そのためクッパー胞に水流が発生せず，ノダル経路が両側に入力される。内臓と脳の非対称性の性質として，正常では左に発現するノダル経路が両側に発現しても，あるいは発現しなくても，非対称性の向きは左右ランダムになる性質がある。そのため間脳の両側に発現した変異体では，前脳の傾き方向が左右ランダムとなり，半数の個体が眼位逆位となる。この変異体では内臓の向きも左右ランダムで，かつ内臓と眼位は独立にランダムとなるため，非対称性が両方とも正常，両方とも逆位，内臓は正常で眼位が逆位，内臓は逆位で眼位は正常の4通りの表現型が現れる。ノダル経路の発現阻害薬でクッパー胞形成期のヒラメ胚をインキュベートすると，ノダル経路の発現が消失し，両側に発現した場合と同じ非対称性異常が発生する。カレイ類の種苗では遺伝的に正常な親からでも眼位逆位が高率に発生することがある。この場合，胚におけるノダル経路の発現は正常に左側に起こるが，何らかの環境要因により左間脳の発現が孵化後に停止する。そのため内臓の非対称性は正常だが，眼位は左右ランダムとなる。

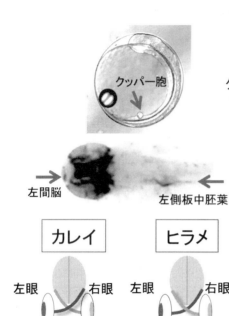
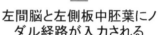

胚発生

クッパー胞内に繊毛運動により左方向の水流が発生する

左間脳と左側板中胚葉にノダル経路が入力される

カレイとヒラメで視交叉の左右差が逆に形成される

変態前

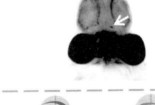

左間脳に発現するノダル経路が前脳の非対称性形成を一方向に制御する

変態

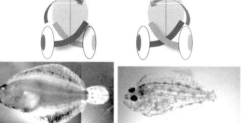

視交叉の捻れを解放する向きに前脳と視神経が左右非対称性を形成する

第12章

遺伝子・細胞操作と水産育種における応用

1. 水産生物における遺伝子操作

1）遺伝子導入魚作出の原理とその作出方法

1 はじめに

　有用形質をコードしている遺伝子を単離し，これを魚類個体へと導入することで，この遺伝子が担っている遺伝形質を当該個体へと導入することが可能となる。たとえば，成長ホルモンは，アミノ酸輸送やタンパク質合成を促し，個体の成長を促進するホルモンであるが，この遺伝子を過剰に発現させるよう設計した外来遺伝子を個体に導入すると，個体の成長が顕著に促される。この例のように，目的の遺伝形質が，単独あるいは少数の遺伝子に支配されており，それらの遺伝子が単離・同定されている場合は，個体への遺伝子導入という方法で，育種を行うことが可能である。さらに，当該種が保持していない遺伝子を異なる生物種から単離し，これを導入することで，全く新しい形質を個体に付与することも可能である。この点は前章までに記載されている従来の育種法とは決定的に異なる点である。

2 個体への遺伝子導入方法

　魚類個体へと外来遺伝子を導入する方法としては，顕微鏡下で微細なガラス管を用いてDNA溶液を受精卵の細胞質へ注入する方法が一般的である。この方法は顕微注入（microinjection）と呼ばれ，サケ・マス類，コイ，テラピ

ア，アメリカナマズ等，多くの水産上有用淡水魚に利用されてきた。また，最近になって，本法を海産魚に応用することも可能であることが示されている。なお，マウスをはじめとする哺乳類の受精卵への顕微注入では，外来遺伝子を核内に注入するが，卵黄が大きな魚類では，受精卵の核を可視化することが困難である。そこで魚類では外来遺伝子を胚盤の細胞質へと注入する方法が一般的である（図12-1）。この方法で注入された遺伝子の一部は宿主の染色体へと組み込まれる。胚盤の細胞質へと注入された外来遺伝子は，細胞分裂で核膜が消失した際に核内へと拡散し，その後，宿主自身のDNA鎖が切断され，それらが修復される際に，大過剰に導入された外来遺伝子がその切断部位に偶然組み込まれるものと考えられている。しかし，このような宿主染色体への外来遺伝子の組み込みは，外来遺伝子の受精卵への注入直後に生じるのではなく，卵割がある程度進んだ後に一部の割球において生じる。したがって，遺伝子導入を施した個体では外来遺伝子を保持している細胞と，していない細胞が混在するモザイク個体となる。すなわち，親世代における外来遺伝子の染色体への組み込みが生殖細胞において起きた場合のみ，外来遺伝子は次世代へと遺伝する。実際には初期胚の胚体内に複数の始原生殖細胞（primordial germ cell）が出現した時期以降に，染色体への組み込みが起きることが多いため，得られた配偶子が外来遺伝子を保持して

215

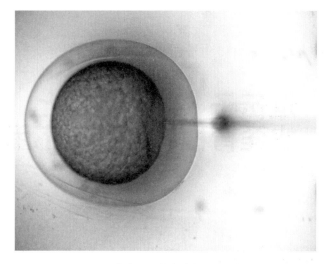

図 12-1 魚卵への外来遺伝子の顕微注入

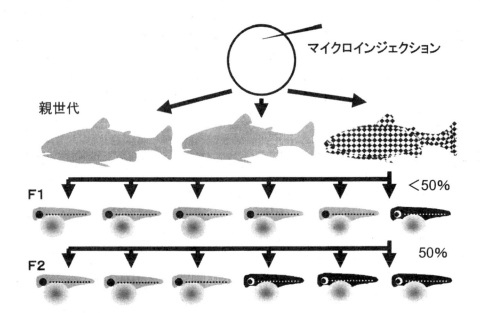

図 12-2 受精卵へ導入された外来遺伝子の挙動

いる確率はメンデル遺伝で想定される50％よりも低い値になることが多い（図12-2）。したがって，本技法で作出した個体を用いて，安定的に遺伝子導入魚を大量生産するためには，数世代にわたる交配が不可欠である。具体的には，外来遺伝子をモザイク状に保持する親世代と非遺伝子導入個体を交配することで，外来遺伝子をすべての細胞に保持するF_1世代を作出する。続いて，これらF_1世代のうち，染色体上の同じ位置に外来遺伝子が組み込まれている雌雄を，兄妹交配することで外来遺伝子をホモ化した個体を作出する。これらのホモ個体を親魚として用いることで，次世代のすべての個体が遺伝子導入魚である種苗の生産が可能になる。ここまで

に最短で2世代を必要とするが，外来遺伝子をホモの状態で保持する親魚をいったん作出できれば，これを用いて通常の種苗生産を行うことで，外来遺伝子を保持した個体のみを容易に大量生産することが可能になる。この点は本技法を産業応用していく際の大きな利点である。

　近年では，導入遺伝子にトランスポゾン（transposon）由来の配列を付加し，外来遺伝子をトランスポゼース（transposase）と一緒に受精卵へと注入することで，遺伝子導入効率が高まることも一部の魚種で知られている。また，精子や受精卵を，導入したい遺伝子を含む溶液中に懸濁させ，これに電気パルスを加えることでも遺伝子導入魚が作出されている。これは，電気パルスにより卵や精子の細胞膜に一過的に孔をあけ，そこから外来遺伝子を流入させるという方法である。この方法では顕微注入法とは異なり，大量の配偶子を一度に処理できるというメリットがあるが，魚種ごとにその処理条件が異なり，成功率も顕微注入法ほどは高くない。

　遺伝子導入技法を育種へと利用するためには，当然導入した遺伝子を魚類個体内で発現させることが重要である。魚類を用いた遺伝子導入研究が開始された当初は，哺乳類に感染するウイルス由来の発現制御領域が用いられることが多かったが，これらの配列は魚類個体内では効率的かつ正確に機能しないという報告が相次いだ。最近では，魚類遺伝子由来の発現制御領域を用いることが，導入遺伝子を正確に機能させるためには重要であることが明らかになっている。現在までに多くの細胞種や組織特異的に機能する発現制御領域が魚類，主にゼブラフィッシュやメダカから単離されており，これらの配列を必要に応じて選択することで，目的とする遺伝子由来のタンパク質を効率的に発現させることが可能になっている。また，細胞種特異的に外来遺伝子を発現させるためには，いわゆるプロモーター（promoter）やエンハンサー（enhancer）のみならず，非翻訳領域の配列が重要である例も知られている。

2）遺伝子導入魚の応用例

　現在までに水産応用を目指して多くの遺伝子導入魚（transgenic fish）が作出されている。本項ではこれらを目的別に整理し紹介する。なお，魚類の基礎生物学的研究用にも多くの遺伝子導入ゼブラフィッシュやメダカが作出されているが，これらは育種目的ではないため，本章では割愛する。なお，これらの研究の詳細は別の総説を参照されたい。

1　成長ホルモン（growth hormone）

1982年，Nature誌の表紙を巨大なマウスの写真が飾った。これはラットの成長ホルモン遺伝子をマウスに導入することで外来の成長ホルモンを過剰発現させたマウスであった。この研究に触発され，1980年代後半以降，多くの研究グループが成長ホルモン遺伝子の導入による成長促進を目指した研究を行った。研究開始当初は，用いていた発現制御領域の多くが哺乳動物や鳥類を宿主とするウイルス由来のものであったこと，さらに導入遺伝子が哺乳動物由来であったことから成長促進効果はほとんどみられなかった。しかし，1994年にカナダのDevlinのグループは，ベニザケのメタロチオネイン遺伝子の発現制御領域に同種の成長ホルモン遺伝子を接続し，これをギンザケ個体内で過剰発現させた系統を樹立した。これらの系統では遺伝子導入が施されていない同腹仔と比較して，体成長が最大30倍にまで促進されることが報告されている。同様の技術はテラピアやナマズ，さらには各種コイ科魚類へと応用され，いずれの魚種においても顕著な成長促進が認められている（図12-3）。これらの個体では，飼料効率が改善するとともに，食欲が大幅に増進することが報告されている。また，マスノスケの成長ホルモンを過剰発現させた大西洋サケはAquaBounty Technologiesという民間会社がライセンスを所有しており，現在パナマにある陸上の養殖場で試験養殖されている。既に米国食品医薬品局（FDA：Food and drug administration）は，この遺伝子導入サケが食品としての安全性基準を満たしてい

図12-3 成長ホルモン遺伝子を過剰発現させることで成長が促進されたテラピア（上段）と遺伝子が導入されていない同腹仔（下段）

ると発表している。このサケを産業利用するためには，養殖場での逃亡防止策の有効性や，万が一逃亡した際の生態系に及ぼす影響調査も必要である。現在，最終的な産業利用をめざし，これらの点が検討されている。

上述の成長促進という側面は，当然養殖業者にとっては生産コストを低減するために非常に重要な点であるが，これと同時に成長ホルモン遺伝子の過剰発現個体は窒素排泄が大幅に低減するという利点も併せ持つ。この事実は上述の餌料効率の上昇と併せて考えると，体内に取り込んだ窒素源を効率的に体成長へと転換することで，糞尿として排泄される窒素の量が減少したと考えることができる。実際にテラピアで行った実験例では，商品サイズに達するまでに排泄される窒素の量が通常個体の49％にまで減少したことが報告されている。現在，日本の養殖場から排泄される窒素の総量は人口1000万人の排泄窒素量に匹敵するという試算もあり，このような成長ホルモン遺伝子導入魚の特徴は持続的養殖を支えていくうえでも重要な選択肢となりうる。

2　抗凍結タンパク質（anti-freeze protein）

カナダの北東部では多くの大西洋サケが養殖されているが，このエリアでは冬季の海水温が氷点下2度近くまでに低下し，サケの体液が凍結してしまうため（サケ体液の凝固点は-0.8℃程度である）冬季の養殖は困難である。しかし，この海域に生息するゲンゲやオヒョウは，氷点下の海水中でも問題なく生息できる。Fletcherらの研究グループは，これら魚種の体液中に，抗凍結タンパク質と呼ばれる特殊なタンパク質が存在していることを明らかにした。さらに，彼らはこれらの遺伝子をタイセイヨウサケへと導入することで，この形質を養殖サケに導入することを試みている。現在までに，この遺伝子がタイセイヨウサケに導入され，次世代へ正常に遺伝すること，さらには発現することも確認されているが，凍結耐性の獲得には至っていない。抗凍結特性を示す魚種では，血液中に10 mg/mLといった高濃度の抗凍結タンパク質が存在しているのに対し，これらの遺伝子導入サケでは0.2－0.4 mg/mLレベルにしか至らなかったことが，凍結耐性を付与できなかった原因であると考察されている。

3 フォリスタチン（follistatin）

可食部の増重量を目指した研究は成長ホルモン遺伝子の過剰発現以外に，ミオスタチン（myostatin）遺伝子の機能阻害によっても試みられている。ミオスタチンは骨格筋の発達を制御するタンパク質であり，この遺伝子に突然変異を起こしたウシでは，筋肉量が20%程度増加し，脂質含量が減少することが知られている。さらに飼料効率が上昇することも確認されている。魚類においてもRNA干渉法（RNA interference）でミオスタチン遺伝子の機能阻害を施したゼブラフィッシュの体重が増加することが報告されているうえ，メダカのミオスタチン遺伝子の突然変異体では骨格筋の筋線維数および筋線維の太さの増加により，体長あたりの骨格筋量（可食部位量）が1.5〜2倍に増加することが判明している。

フォリスタチンと呼ばれる糖タンパク質は，ミオスタチンを含むTGF-βスーパーファミリーのメンバーと結合し，その機能を阻害する。実際にフォリスタチンをミオシン軽鎖の発現制御領域を用いてニジマスの筋肉で過剰発現させると，筋繊維の過形成が誘導され肥満度が通常のニジマスに比べて有意に上昇することが報告されている。これは親世代のモザイク状に外来遺伝子を保持した個体での結果であるが，これらから次世代を得ることで全細胞に外来遺伝子を持つニジマスが生産されれば，筋重量の大幅な増加が期待される。

4 脂肪酸代謝酵素

海産魚は組織内に大量のエイコサペンタエン酸（EPA）やドコサヘキサエン酸（DHA）を含有することは広く知られているが，養殖対象になっている多くの種ではこれら脂肪酸を生合成する能力が欠損している。言い換えるとこれらの海産魚種において，EPAやDHAは飼餌料から摂取することが必要な必須脂肪酸である。そこで必須脂肪酸要求を満たすために，多くの海産魚の養殖の際には，安価な多獲性魚類からEPAやDHAを大量に含む魚油を抽出

し，これを飼餌料に添加する操作が必須となる。一方淡水魚は少量ながら，EPAやDHAをαリノレン酸から生合成することが可能である。この事実は多くの淡水魚は，αリノレン酸からEPAやDHAを合成するために必要な酵素類を保持しているのに対し，海産魚はこれらの内のいずれかを欠損していることを示唆している。そこで，この欠損している遺伝子を淡水魚から単離し，海産魚へと導入すれば，自力でEPAやDHAを合成可能な海産魚を作り出すことができる。これにより，魚油を飼餌料へと添加しなくても，植物油で海産魚を養殖することも可能になると期待される。淡水魚のゼブラフィッシュは，自らこれらの脂肪酸を合成することが可能であるが，これにEPAやDHAを合成する際に必要な酵素をヤマメから単離して導入した結果，DHA含量が通常個体の2倍以上の個体を作出することが可能になっている。近年，この技術は海産魚へと応用されており，脂肪酸の炭素鎖を伸長する酵素（鎖長延長酵素：elongase）を導入したニベでは，その酵素の産物であるドコサペンタエン酸（DPA）含量が有意に増加したとともに，通常の個体には含まれていないテトラコサペンタエン酸（TPA）が生産されることが報告されている。これらの遺伝子導入ニベでは，DPAやTPAをDHAに改変する酵素活性が不十分であるため，DHAの生合成には至っていないが，これらの代謝経路を補完することが可能になれば植物油のみを用いた養殖も可能になると期待される。

5 その他の栄養因子代謝酵素

一般に魚類はビタミンC合成能が極めて低いか，欠損しており，飼餌料中のビタミンCが欠乏すると，成長停止や体型・体色異常等の症状を呈する。ビタミンCは体内ではL-グロノ-γ-ラクトンからL-グロノラクトン酸化酵素により合成される。多くの魚類ではこの酵素の活性を持たないか，その活性が十分でないため，飼餌料中にビタミンCの誘導体を添加することが必須となっている。そこで，ラットのL-グロノラ

クトン酸化酵素（L- Gulonolactone Oxidase）の遺伝子をメダカに導入したところ，メダカ組織内で本酵素活性が検出されたことが報告されている。

近年，魚類用飼料の生産に植物性の原料が多く利用されるようになっている。しかし，魚類は植物におけるリンの主な貯蔵形態であるフィチン酸を効率的に利用することができない。これにより，利用されないリンは大量に環境水中に放出され，自家汚染の原因になってしまうことが危惧される。そこで，フィターゼ（phytase）と呼ばれるフィチン酸を分解する酵素の遺伝子をクロカビから単離し，これをメダカへ導入することで，リン源としてフィチン酸のみを含む飼料でも高成長・高生残を示すメダカの作出が報告されている。このような遺伝子導入魚を上述の成長ホルモンの過剰発現系統と組み合わせることで，養殖場からの窒素，リンともに減少させることが可能になると期待される。

6　ヘモグロビン（hemoglobin）

酸欠に強い養殖魚を生産するための基礎研究として，ゼブラフィッシュを用いた研究が進められている。偏性好気性細菌の一種である *Vitreoscilla stercoraria* は，低酸素状態では大量のヘモグロビン（脊椎動物とは異なりホモダイマーである）を生産する。この分子の機能は未だ未解明な点が多いが，細菌においても酸素の運搬（細胞質内での）に機能しているものと予想されている。そこで，このヘモグロビン遺伝子をゼブラフィッシュに導入し，得られた F_3 世代のゼブラフィッシュを溶存酸素 1mg/L という極端な低酸素状態で 144 − 156 時間飼育した。その結果，通常のゼブラフィッシュと比較して，有意に高い生残率を再現性良く示すことが確認されている。同様の目的で，低酸素に耐性を持っているコイの α - グロビン遺伝子を，酸欠に弱いニジマスに導入する試みもなされている。現在までに，導入遺伝子がニジマスゲノムに取り込まれ，安定して次世代へ遺伝することは確認されているが，外来のグロビンが4量体のヘモグロビン構成にどの程度寄与したかは明らかになっていない。

7　抗微生物ペプチド，リゾチーム（lysozyme）

成長促進と並んで最も多くの研究事例が報告されているのは耐病性の導入を目指した研究である。現在までに報告されている耐病性遺伝子導入魚の中では，抗微生物活性を保持したペプチド類の遺伝子を過剰発現するという戦略が最も効果をあげている。例えば，ガやブタに由来するセクロピン（cecropin）や，魚類由来のヘプサイジン（hepcidin）をゼブラフィッシュやテラピア，アメリカナマズ等に導入することで，魚病細菌を用いた攻撃試験を行った際の生残率を有意に上昇させることに成功している。また抗ウイルス活性を保持したペプチドである MX をコイ科の rare minnow に導入することでレオウイルスに対する耐性を付与できることも報告されている。

もう一つの研究の柱は，体表粘液中に存在し，非特異的な生体防御因子として重要な役割を果たしているリゾチーム遺伝子の過剰発現である。興味深いことにヒラメは2種類のリゾチームを産生するが，これらはヒラメ養殖に甚大な被害を及ぼすことが知られている *Edwardsiella tarda* や *Streptococcus sp.* に対する抗菌活性が低い。一方，ニワトリのリゾチームはこれらの細菌に対し明瞭な抗菌活性を示す。そこで耐病性ヒラメを作出するための基礎研究として，ニワトリ由来リゾチーム遺伝子をゼブラフィッシュに導入し，表皮で過剰発現させた。その結果，*Edwardsiella tarda* および *Flavobacterium columnare* による攻撃試験において，遺伝子導入魚は対照区となる非遺伝子導入魚と比較して高い生残率を示した。このように，魚類の細菌に対する感受性は内在性の抗微生物因子の抗菌スペクトルに依存している可能性も考えられ，この点を考慮して導入遺伝子を選択することで，効率的に耐病系統を作出することが可能になると期待される。近年，リゾチーム遺伝子の過剰発現系統は大西洋サケでも作出され，高い抗病性を保持

していることが報告されている。

8 メタロプロテアーゼの阻害剤

魚肉の歯ごたえは，寿司や刺身といった生食の際には，肉質を決定する重要なファクターである。新鮮な魚肉は歯ごたえがあるが，これは死後，時間とともに低下することが広く知られている。この魚の死後に生じる魚肉の軟化，いわゆる自己消化は，Matrix Metalloproteinase（MMP）と呼ばれるタンパク質分解酵素の一種が結合組織を分解することで生じることが近年明らかになっている。一般に，歯ごたえがある魚肉ほど，食品としての評価が高いため，このMMPによる魚肉の軟化を抑えるための研究が行われた。MMPは，一般に内因性のMMP阻害タンパク質であるTissue Inhibitor of Metalloproteinase（TIMP）により制御されていることが知られていたが，魚肉においても同様の機構でMMP活性が制御されていることが明らかになっている。そこで，養殖魚のモデルとしてメダカにヒラメ由来のTIMP遺伝子を過剰発現させる実験が行われた。死後24時間冷蔵保存した段階で筋肉の組織観察を行った結果，通常のメダカでは筋肉の自己消化が起こり，筋繊維の分離が生じていたが，遺伝子導入魚では自己消化が抑制され，筋繊維の分離も生じないことが報告されている。

9 蛍光タンパク質

観賞魚としての遺伝子導入魚の利用は，すでに一部の国で認められている。ゼブラフィッシュや，コイ科のスマトラ（*Puntius tetrazona*），さらにはカラシン科のブラックテトラ（*Gymnocorymbus ternetzi*）にオワンクラゲ由来の緑色蛍光タンパク質（green fluorescent protein : GFP）やイソギンチャクモドキの赤色蛍光タンパク質の遺伝子等を導入し，これらの遺伝子を全身で発現させた系統は，通常の可視光下でも緑や赤色の体色を呈する（口絵12-1）。これらの遺伝子導入観賞魚はGlofishというブランド名で既に米国で市販されている。これらの種は熱帯魚であ

るため，北米の天然水域に逃亡した場合でも越冬できないとの判断から，妊性を保持した状態の個体が販売されている。さらに，同様の蛍光タンパク質遺伝子を導入したメダカは台湾でも生産され，市販されている。

10 インスリン（insulin）

前項では遺伝子導入魚の観賞魚としての利用を紹介したが，医療応用を目指した研究も進められている。1型糖尿病は膵臓のβ細胞が破壊され，インスリンの分泌が極端に低減する疾病であり，主な治療法はインスリンの反復投与である。そこで，ヒト型のインスリン遺伝子を魚類の膵臓のβ細胞で強制発現させ，これを患者に移植することで，継続的にインスリンを供給しようというアイデアである。この方法を用いれば，移植したβ細胞は患者の体内の血糖量に応じてヒト型のインスリンを合成分泌することが期待される。当然，異種由来の細胞を患者に移植するため，常に移植した魚類由来の細胞は免疫拒絶されることが予想される。この問題は "encapsulation" と呼ばれる技術で克服できる。すなわちグルコースやインスリンは通過できるが，イムノグロブリン等の大型分子や細胞は通過できない半透膜に，この魚類細胞を包んで移植を施す操作である。Encapsulationの大きな問題点は包埋した細胞が酸素欠乏に陥りやすいという点であるが，テラピアのように低酸素耐性を保持している魚種の細胞を用いることでこの点も克服できるようである。現在までに，テラピアのインスリン遺伝子のアミノ酸コード領域のみをヒト型に改変した遺伝子をテラピアに導入し，その系統化の成功が報告されている。また，これら外来遺伝子をヒトインスリン特異抗体で検出したところ，膵臓のβ細胞で特異的にシグナルが検出されている。従来の魚類育種は，食用と鑑賞魚の高付加価値化を目指したものであったが，医療応用を目指した育種も今後の展開を期待したい。

3）その他の遺伝子改変技法

　前項までは新たな遺伝子を個体に導入するか，すでに個体が保持している遺伝子を過剰に発現させることで育種効果を期待した事例を紹介したが，魚類個体がもともと保持している遺伝子の機能を阻害することで，有用形質を個体に導入することも可能である。近年は人工的に改変したヌクレアーゼを駆使することで，個体のゲノム中の狙った配列に変異を導入することも可能になっている。メダカやゼブラフィッシュといったモデル動物ではジンクフィンガーヌクレアーゼ（zinc-finger nuclease）や Transcription Activator-Like Effector Nuclease（TALEN）と呼ばれる人工酵素をコードする RNA を受精卵に注入すると，生じた個体の一部の細胞のゲノム配列の狙った部位に変異が挿入できることが既に確認されている。さらに，これらの個体を交配することで当該変異をホモ化させることで，狙った表現型を得ることも可能である。これらの酵素はともに標的とする塩基配列特異的に目的の配列に結合する DNA 結合タンパクと DNA 切断ドメインである制限酵素 *Fok* I を融合させた酵素であるが，近年 RNA と DNA 間での二本鎖形成を用いて当該配列を認識し，これを人工酵素で切断する CRISPR-Cas9 と呼ばれるシステムがゼブラフィッシュやメダカ等で利用され，その特異性の高さや低い細胞毒性が報告されている。これらの人工酵素の利用は既に水産上有用種へも応用され始めている。たとえば，生殖に必須の遺伝子を破壊することで不妊魚の作出も可能になると期待される。魚類は繁殖に多大なエネルギーを費やすため，不妊化することで，繁殖期前後の成長の停滞を回避することができる。また，育種された養殖魚，あるいは外来の養殖魚が天然海域へと逃亡すると，これらの個体が野生魚と競合することや，野生魚と雑種化することで，遺伝子攪乱を引き起こすことが危惧されている。人工ヌクレアーゼを用いて確実に不妊化が可能になれば，たとえイケスから養殖魚が逃亡しても一世代でこれらの個体は途絶えるため，このような問題を未然に回避するこ

とが可能になる。

2．水産生物における細胞操作

　魚類の初期胚，あるいは生殖細胞を操作することで，育種そのものが可能になる例や，これらの技法を古典的な育種技術と組み合わせることで有効な種苗生産技術として利用できる例が知られている。精子の凍結保存は養殖業に応用されている細胞操作の一例であるが，これに関しては多くの成書があるため，本章では省略し，近い将来，魚類の育種分野で有効な技法になると期待されている核移植と生殖細胞移植を紹介する。

1）核移植

　核移植（nuclear transplantation）は，遺伝的背景が同一のクローン魚（clone fish）集団を作出する際に有効な方法であると期待されている。方法論そのものは1960年代からコイ科魚類を中心に多くの研究がなされてきた。たとえば，コイの胞胚の割球から調整した核を，ガラス針を用いて外科的に除核したキンギョの卵に移植することで，成体を得ることに成功している。この研究例では得られた個体の核ゲノムはコイ由来であるものの，卵細胞質に由来するミトコンドリアゲノムはキンギョに由来する。この組み合わせで得られたコイの核を有する個体は，体節形成過程はキンギョに依存し，脊椎骨数はキンギョと同じであったことが報告されている。またゼブラフィッシュにおいては同様に胞胚の割球由来の核を，レーザーで卵核を不活化した卵へと移植することで，クローン集団を作出することに成功している。

　上記の例では胞胚の割球由来の核をドナーに用いているが，本技法を育種利用することを前提に考えると，表現型の判定が可能な成魚由来の体細胞核を用いた移植技術の開発が重要である。近年，メダカにおいて，成魚由来の体細胞核を用いて効率的にクローン集団を生産する技術が開発された。まず，ドナー核の調整のため，

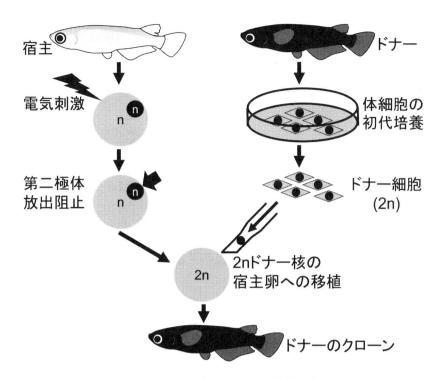

図 12-4　メダカにおける核移植技法

成魚の鰭から組織を単離し，これを試験管内で1週間程度培養する。これらの細胞から移植用の核を調整し，未受精卵へと移植するのであるが，この未受精卵の調整法が独特である。まず，未受精卵に電気刺激を付与することで，単為発生（parthenogenesis）を誘起する。この処理により発生を開始した卵は，第二極体を放出するが，これを高温処理により阻害することで，2nの核相を持った卵を調整する。これらの卵は発生を開始しており，胚盤を形成するため，上記の核をこの胚盤へと移植することで，核移植クローンを得ることが可能となる（図12-4）。従来，成魚由来の細胞核を用いて核移植クローンを作ることは極めて困難であったが，この方法では数％オーダーで成魚にまで育つ個体の作出に成功している。本法は微細な顕微操作が必要であり，操作の習得に熟練を要するため，現状ではニシキゴイやキンギョの中でも極めて高価な個体のクローンを作出するような事例への応用が期待される。

2）生殖細胞移植

魚類では精子の凍結保存は可能になっているものの，卵や受精卵の凍結保存技術が未だ確立していないため，遺伝子資源を長期的に安定保存するためには個体を継代飼育する方法が唯一の方法であった。この問題を解決するために，成熟前の小型の生殖細胞を凍結保存しておき，これを宿主個体の生殖腺へと移植することで，凍結生殖細胞を機能的な卵や精子へと改変する技術が開発されている。これらの生殖細胞移植は凍結保存以外にも様々な応用が考えられるが，これらの点は以下の項で個別に概説する。

1　始原生殖細胞移植（図 12-5）

性分化前の個体が保持する性的に未分化な生殖細胞である始原生殖細胞は，多くの魚種で移植に利用されている。無脊椎動物から哺乳動物に至るあらゆる動物において，始原生殖細胞は，生殖腺外で分化し，その後，正の走化性（chemotaxis）により生殖腺原基（gonadal

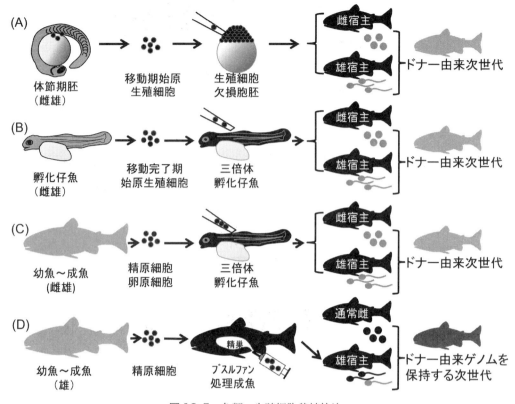

図12-5 魚類の生殖細胞移植技法

anlagen）へと移動する。そこで，胚体形成期の胚から生殖腺原基へと移動中の始原生殖細胞を単離し，これを胞胚（blastula）の胚盤に移植すると，移植された始原生殖細胞は宿主の生殖腺に取り込まれ，配偶子形成を開始する。さらに，成熟した宿主個体は，移植細胞に由来する配偶子を生産することが明らかになっている（図12-5A）。また，生殖腺原基への移動を完了した直後の始原生殖細胞を仔魚から単離し，これを孵化前後の仔魚の腹腔内へと移植すると，移植された始原生殖細胞は宿主の生殖腺原基へと正の走化性により移動し，そこに取り込まれた後，宿主の生殖腺内で移植細胞に由来する配偶子を形成する（図12-5B）。宿主へと移植された始原生殖細胞は，ドナー個体の性には関わらず，宿主が雌であればその卵巣内で卵へ，雄であれば宿主の精巣内で精子へと分化する。特筆すべき点として，これらの始原生殖細胞は，液体窒素内で長期間の凍結保存が可能であり，凍結解凍後の始原生殖細胞も，凍結を施していない始原生殖細胞と同様に宿主の生殖腺に取り込まれ卵や精子形成を行う。前述したように，卵の凍結保存が不可能な魚類において，凍結細胞から機能的な卵を生産できるということは育種資源を安定保存していくうえで，大きなメリットである。これらの始原生殖細胞移植は種内のみならず，近縁の異種間でも成立し，異種の宿主が生産した配偶子であっても正常な次世代を生産することが可能になっている。しかし，生殖腺原基へと到着した後の始原生殖細胞を胞胚へと移植した場合や，移動中の始原生殖細胞を仔魚の腹腔内へと移植した場合は，移植細胞が生殖腺原基へと移動しないことが示されており，ドナーと宿主の発生段階は，上述の組み合わせで移植を行うことが重要である。パールダニオの始原生殖細胞をゼブラフィッシュのように同属の宿主

へと移植した場合は、ゼブラフィッシュがパールダニオの卵と精子を生産することが明らかになっている。一方、キンギョやドジョウの始原生殖細胞をゼブラフィッシュに移植するといった、属が異なるドナーと宿主間で移植を行うと、宿主はドナー由来の精子は生産するものの、卵は生産できないことが報告されている。このことは、卵生産の方が、精子生産と比べ、ドナーと宿主の組み合わせの許容範囲が狭いことを意味している。また、宿主自身の生殖細胞が成熟しないよう三倍体化処理を施したり、始原生殖細胞の移動や生残に必要な遺伝子の機能阻害を施した宿主を用いることで、これらの宿主は自身の配偶子は生産せずに、ドナー由来の配偶子のみを生産する。実際に本技術を産業応用する際には、ドナー由来の次世代のみを大量に得ることが重要であり、このような宿主の不妊化は極めて重要なステップである。

2 生殖幹細胞移植 (図 12-5)

性分化が完了した個体の生殖腺には自己複製と分化を同時に行うことが可能な生殖幹細胞 (germ-line stem cell) が存在している。精巣の場合は、体細胞分裂を行っている精原細胞の一部の集団が精原幹細胞 (spermatogonial stem cell) として振る舞い、同様に卵巣内においては卵原細胞の一部が卵原幹細胞 (oogonial stem cell) として振る舞う。これらの生殖幹細胞を、始原生殖細胞の移動が完了する前の仔魚の腹腔内へと移植すると、移植された生殖幹細胞は宿主生殖腺原基へと移動し、そこで配偶子形成を再開する。移植された精原幹細胞は、雄宿主の精巣内で精子へと分化するのみならず、雌宿主に移植した場合は、卵巣に取り込まれ、宿主の卵巣内で機能的な卵へ分化すること、同様に卵原幹細胞も宿主の性に応じて精子と卵の両者へと分化可能である (図 12-5C)。また、生殖幹細胞の移植技術も、異種間で成立し、異種宿主へと移植された生殖幹細胞は、宿主の生殖腺内でドナー種の配偶子を生産する。また、三倍体の不妊化宿主を用いることで、ドナー種の配偶子の

みを生産する代理親魚の作出が可能になっている。また、移植に用いる精原幹細胞を含む精巣を凍結保存することも可能になっており、これらの細胞を宿主へ移植することで、凍結精原幹細胞から機能的な卵、精子の両者の生産が可能である。また、移植用の生殖幹細胞を試験管内で増殖させる試みも盛んに行われており、これが実用化すれば、試験管内の細胞を宿主に移植するだけで、目的種の卵や精子を大量生産することも可能になると期待される。

最近では、クロマグロのように親魚が巨大で飼育が難しいうえ、成熟までに長い年月を必要とする魚種の生殖幹細胞を、小型かつ短期間で成熟し、飼育が容易な魚種へと移植することで、小型の代理親魚を用いてクロマグロの配偶子を生産しようという試みも進められている。このように親魚のサイズを小型化するという目的に加え、代理親魚への生殖細胞移植により、世代期間を短縮する試みも行われている。トラフグは通常成熟までに 2-3 年を必要とするが、クサフグは精子形成を 11 か月で完了する。実際にトラフグの生殖幹細胞を移植した三倍体クサフグは 11 か月でトラフグの精子を生産することが確認されており、これらの配偶子形成に必要な期間は、宿主種に依存することが示唆されている。選抜育種により優良品種を作出する際には、交配を数世代にわたり繰り返し行う必要があるが、クサフグのように短期間で成熟する種を代理親に用いることで、世代期間を短縮できるため、有用系統を育種する際に要する期間を大幅に短縮することが可能である。本法は表現型の解析が若齢魚で可能な場合、あるいは DNA マーカーで親魚を同定可能な場合に特に有効な手段である。

さらに、本技法を栽培漁業に用いる放流用種苗の生産に利用しようという研究も進められている。放流用種苗の生産には、十分に遺伝的多様性を保持する多数の親魚を用いて種苗を生産することが重要である。しかし、魚種によっては多くの親魚を水槽内で飼育することが困難であったり、親魚間の成熟のタイミングが同調

しないことによって，ごく少数の親魚に由来する多様性に乏しい種苗しか生産できないといった問題も生じている。近年，ニジマスにおいて，3個体由来の生殖幹細胞を混合後に，三倍体処理を施した宿主個体へと移植することで，宿主個体が，3個体由来の卵や精子を生産した例が報告されている。近年では，放流地先の天然魚集団の遺伝的組成を変化させないために，天然水域から採取された野生魚を親魚として用いることが推奨されている。しかし，一般に天然魚の飼育は容易ではないうえ，採取した天然親魚を産卵に参加させることは困難な場合が多い。このような際にも，すでに継代飼育されている養殖種苗に，天然個体由来の生殖幹細胞を（複数個体分を混合して）移植することで，容易に天然魚由来の配偶子を得ることが可能である。特に採取した野生魚の生殖幹細胞を採取直後に凍結保存しておけば，これらの個体を飼育する必要性は全くなく，代理親魚の飼育のみで天然魚由来の遺伝的に多様な種苗の生産も可能になる。

一方，精原幹細胞を成魚の精巣内に直接移植するという技法も開発されている。これは，ブスルファン等のアルキル化剤処理により宿主個体の生殖細胞を除去した精巣に，ドナー由来の精原幹細胞を移植するという方法である。本法は顕微操作が必要ないうえ，移植操作からドナー由来の精子が得られるまでの期間が比較的短いという特徴を持つ（図12-5D）。現在までにテラピアやペヘレイ，ゼブラフィッシュで成功例が報告されているが，いずれの例においても移植細胞に由来する精子の生産効率が低いうえ，ペヘレイ以外の例では機能的卵の生産が実現していない。

3．水産応用に向けた課題と展望

本章で述べた種々の方法で作出した魚類を，実際に水産応用することを考えた場合，遺伝子導入を施した個体と細胞操作を施した個体は区別して考える必要がある。本項では，この2つ

についてそれぞれの課題と展望について述べる。

1）遺伝子導入魚の水産応用

遺伝子導入魚を水産利用するためには，これらの個体が食品として安全かという点，および養殖場から逃亡した際に，これらの個体が環境にどのような影響をおよぼすのかという2点を考慮する必要がある。新たに導入した遺伝子に直接由来するタンパク質の安全性の証明は比較的容易であると考えられるが，当該タンパク質が過剰に生産されたことにより，予期せぬ物質が遺伝子導入魚体内に蓄積される可能性や，外来遺伝子が宿主の染色体上の遺伝子内に挿入され，これにより不完全な翻訳産物ができた場合，これらの物質がアレルゲン等の望ましくない働きをする可能性は否定できない。したがって，食品としての安全性試験は，導入した外来遺伝子の種類ごとではなく，特定の遺伝子導入系統ごとに対応していく必要がある。実際に成長ホルモンを過剰発現させたタイセイヨウサケは既にFDAの審査を終了しており，食品としての安全性基準を満たしているという結論に達している。また，キューバでは成長ホルモンを過剰発現させたテラピアを5日間毎日食した後に，これら被験者の血液性状を調査するという研究が行われているが，通常のテラピアを食したグループと遺伝子導入テラピアを食したグループ間で，血液性状の差異は認められなかったという報告がなされている。

一方，遺伝子導入魚が飼育施設から逃亡した場合の環境に与える影響も慎重に検討する必要がある。遺伝子導入魚による在来種に対する食害や，遺伝子導入魚と野生魚との競合といった問題は，導入遺伝子の性質やその発現量によって大きく異なるため，この点も樹立された系統ごとの評価が重要である。ただし，遺伝子導入魚の飼育は，通常の養殖池やいけすで行うことは，その逃亡の可能性を考慮すると現実的ではない。これらの個体は通常の生息域から隔離された陸上の循環養殖施設においてのみ行われるべきであろう。近年，様々な水処理技術が発

達し，陸上循環養殖により，海のない地域でヒラメやトラフグが養殖されるようになっている。このような技術を用いて遺伝子導入魚を飼育することが現実的な策である。

　一方，万が一の逃亡に備えて，遺伝子導入種苗を養殖に用いる際には完全な不妊個体を利用することが必須である。これには3倍体の利用も考えられるが，多くの魚種において三倍体の作出効率は100%ではないうえ，ほとんどの魚種において雄の三倍体は倍数性や形態が異常な精子を生産することが知られている。このような状況を考慮すると，三倍体化処理による不妊魚の作出は完全性という点で課題が残る。近年，1－3で述べたような魚類の内在性遺伝子の改変技法が開発されている。これらの技法を駆使することで，配偶子形成に必須の遺伝子の破壊も可能になると予想されており，近い将来，より確実に不妊魚を大量生産することも可能になることが期待される。

2）細胞操作魚の水産応用

　上述の細胞操作のうち，精原細胞の移植技法についても，絶滅が危惧されている一部のサケ科魚類の遺伝子資源保存に利用されており，移植用細胞の凍結保存が行われている。これら以外の例では，実際の産業応用はこれからの課題である。特に核移植技術は未だ平易な技術とは言い難く，その作出効率も低い。上述したメダカで開発された技術が，商品価値が高い養殖対象魚種に応用されることが重要であろう。

　生殖細胞移植技術は遺伝子資源の保全のみならず，様々な水産応用が期待されている。現在までに，水産上重要種において卵，精子ともに異種の代理親から生産された例は，サケ科魚類とトラフグの例に限られるが，現在，様々な魚種において本技法の利用が検討されており，各分類群ごとに，飼育が容易で短期間で成熟する代理親魚候補が同定されれば，これら数種の代理親魚にあらゆる魚種の配偶子を生産させることも可能になると期待される。これらの技術で生産された次世代個体は，原理的には完全に

ドナー種と同様のゲノムを持ち（核ゲノム，ミトコンドリアゲノムともに），食糧としての利用にも問題ないと予想される。しかし，これらの魚類が実際に産業応用されるには，消費者の安心のためにも，食品としての安全性の確認は必要であろう。

参考文献

Fletcher, G. L. and P. L. Davies（2012）Antifreeze protein gene transfer – Promises, challenges, and lessons from nature, pp.253-266, in "Aquaculture Biotechnology", eds. by G. L. Fletcher, and M. L. Rise, Wiley-Blackwell, West Sussex.

小原昌和・傳田郁夫（2008）染色体操作による異質三倍体品種「信州サーモン」の開発．水産育種, 37: 61-66.

名古屋博之（2006）遺伝子組換え魚の安全性と問題点．海洋と生物, 28: 164-170.

Phelps, M. P. and T. M. Bradley（2012）The potential of enhancing muscle growth in cultured fish through the inhibition of members of the transforming growth factor-β superfamily, pp.291-302, in "Aquaculture Biotechnology", eds. by G. L. Fletcher, and M. L. Rise, Wiley-Blackwell, West Sussex.

Rasmussen, R. S. and M. T. Morrissey（2007）Biotechnology in aquaculture : Transgenics and polyploidy. Comprehensive Reviews in Food Science and Food Safety, 6 : 2-16.

豊原治彦・家戸敬太郎（2006）遺伝子組換えによる魚類の肉質改善．海洋と生物, 28:145-151.

Wright Jr., J. R., O. Hrytsenko and B. Pohajdak（2012）Transgenic tilapia for xenotransplantation, pp.281-290, in "Aquaculture Biotechnology", eds. by G. L. Fletcher, and M. L. Rise, Wiley-Blackwell, West Sussex.

山羽悦郎（2009）「魚の「からだづくり」の解析と借腹生産」サケ学入門―自然史・水産・文化, 阿部周一編, 北海道大学出版会, 北海道, pp. 137-153.

吉崎悟朗（2010）「水産物の安定供給を目的とした技術開発」シリーズ21世紀の農学　世界の食料・日本の食料, 日本農学会編, 養賢堂, 東京, pp.101-116.

吉崎悟朗・Alimmudin・Viswanath Kiron・佐藤秀一・竹内俊郎（2006）脂肪酸代謝酵素遺伝子の導入によるEPA・DHA高生産魚の作出．海洋と生物, 28: 139-144.

吉崎悟朗・奥津智之・竹内裕・市川真幸（2010）魚類配偶子幹細胞のマニピュレーションとその可能性．細胞工学, 29 : 695-699.

Yoshizaki, G., T. Okutsu, T. Morita, M. Terasawa, R. Yazawa and Y. Takeuchi（2012）Biological characteristics of fish germ cells and their application to developmental biotechnology. Reproduction in Domestic Animals, 47: 187-192.

χ^2 分 布 表

	P=0.10	0.05	0.02	0.01	0.005	0.002	0.001
df= 1	2.706	3.841	5.412	6.635	7.879	9.549	10.828
2	4.605	5.991	7.824	9.210	10.597	12.429	13.816
3	6.251	7.815	9.837	11.345	12.838	14.796	16.267
4	7.779	9.488	11.668	13.277	14.860	16.924	18.467
5	9.236	11.071	13.388	15.086	16.750	18.908	20.515
6	10.645	12.592	15.033	16.812	18.548	20.791	22.458
7	12.017	14.067	16.622	18.475	20.278	22.601	24.322
8	13.362	15.507	18.168	20.090	21.955	24.352	26.124
9	14.684	16.919	19.679	21.666	23.589	26.056	27.877
10	15.987	18.307	21.161	23.209	25.188	27.722	29.588
11	17.275	19.675	22.618	24.725	26.757	29.354	31.264
12	18.549	21.026	24.054	26.217	28.300	30.957	32.909
13	19.812	22.362	25.472	27.688	29.819	32.535	34.528
14	21.064	23.685	26.873	29.141	31.319	34.091	36.123
15	22.307	24.996	28.259	30.578	32.801	35.628	37.697
16	23.543	26.296	29.633	32.000	34.267	37.146	39.252
17	24.769	27.587	30.995	33.409	35.718	38.648	40.790
18	25.989	28.869	32.346	34.805	37.156	40.136	42.312
19	27.204	30.144	33.687	36.191	38.582	41.610	43.820
20	28.412	31.410	35.020	37.566	39.997	43.072	45.315
21	29.615	32.671	36.343	38.932	41.401	44.522	46.797
22	30.813	33.924	37.660	40.289	42.796	45.962	48.268
23	32.007	35.172	38.968	41.638	44.181	47.391	49.728
24	33.196	36.415	40.270	42.980	45.559	48.812	51.179
25	34.382	37.652	41.566	44.314	46.928	50.223	52.620
26	35.563	38.885	42.856	45.642	48.290	51.627	54.052
27	36.741	40.113	44.140	46.963	49.645	53.023	55.476
28	37.916	41.337	45.419	48.278	50.993	54.411	56.892
29	39.087	42.557	46.693	49.588	52.336	55.792	58.301
30	40.256	43.773	47.962	50.892	53.672	57.167	59.703
31	41.422	44.985	49.226	52.191	55.003	58.536	61.098
32	42.585	46.194	50.487	53.486	56.328	59.899	62.487
33	43.745	47.400	51.743	54.776	57.648	61.256	63.870
34	44.903	48.602	52.995	56.061	58.964	62.608	65.247
35	46.059	49.802	54.244	57.342	60.275	63.955	66.619
36	47.212	50.998	55.489	58.619	61.581	65.296	67.985
37	48.363	52.192	56.730	59.892	62.883	66.633	69.346
38	49.513	53.384	57.969	61.162	64.181	67.966	70.703
39	50.660	54.572	59.204	62.428	65.476	69.294	72.055
40	51.805	55.758	60.436	63.691	66.766	70.618	73.402
41	52.949	56.942	61.665	64.950	68.053	71.938	74.745
42	54.090	58.124	62.892	66.206	69.336	73.254	76.084
43	55.230	59.304	64.116	67.459	70.616	74.566	77.419
44	56.369	60.481	65.337	68.710	71.893	75.874	78.750
45	57.505	61.656	66.555	69.957	73.166	77.179	80.077
46	58.641	62.830	67.771	71.201	74.437	78.481	81.400
47	59.774	64.001	68.985	72.443	75.704	79.780	82.720
48	60.907	65.171	70.197	73.683	76.969	81.075	84.037
49	62.038	66.339	71.406	74.919	78.231	82.367	85.351
50	63.167	67.505	72.613	76.154	79.490	83.657	86.661

あとがき

　水産遺伝育種学は水産増養殖や水産資源の研究と比べ比較的新しい学問である。そのためこれまで適当な教科書が無かった。農学系には古くから動物育種学や植物育種学といった教科書があったので，これまでそれらを参考にすることが多かった。しかし，近年の魚介類育種の進展に対応して多くの研究者の間でその必要性が認識されてきた。やや遅きに失した感は否めないが，水産遺伝育種学に係る国内の関係者に賛同をいただき，漸く，水産生物育種学の教科書を作成することができた。

　水産生物は人間の食料供給を担う地位を占めている。食料としての水産生物はこれまで自然界からの捕獲（漁獲）によってきたが，近年の資源量の減少や環境の悪化に伴い，自然の再生産能力に頼らない養殖による生産の確立が急務とされてきた。効率的生産のための遺伝的改良や遺伝資源の保全は食料としての水産生物にとって重要な課題である。そのため水産生物の育種はそれぞれの形質や飼育環境に適した系統の開発などの品種改良やバイオテクノロジーの導入，遺伝資源としての自然集団の保全等多岐に及ぶ。本書はこれらの項目においてそれぞれの分野の一流の研究者に分担執筆をお願いし水産遺伝育種学の教科書として全国の大学で使用できるレベルのものを作り上げることを目指してきた。

　本書は水産生物における遺伝育種学を専攻しようとする学生だけでなく，水産生物における遺伝や保全，バイオテクノロジーに興味のある学生，院生にとって基礎となる情報を提供するとともに，その応用についても解説していることから，多くの学生にとって貴重な教科書となると考えられる。

　本書の編纂には，1975 年の水産育種研究会発足以来，本分野の研究と教育に多くの諸先輩が関わってこられた。大学の研究室，国立水産研究所（現国立研究開発法人水産研究・教育機構），各自治体の水産試験場など，民間会社の研究所などにおいて，水産育種分野の発展に貢献されてこられた方々の研究成果，ご努力が本書に結実したものと考え，ここに執筆者を代表して心から御礼申しあげる次第である。

2016 年 10 月 16 日

東北大学名誉教授　谷口　順彦

執筆者紹介 (五十音順)

荒井　克俊　　1954 年生．北海道大学大学院（水産・修）修了．現在，北海道大学大学院水産科学研究院教授．水産学博士．第 6 章，第 10 章担当

岡本　信明　　1951 年生．東京水産大学大学院（水・修）修了．現在，学校法人トキワ松学園理事長．水産学博士．第 7 章担当

片山　直人　　1988 年生．東京海洋大学大学院（海・博）修了．現在，（株）日本水産中央研究所研究員．海洋科学博士．第 12 章担当

壁谷　尚樹　　1986 年生．東京海洋大学大学院（海・博）修了．現在，東京大学・日本学術振興会特別研究員．海洋科学博士．第 12 章担当

菊池　　潔　　1966 年生．東京大学大学院（農・博）修了．現在，東京大学大学院農学生命科学研究科附属水産実験所准教授．博士（農学）．第 11 章担当

阪本　憲司　　1970 年生．東北大学大学院（農・博）．現在，福山大学生命工学部准教授．博士（農学）．話題 2 担当

坂本　　崇　　1969 年生．東京水産大学大学院（水産・博）修了．現在，東京海洋大学学術研究院教授．博士（水産学）．第 3 章，第 7 章，第 8 章 2 節担当

鈴木　　徹　　1955 年生．京都大学大学院（農・修）修了．現在，東北大学大学院農学研究科教授．農学博士．話題 4 担当

高木　基裕　　1967 年生．愛媛大学大学院（農・博）修了．現在，愛媛大学南予水産研究センター准教授．博士（農学）．第 2 章，話題 1 担当

竹内　　裕　　1975 年生．東京水産大学大学院（水・博）修了．現在，鹿児島大学助教．水産学博士．第 12 章担当

谷口　順彦　　1943 年，京都大学大学院（農・博），東北大学名誉教授．農学博士．1 章，第 8 章，第 9 章 1 節担当

中嶋　正道　　1960 年生．東北大学農学部卒．現在，東北大学大学院農学研究科准教授．農学博士．第 2 章，第 3 章，第 4 章，第 5 章，第 9 章 3 節担当

藤本　貴史　　1976 年生．北海道大学大学院（水・博）修了．現在，北海道大学大学院水産科学研究院准教授．博士（水産科学）．第 6 章，第 10 章担当

山口光太郎　　1968 年生　東北大学大学院（農・博）修了．現在，埼玉県水産研究所主任研究員．博士（農学）．話題 3 担当

山羽　悦郎　　1957 年生．北海道大学水産学部卒．現在，北海道大学北方生物圏フィールド科学センター教授．博士（水産学）．第 6 章，第 10 章担当

矢澤　良輔　　　1977 年生．東京水産大学大学院（水・博）修了．現在，東京海洋大学准教授．
　　　　　　　　水産学博士．第 12 章担当

吉崎　悟朗　　　1966 年生．東京水産大学大学院（水・博）修了．現在，東京海洋大学教授．水
　　　　　　　　産学博士．第 12 章担当

索　引

あ行

アイソザイム	30, 45, 47, 54, 141, 158, 174
アライメント	50
アリル	46
アリル数	5, 145, 160
アンチコドン	40
閾値形質	69
育種価	74, 77, 88
育種戦略	150, 209
育種素材	4, 14, 209
異質倍数体	108, 181
移住	54, 64
異数体	109, 173
異祖接合	58
一般組み合わせ能力	95
遺伝獲得量	12, 81
遺伝子型	4, 24, 69, 80, 119, 176, 186
遺伝子型値	5, 72, 126
遺伝子型頻度	53, 91, 144
遺伝資源	20, 53, 115, 130, 135, 143, 157, 178
遺伝子座	3, 24, 46, 69, 112, 119, 143, 196
遺伝子操作	10, 15, 215
遺伝子置換の平均効果	76
遺伝子地図	119
遺伝子導入魚	215, 217, 226
遺伝子頻度	53, 72, 143
遺伝子分化指数	→ FST
遺伝相関	77, 83
遺伝的撹乱	11, 148
遺伝的管理	5, 150
遺伝的距離	122, 144, 145
遺伝的多型	64, 141
遺伝的多様性	53, 135, 138, 146, 157
遺伝的浮動	54, 157
遺伝分散	5, 77, 115
遺伝マーカー	5, 45, 53, 119, 144, 187

遺伝要因	5, 31, 64, 163
遺伝率	5, 32, 77, 78, 117, 156
インスリン	221
エイコサペンタエン酸	219
エコゲノミクス	208
エピスタシス効果	72, 83, 95
塩基配列	5, 40, 46, 54, 64, 100, 129, 145, 188, 192, 222
エンハンサー	217
親子鑑定	17, 43, 45, 123, 142, 163

か行

外来種	10, 174
家魚化	2, 3, 7
核移植	17, 222
核型	99
核ゲノム	46, 222
核内分裂	103, 175
家畜化	1, 2
環境分散	5, 83, 115
環境要因	4, 5, 31, 32, 43, 69, 116, 126, 158, 188, 213
感受性系統	130, 164
干渉	38, 113
完全優性	25, 72
管理単位	144, 150
機会的浮動	161
機能ゲノミクス	207
共優性	5, 30, 45, 54, 123
極体	102, 162, 223
近交係数	18, 58, 91, 115, 139, 160
近交弱勢	91, 157
近交リスク	18
近親交配	12, 58, 91, 144
グッピー	4, 24, 34, 69, 82, 94, 155, 166
組換え	32, 99, 113, 119
組換え価	33, 35
組換え型	34, 115, 120
クローン	4, 17, 48, 72, 107, 115, 116, 163, 176, 191, 213, 222
クローン魚	117, 163, 222
蛍光タンパク質	221
形質	1, 4, 23, 24, 43, 45, 53, 97, 113, 127, 157, 166, 171, 201

形質転換	15, 23
計数形質	69
ゲノミクス	207, 208
ゲノム	10, 17, 46, 91, 99, 116, 123, 144, 171, 187, 220, 222
ゲノム育種	91, 127
ゲノム配列	49, 123, 187, 188, 222
ゲノムブラウザ	196, 197, 202
限界集団サイズ	142
減数分裂	17, 23, 34, 100, 102, 109, 119, 175
限性遺伝	27, 167
顕微注入	215
交雑育種	1, 13, 178
抗凍結タンパク質	218
コドン	40
コンティグ	191

さ行

細胞質雑種	116, 182
最尤推定法	122
最良線形予測	89
雑種	13, 25, 108, 129, 157, 171, 174, 179, 222
雑種強勢	1, 94, 95, 157, 171, 179
雑種発生	178
サットン	14, 23
三倍体	17, 102, 107, 109, 110, 162, 179
始原生殖細胞	215, 223
シス型	35
次世代シーケンサー	48, 191
自然選択	14, 46, 60
実現遺伝率	6, 78, 81, 156
質的形質	4, 14, 69, 126
脂肪酸	219
シミュレーション	57, 62, 91, 150
集団	1, 4
集団遺伝学	45, 53, 66
集団の有効な大きさ	5, 58, 66, 139, 140, 146
集団平均	6, 72, 88
宿主	215, 223
種多様性	17, 135
種苗放流リスク	149

純系	6, 113
常染色体	53, 99, 176
ショートガンシークエンス	191
進化	11, 45, 57, 112, 171, 209
進化的保全単位	144
ジンクフィンガーヌクレアーゼ	222
人工種苗	7, 97, 130, 140, 148, 160, 183
シンテニー	126, 202
浸透度	31
スキャフォールド	191, 201
正逆交雑	171, 176, 184
性決定遺伝子座	122, 201
精原幹細胞	225
生産効率	3, 10, 226
生殖幹細胞	225
生殖幹細胞移植	225
生殖細胞	23, 111, 175, 215, 222, 223
生殖細胞移植	222, 223, 227
生殖腺原基	223
性染色体	27, 99, 109, 115, 175, 201
生態ゲノミクス	209
成長ホルモン	18, 205, 215, 217, 226
性転換	110, 116, 177
生物多様性	14, 135
生物多様性条約	136
赤色蛍光タンパク質	口絵 5, 221
責任遺伝子座	119
絶滅リスク	136
染色体削減	173
染色体ペイント法	173
選択基準	80, 86
選択系	13, 156
選択係数	61
選択限界	82
選択効果	5, 78, 91, 156
選択差	12, 80, 156
選択指数法	87
選択反応	12, 80, 85, 86
選抜育種	1, 5, 11, 53, 119, 127, 155, 163, 171, 225
相加的遺伝子型値	72
相加遺伝分散	80, 82, 90

相同染色体   34, 48, 99, 109, 119, 175, 178

た行

体細胞分裂	99, 177, 225
第二減数分裂分離型頻度	113
耐病性系統	130, 164
代理親魚	225
対立遺伝子	4, 24, 55, 59, 69, 74, 144
多型	→遺伝的多型
多面発現	29, 83
地球環境サミット	136
致死遺伝	28, 62, 91
致死相当量	92
地図距離	39, 113
超雄	116, 176
超雌	116
超優性	62, 72
適応度	61
転写	23, 35, 40, 207
伝染性膵臓怪死症	→ IPN
天然種苗	7, 144, 155
動原体	99, 101, 113
同質倍数体	108
同祖接合	17, 58, 139, 146
淘汰	46, 60, 80, 86
導入育種	1, 10
特定組み合わせ能力	95
ドコサヘキサエン酸	219
突然変異	3, 54, 64, 144, 219
ドナー	222
トランス型	35
トランスポゾン	217

な行

二価染色体	100, 109, 175
二重組み換え	38
妊性	106, 111, 144, 171, 175, 181

は行

ハーディ・ワインベルグの法則	53, 72, 91
バイオインフォマティクス	196
バイオテクノロジー	10, 17, 137, 150
倍加半数体	113, 116, 163
ハダムシ	127, 131
半クローン	178
半数体	101, 178, 181
伴性遺伝	27, 45, 166
比較ゲノム解析	197, 201
非還元	175, 176, 182
非組み換え型	34
非選択系	156
非翻訳領域	217
表現型	4, 24, 26, 31
表現型値	5, 24, 72, 78, 87, 126
表現型頻度	55
表現型分散	77, 115
ヒラメ	5, 43, 65, 101, 104, 114, 127, 163, 191, 213, 220
品種改良	1, 29, 53, 149, 155, 207
ファインマッピング	201
フォリスタチン	219
不完全優性	26
複対立遺伝子	4, 30
不妊	99, 109, 174, 222
プライマー	47, 146
フローサイトメトリー	105
プロモーター	18, 217
分子育種	15, 127, 187
分子多型	4, 139, 174
分染（法）	99
平均効果	74
平均ヘテロ接合体率	65, 96, 141
平衡頻度	62, 64
米国食品医薬品局	217
併発係数	38
ヘテロクローン	113, 116
ヘテロシス	24, 94, 157, 179
ヘテロ接合体	25, 48, 54, 112, 124, 141
ベネデニア症	131

ヘモグロビン	62, 110, 220
ポジショナルクローニング	200, 205
ホットスポット	121
保全単位	143, 153
ホモクローン	116
ホモ接合体	25, 48, 54, 59, 72, 91, 113, 165
ポリジーン	15, 70, 88, 91
翻訳	40, 226

ま行

マーカーアシスト選抜	119, 127, 163, 199
マイクロインジエクション	→顕微注入
マイクロサテライト	3, 30, 46, 54, 66, 120, 145, 153, 164, 199
マダイ	5, 43, 101, 115, 140, 155, 183, 191
ミオスタチン	197, 205
ミトコンドリア	5, 46, 222
ミトコンドリアゲノム	46, 50, 222
無配偶生殖	176, 177
メジャージーン	70
雌性発生	17, 105, 112, 143, 162, 176
メンデル	14, 23
メンデル集団	53, 143
モザイク	111, 215
モルガン	23, 35

や行

優性	4, 14, 25
傷性アルビノ	122
優性効果	73, 95
優性の法則	14, 25, 165
雄性発生	17, 105, 107, 112, 181
抑制遺伝	29, 168
四倍体	17, 102, 107, 111

ら行

卵割	17, 102, 171
卵原幹細胞	225
リスク管理	15, 18, 136, 149

リゾチーム	220
量的形質	4, 5, 69, 126, 150, 201, 205
量的形質遺伝子座	126, 131
緑色蛍光タンパク質	221
リンホシスチス（耐病性遺伝子座）	122
リンホシスチス病	163
劣性	4, 25, 32
連鎖	32
連鎖解析	33, 46, 119
連鎖地図	33, 47, 121, 187, 201
連鎖不平衡マッピング	198, 202, 206
連鎖不平衡	33
連鎖平衡	33
連続形質	15, 69
連続変異	69
ロッドスコア	120

わ行

ワーランド効果	64

略記用語

AFLP	46, 48, 123
BLUP 法	89, 90, 91
CRISPR-Cas9	222
DHA	→ドコサヘキサエン酸
DNA	23, 40, 45, 66, 99, 120
DNA 多型	3, 5, 45, 139, 145
EPA	→エイコサペンタエン酸
FISH 法	100
FST	145
GISH 法	口絵 4
IPN（耐病性遺伝子座）	123, 165
kal 遺伝子	168
MAS	→マーカーアシスト選抜
PCR-RFLP	46, 50
PCR- ダイレクトシークエンス	50

QTL	17, 83, 126, 201
RAD	46, 49, 123
RADマーカー	49, 123
RNA	40, 222
RNA干渉法	219
SNP	46, 49, 123, 200
TALEN	222
y値	113
α－グロビン	220
χ^2検定	55

装丁デザイン：佐藤千春

水産遺伝育種学
Fish Genetics and Breeding Science

©Masamichi NAKAJIMA　Katsutoshi ARAI
Nobuaki OKAMOTO　Nobuhiko TANIGUCHI 2017

2017 年 3 月 3 日　　初版第 1 刷発行

編　者／中嶋正道・荒井克俊・岡本信明・谷口順彦
発行者／久道　茂
発行所／東北大学出版会
　　　　〒 980-8577　仙台市青葉区片平 2-1-1
　　　　TEL：022-214-2777　FAX：022-214-2778
　　　　http://www.tups.jp　E-mail:info@tups.jp
印　刷　カガワ印刷株式会社
　　　　〒 980-0821　仙台市青葉区春日町 1-11
　　　　TEL：022-262-5551

ISBN978-4-86163-270-9　C3062
定価はカバーに表示してあります。
乱丁，落丁はおとりかえします。